高等职业教育旅游及餐饮管理类专业系列教材

茶艺管理概论

主　编　常淑娟

副主编　金　虹　李　俊

参　编　韩瑞娜　李　军　舒卫英　张　玮

马　磊　李　娟　周　轶　关　静

张春雷　沈蓓芬

机械工业出版社

本书面向高职高专教学实践，既有理论基础知识，又突出技能训练，以达到培养实用型人才的要求。全书内容体系完整，涵盖了茶的历史、茶叶基础知识、茶艺基础知识、茶艺师素质要求、茶的冲泡技艺、茶艺服务、茶艺馆的经营管理等，具有一定的理论性和实用性。

本书可作为高等职业院校旅游管理、茶艺等专业教材，还可供星级饭店、酒吧业、茶艺业、社会团体、各大公司作为培训教材，也可作为中等旅游职业学校教学参考用书。

为方便教学，本书配备了电子课件等教学资源。凡选用本书作为教材的教师均可登录机械工业出版社教育服务网www.cmpedu.com免费下载。如有问题请致电 010-88379375 联系营销人员。

图书在版编目（CIP）数据

茶艺管理概论/常淑娟主编. —北京：机械工业出版社，2013.10（2024.1 重印）
高等职业教育旅游及餐饮管理类专业系列教材
ISBN 978-7-111-44322-3

Ⅰ. ①茶… Ⅱ. ①常… Ⅲ. ①茶叶-文化-中国-高等职业教育-教材
Ⅳ. ①TS971

中国版本图书馆 CIP 数据核字（2013）第 240374 号

机械工业出版社（北京市百万庄大街 22 号 邮政编码 100037）
策划编辑：徐春涛 责任编辑：徐春涛 孟晓琳
封面设计：陈 沛 责任印制：郜 敏

北京富资园科技发展有限公司印刷

2024 年 1 月第 1 版第 6 次印刷
184mm×260mm · 13.25 印张 · 291 千字
标准书号：ISBN 978-7-111-44322-3
定价：42.00 元

电话服务 网络服务
客服电话：010-88361066 机 工 官 网：www.cmpbook.com
010-88379833 机 工 官 博：weibo.com/cmp1952
010-68326294 金 书 网：www.golden-book.com
封底无防伪标均为盗版 机工教育服务网：www.cmpedu.com

前 言

茶是人与大自然的共同杰作，它会开启人与自然、心灵相通之门，茶从神话中走来，它会把我们带到神奇的世界中去。

在中国人的心中，茶是生活的一部分，自古以来就有客来敬茶等传统。

无论人在何处，茶的足迹无处不在，喝法多且各有千秋。历史长河之久，文化内涵之深，使茶文化和中华民族的个性相结合，成为代表“中国”的重要形象之一。

当前，以高职院校为代表的职业教育正面临新的突破性发展。按照“以就业为导向，以服务为宗旨”的职业教育目标，具有“系统的应用知识”而非“学院的专业知识”或“专业理论”，成为高职学生与普通高校学生的教学区别。基于这一要求，新的职业教育课程的设计原则是：教师以职业活动为导向，以素质为基础，突出能力目标，以学生为主体，以项目为载体，以实训为手段，设计出知识、理论、实践一体化的课程。

随着饭店行业完成了从数量扩张到质量竞争的转变，饭店服务与管理水平在我国饭店行业发展中显得愈来愈重要。人力资源是饭店行业的第一资源，所以从及时为饭店服务与管理培养一大批实用型的专业人才着眼，编写一本适合高职高专学生实际应用的、有针对性的、服务于茶专业的教材显得尤为迫切。

本教材在编写过程中，结合高职高专教学实践，既有理论基础知识，同时又突出技能训练，以培养实用型人才为目标。本教材内容体系完整，涵盖茶的历史、茶叶基础知识、茶艺基础知识、茶艺师素质要求、茶的冲泡技艺、茶艺服务、茶艺馆的经营管理等，具有一定的理论性和实用性。

本书可作为高等职业院校旅游管理、茶艺等专业教材，同时还可供旅游星级饭店、酒吧业、茶艺业、社会团体、各大公司作为培训教材，也可以作为中等旅游职业学校参考用书。

本书由郑州旅游职业学院常淑娟担任主编，负责全书的整体组织、策划和统稿工作。具体编写分工如下：常淑娟编写第一章、第八章；金虹编写第二章、第五章；周轶、关静、马磊、李俊编写第三章；舒卫英、张玮、李娟编写第四章；张春雷编写第六章；韩瑞娜、沈蓓芬、李军编写第七章；北京佰仟奇茶文化中心的余震滨提供部分相关资料。本书在编写过程中，参考了大量书籍，在此对参考和借鉴的材料的作者表示衷心感谢。由于时间仓促，本书还有许多不足，希望各位同仁指导和批评。

编　者

目　　录

第一章 茶艺概述

第一节 茶和茶树的起源

一、茶的起源

我国的茶文化已有五千年的历史。相传，五千年前，我国的山东有位神农氏，他用树叶遮体，手里拿着一根拐棍，把草木的果实打下来，尝其汁液，并且教会老百姓怎样吃或供药用。他中毒不下七十次，每次都是用茶解的毒。神农氏生活在物产富饶的山东半岛，他教会当地百姓怎样识别可食用的植物和药物，从而奠定了草本学的基础，成为中药的鼻祖。

我国是茶的原产地，这几乎是公认的，在此也就不多作论述了。这里所说的“原产地”，实际指的是最早人工栽培植物地区，特别是在古代条件下，都有一个驯化的过程。换句话说，也就是从野生采集而后才发展为人工栽培的。因此，我们可以肯定地说，至少在古代，首先利用和栽培某种植物的国家或地区，就是该种植物的原产区域——这是一个规律，也是举世公认的。根据所有的文字记载，我国也是最早栽培和驯化茶树的国家。

在茶业上，我国对于世界和人类的贡献，不仅在于我国原产了这种植物，更重要的还在于是我们的祖先首先发现和利用了这种植物，并把它发展成为一种独特的世界文化。

我国人民饮茶历史起源较早。神农尝百草而发现茶的传说自古就有，陆羽也在《茶经》中明确提出“茶之为饮，发乎神农氏”，亦引《神农食经》中“茶茗久服，令人有力，悦志”来说明茶的功效。这些都说明我国饮茶的历史始于先秦时期。

虽然我们今天没有必要对神农氏的真实性作出评断，但我们也可以得出结论，我国茶的发现、利用也始于先秦。

也许有的人会认为，用传说来作为证据，是不大可信的。但是，我们同时必须认识到：在我国上古的很多传说中（所有的传说都是如此），虽然经过千载百代的口耳相传，失实之处在所难免，但我们仍然可以通过这些传说找到一些史实。因此我们可以确信：即使是在我国文献中没有记录而只有传说中有所涉及，大抵都是发生在史前的。关于饮茶，除“发乎神农”的传说以外，神农还有诸多发明都获得了肯定。因此，我们可以肯定，饮茶是起源于先秦的。

关于饮茶起源于史前的这一说法，我们可以参阅我国的民族志，从中亦可以获得一些有益的参考。

当然，仅凭以上的这些传说是难以让人信服的，但对于考古学而言，想找到先秦茶叶的踪迹，几乎是不可能的。

在我国的马王堆墓出土的随葬物品的竹简中，有竹笥（据考证是装茶的罐子）的记载；汉朝茶的饮用和生产在巴蜀和荆楚就已比较发达，这时煮饮的茶叶也已不是鲜叶，而是加工后的成品茶。经过干燥加工的茶叶在马王堆这样密封、防腐良好的墓穴中都未能找到它们的残迹，试问，我们在现在南方山重岗连的苍茫山间，何处去找最先饮茶者的遗址？找到这样的遗址，又怎么能发现和分辨出最先饮用的茶叶？！

历史的常识告诉我们，茶器或茶具，是在茶叶生产和饮用的一定发展阶段上产生的，人们最初烹煮和盛、饮茶叶的用具，也就是当时人们日常使用的灶器和食具。在先秦时期，人们的生产力水平是相当低下的，生产工具尚且不完备，遑论专门的茶器。

二、茶树的起源

茶树是多年生木本常绿植物，在植物分类系统中属于被子植物门→双子叶植物纲→山茶科→山茶属。

茶、茶树在植物分类系统中的地位是：

界　植物界（Rengam Vegetabile）

门　种子植物门（Spermatophgta）

亚门　被子植物亚门（Angiospermae）

纲　双子叶植物纲（Dicotyledomeae）

亚纲　原始花被亚纲（Archichlamydeae）

科　山茶科（Theaceae）

亚科　山茶亚科（Theaideae）

族　山茶族（Teeae）

属　山茶属（Camellia）

种　山茶种（Camellia Sinensis）

全世界山茶科植物共有 23 属、380 多种，我国就有 15 属、260 多种，大多分布在云南、贵州、四川一带，可见茶树的原产地是我国西南地区。

《茶经·一之源》描述茶树的形态：“其树如瓜芦，叶如栀子，花如白蔷薇，实如栟榈，蒂如丁香，根如胡桃。”野生的茶树是高大的乔木，《茶经》说它的高度有“一尺、二尺乃至数十尺；其巴山峡川有两人合抱者，伐而掇之”。在现在云南的西南部还保存着一些野生的大茶树。例如，云南省勐海县的大黑山原始森林中，有一株 1700 年前的大茶树，树高 32.12 米，胸径 1.03 米，树围 2.9 米，至今仍然枝叶繁茂，被人们称为茶树王。近年来，通过考察发现，除前述滇、贵、川、粤、桂等省外，还在鄂、湘、赣、闽及琼等共 10 个省份 198 处地方发现野生大茶树。

在云南省澜沧县富东乡邦葳村发现有一株树龄在 1000 年左右的过渡型“茶树王”。在勐海县南糯山发现直径 1.38 米、树龄 800 多年的栽培型“茶树王”。从野生型到过渡型再到栽培型，正是人们从采摘野生茶树叶到有意识保护茶树再到人工栽培茶树的有力物证。

作为饮料的茶叶是采摘树上的芽叶制成的，由于茶树芽叶内各种物质含量比例不同，适宜制成不同的茶叶。例如，乔木型和半乔木型适宜制作红茶，灌木型适宜制作绿茶，也有两者兼美，适于制作红茶、绿茶的。还有一些树种如安溪铁观音、武夷水仙、黄金桂等适合乌龙茶制作。这只是大体而言，实际上，各种茶树的芽叶都可制成红茶、绿茶、乌龙茶，只是质量有所差异。

三、茶字读音

成品茶有许多种，由于它的品种、栽培法、产地采摘季节、叶子大小、是否发酵、发酵程度、制茶方法的不一，而被赋予不同的名称。

根据文献记载，中国茶叶种类超过 50 多种，仅云南一省就有茶叶 20 多种。但归属于植物学分类上的茶树的种类，却只有几种。一般情况下，茶可以分成不发酵的绿茶、发酵的红茶和半发酵的乌龙茶 3 种。中国茶由于发酵程度不一，品种之多远远超过了这一范围。

广东话把“茶”读成“Cha”，因为广东从古代起便出口茶叶，所以世界上有许多国家都把中国茶叫做“Cha”。后来，中国茶虽然改从上海出口，依然把茶叶叫做“Cha”。到由内陆港汉口出口茶叶时，俄语却把中国茶叫做“Chai”了。这是从“茶叶”的字音转译而成的。过去，曾经有英国商人由福州或厦门出口中国茶，这种茶就不叫“Cha”，而改称为“Tai”。这个字带有福建的地方音。不论叫“Cha”“Chai”或叫“Tai”，都是从汉字“茶”转化而成的。

荷兰原是植物学很发达的国家，引进中国茶比英国更早，他们给中国茶起了一个“Thee”的学名。以下列举了一些把中国茶读成“Cha”的国家，除此之外，都是属于“Chai”系的。诸如：

Thee——荷兰

Tea——英国

The——法国

Te——意大利、西班牙、马来西亚、匈牙利、丹麦、挪威、瑞典

Thay——斯里兰卡

Ta——朝鲜

Cha——中国（但福建语 Te 或 Tay 除外）、日本、泰国、越南、印度、伊朗、葡萄牙

Chai——俄罗斯

Shai——阿拉伯

Chay——土耳其

由茶叶的读音可见，茶叶的发源地是中国。在日本有许多人认为绿茶发源于日本，红茶发源于印度和斯里兰卡，而把茉莉茶叫中国茶，或只把乌龙茶视为中国茶。其实，中国自有了茶叶以后，一直是高踞“茶之宝座”的，直至近代才趋向没落。近年来，中国茶励精图治，茶的品质大有提高，还发现了比过去更好的茶叶，已引起世界瞩目。

第二节 中国饮茶简史

据科学家们的研究，茶树的起源至少有六七千万年的历史，比人类的历史要早得多。人类什么时候开始利用茶叶，还很难确定。陆羽《茶经·六之饮》说："茶之为饮，发乎神农氏，闻于鲁周公。"

一、原始阶段

先秦时期的神农氏是原始社会时期的一个领袖人物，因发明农耕，带领众人种植粮食，解决了生存危机，人们为了感激他的丰功伟绩，尊称他为神农。据《庄子》《白虎通义》等书的记载，神农时代“只知其母，不知其父”，处于母系社会时期，相当于考古学上的新石器时代中晚期，距今至少有5000年以上。当时原始农业虽有相当的发展，但粮食供应仍然有限，还要靠采集一些野生植物来补充。除了采集野果直接充饥外，也会挖掘野菜和植物块根以及摘取某些树木的幼芽嫩叶，和稻米一起放在陶制的釜鼎（锅）内熬煮成稀粥食用，这其中就可能包括茶树芽叶。在长期食用过程中，人们发现茶树叶子有解渴、提神和治疗某些疾病的作用，于是单独将它煮成菜羹，以后又将它熬煮成茶水作为饮料。因此又产生了神农尝百草的传说。例如，东汉的《神农本草经》中说："神农尝百草，一日而遇七十毒，得茶以解之。"这个传说反映的应该是较晚阶段的史实，茶叶最早是作为蔬食的。现在西南地区的一些少数民族还保留着远古的吃茶习惯，除了直接咀嚼茶叶外，有的用盐腌制茶叶作为菜食，有的将茶叶和稻米及其他一些佐料共同煮成茶粥，有的还用其他树木的芽叶煮成饮料，像茶水一样饮用。总之，陆羽说“茶之为饮，发乎神农氏”还是符合历史实际的。因而，说中华民族喝茶有四五千年以上的历史并不为过。

到了商周时期，这种饮食茶叶的习惯得到继承和发展，还给茶叶取名为“荼”。《诗经·风·七月》就有“采荼”的记载。因荼味苦涩，故又称“苦荼”，《尔雅》即说："槚，苦荼。"晋郭璞《尔雅注》解释："树小如栀子，冬生（指冬季仍可生长），叶可作羹饮，今呼早采为荼，晚取者为茗。或一曰荈，蜀人名之苦荼。"《神农本草经》说“苦菜……一名荼苦”，说明苦荼又叫苦菜，或者说所有野菜都可叫“苦荼”，但都不排斥茶叶在当时作为主要菜食之一的可能性。因为茶叶并非一苦到底，而是苦中有甜，苦后回甘，令人回味，受人喜爱。故《诗经·邶风·谷风》赞叹道："谁谓荼苦？其甘如荠。"不但一般群众喜欢食茶，王公贵族也爱吃，还要各地进贡优良品种。如东晋时期的史书《华阳国志·巴志》记载："周武王伐纣，实得巴蜀之师……土植五谷，牲具六畜，桑、蚕、麻。苎、鱼、盐、铜、铁、丹、漆、茶、蜜……皆纳贡之。"又云："园有芳，香茗。""南安（今四川乐山市）、武阳（今四川彭山县）皆出名茶。"武王伐纣在公元前 1066 年，说明 3000 多年前的巴蜀（今四川、湖北）地区茶叶生产已有一定规模，并有优质产品可作为贡品进贡朝廷。而巴蜀正是中国茶树起源地之一，在周代成为重要的茶叶产地绝非偶然。

春秋战国时期，茶叶已传播至黄河中下游地区，当时的齐国（今山东境内）也喜食用茶叶做成的菜肴。《晏子春秋》记载："婴相齐景公时，食脱粟之饭，炙三弋五卵茗菜而已。"茗即茶，这茗菜，乃是用茶叶做成的菜羹，用来下饭的，当时当地是否用茶叶作饮料，尚无确切的文献记载。最早将茶叶作为饮料的地方，恐怕还是茶树原产地之一的巴蜀地区。所以清代顾炎武在《日知录》中说："自秦人取蜀而后，始有茗饮之事。"也就是说，到战国末期，秦灭巴蜀之后，黄河流域才受其影响，饮茶之风才开始流行。

二、南方饮茶已成风气（两汉、魏晋、南北朝）

两汉时期，南方饮茶已成风俗，有关茶的保健作用日益受到重视，文献记载也开始增多。西汉司马相如的《凡将篇》提到 20 种药物："乌喙、桔梗、芫华、款冬、贝母、木蘖、蒌芩、草、芍药、桂、漏芦、蜚廉、雚菌、荈诧、白敛、白芷、菖蒲、芒消、莞椒、茱萸。"其中的"诧"即是指茶。三国魏时的《杂字》："茗之别名也。"东汉《说文解字》："茗，茶芽也。"西汉王褒在《僮约》中提到"烹茶尽具""武阳买茶"。买茶要到远处的武阳去买，可见此处所指的茶不是在附近随时可得的一般野菜，说明当时已有专卖茶叶的茶市，茶叶已成为日常需要的商品。这里的茶，就可能是作为饮料的茶叶。东汉的《桐君录》说："西阳、武昌、晋陵皆出好茗，巴东别有真香茗，煎饮令人不眠。"此处已明确指出茶叶是作为饮料之用。因此可以说汉代是我国饮茶史上的一个重要阶段。

魏晋南北朝时期，饮茶之风传播到长江中下游，茶叶已成为日常饮料，宴会、待客、祭祀都用它。典型的例子如三国时东吴的皇帝孙皓以茶代酒关照他的官吏韦曜。《三国志·吴书·韦曜传》："（孙）皓每飨宴，……坐席无能否率以七升为限，虽不悉入口，皆浇灌取尽。素饮酒不过二升，初见礼异时，或密赐茶荈以当酒。"晋《中兴书》记载吴兴太守陆纳招待卫将军谢安，"所设唯茶果而已"。他的侄子陆俶觉得太过寒酸，自作主张端出事先准备好的丰盛酒菜，破坏了陆纳表示廉洁的意图，结果被陆纳打了四十大板屁股。南齐武帝临终遗诏云："灵座上慎勿以牲为祭，惟设饼、茶饮、干饭、酒脯而已。天下贵贱，咸同此制。"（《南齐书·武帝本纪》）从此祭祀都要用茶叶作为祭品。一些文人雅士也喜爱喝茶，并有诗文反映茶事。如左思《娇女诗》中有"止为茶荈剧，吹嘘对鼎锧"。张孟阳《登成都楼》诗中有"芳茶冠六清，溢味播九区"。更为重要的是，晋代的文人杜育专门写了一

篇歌颂茶叶的《荈赋》:

“灵山惟岳，奇产所钟。厥生荈草，弥谷被岗。承丰壤之滋润，受甘霖之霄降。月惟初秋，农功少休。结偶同旅，是采是求。水则岷方之注，挹彼清流；器择陶拣，出自东瓯。酌之以匏，取式公刘。惟兹初成，沫成华浮。焕如积雪，晔若春藪。”

这是第一首专门写茶的诗赋，具有一定的文化色彩。因此，魏晋南北朝是我国饮茶史上的又一个重要阶段，也可以说是茶文化的逐步形成时期。

三、饮茶风气传播全国（唐代）

经过几个世纪的积累，到了唐代中期，饮茶风气已普及全国。“滂时浸俗，盛于国朝，两都并荆渝间，以为比屋之饮。”（陆羽《茶经·六之饮》）“南人好饮之，北人初不多饮。开元（713—744）中……自邹、齐（山东）、沧（河北）、棣（山东）渐至京邑，城市多开店铺，煮茶卖之，不问道俗，投钱取饮，穷日尽夜，殆成风俗。始于中地，流于塞外。”（《封氏闻见记》）《旧唐书·李珏传》也说：“茶为食物，无异米盐，于人所资，远近同俗。既祛竭乏，难舍斯须。田闾之间，嗜好尤甚。”

唐代南方已有 43 个州郡产茶，遍及今天南方 13 个产茶省区，可以说，我国产茶的格局，在唐代就已有雏形。北方不产茶，北人所饮之茶全靠南方运去，因而当时的茶叶贸易非常繁荣。“其茶自江淮而来，舟车相继，所在山积，色额颇多。”（《封氏闻见记》）唐朝政府为了增加财政收入，开始征收茶税。《旧唐书·食货志》载，唐文宗建中元年，公元 782 年始“天下所出竹、木、茶、漆，皆十一税之。”《旧唐书·文宗本纪》记载大和九年（835 年），初立榷茶制（即茶叶专卖制）。唐朝政府还规定各地每年要选送优质名茶进贡朝廷，还在浙江湖州的顾渚山设专门为皇宫生产“紫笋茶”的贡茶院。各地制茶技术也日益提高，精益求精。

唐朝饮茶盛行的另一个原因是佛教盛行。和尚坐禅，通夜不寐，又不许吃东西，只有靠喝茶充饥提神。佛门茶事盛行，也带动了信佛的善男信女争相饮茶，于是促进了饮茶风气在社会上的普及。《封氏闻见记》记载：“开元中，泰山灵岩寺有降魔禅师大兴禅宗，学禅务于不寐，又不夕食，皆许其饮茶，人自怀夹，到处煮饮。从此转相仿效，遂成风俗。”由于饮茶与禅宗关系密切，文人雅士又在品茶过程中追求禅的意境，因此有所谓“禅茶一味”之说。

唐代茶叶生产发达，出现了许多名茶。唐人李肇在《唐国史补》中提到的有 19 种名茶：“风俗贵茶，茶之名众。剑南有蒙顶石花，或小方，或散芽，号为第一。湖州有顾渚之紫笋。东川有神泉小团、昌明兽目。峡州有碧涧、明目、芳蕊。福州有方山之露芽。夔州有香山。江陵有楠木。湖南有衡山。岳州有㴩湖含膏。常州有义兴之紫笋。婺州有东白。睦州有鸠坑。洪州有西山之白露。秦州有霍山之黄芽。蕲州有蕲门团黄。而浮梁之商货不在焉。”其中以产于四川蒙顶山的石花最好。后人有“扬子江中水，蒙山顶上茶”之茶联称赞之。白居易也有“琴里知闻唯渌水（古曲名），茶中故旧是蒙山”（《琴茶》）诗句颂之。

唐代诗人爱茶写茶的很多，著名诗人李白、杜甫、白居易、杜牧、柳宗元、卢仝、皎然、皮日休、颜真卿、郑谷、元稹等约100余人写了400多篇涉及茶事的诗歌，正宗的茶诗就有近70首。其中最著名的要算卢仝的《走笔谢孟谏议寄新茶》，诗中最后一段描写连喝七碗茶的不同感受："一碗喉吻润，二碗破孤闷。三碗搜枯肠，惟有文字五千卷。四碗发轻汗，平生不平事，尽向毛孔散。五碗肌骨清，六碗通仙灵。七碗吃不得也，唯觉两腋习习清风生……"卢仝也因这首茶诗而在茶文化史上留下盛名。唐代还首次出现描绘饮茶场面的绘画，著名的有阎立本的《萧翼赚兰亭图》、张萱的《烹茶仕女图》、佚名氏的《宫乐图》、周昉的《调琴啜茗图》等。

调琴啜茗图

唐代集茶文化之大成者是陆羽和他的名著《茶经》。陆羽，字鸿渐，一名疾，又字季疵，自称桑宁翁，又号竟陵子，复州竟陵（今湖北天门市）人。唐至德元年（756年），时年24岁的陆羽，为避安史之乱，离乡背井，流落江南，最后定居浙江湖州，研究茶事，积十余年心得，撰写《茶经》一书，十年后又补充修订，于唐建中元年（780年）刻印问世。《茶经》共7000多字，分为一之源、二之具、三之造、四之器、五之煮、六之饮、七之事、八之出、九之略、十之图等共十章。对唐代茶叶历史、产地、功效、栽培、采制、煎煮、饮用的知识和技术都作了阐述，是世界上第一部最完备的综合性茶学著作，对中国茶叶生产和饮茶风气都起了很大的推动作用。《封氏闻见记》说："楚人陆鸿渐（即陆羽）为茶论，说茶之功效，并煎茶炙茶之法，造茶二十四事……于是茶道大行。王公朝士无不饮者。"皮日休在《茶中杂咏·序》中也说："季疵（陆羽）以前，称茗饮者，必浑以烹之，与夫瀹蔬而啜者无异也。季疵始为经三卷，由是分其源、制其具、教其造、设其器、命其煮，饮之者肖而去病，虽疾医之不若也。"陆羽也因此被后人称为茶圣、茶神。

中国的茶叶和饮茶方式也是在唐代才大量向国外传播的，特别是对朝鲜和日本的影响很大。因此，唐代是中国饮茶史上和茶文化史上的一个极其重要的历史阶段，也可以说是中国茶文化的成熟时期，是茶文化历史上的一座里程碑。

四、饮茶风气的兴盛（宋代）

“茶兴于唐而盛于宋。”宋代的茶叶生产空前发展，饮茶之风非常盛行，特别是上层社会嗜茶成风，王公贵族经常举行茶宴，皇帝也常在得到贡茶之后举行茶宴招待群臣，以示恩宠。宋徽宗赵佶还对茶进行深入研究，写成茶叶专著《大观茶论》一书。对茶的产制、烹试及品质各方面都有详细的论述，也推动了饮茶之风的盛行。茶已成为民众日常生活中的必需品。“盖人家每日不可阙者，柴米油盐酱醋茶。”(《梦粱录·卷十六鲞铺》)“华夷蛮貊，固日饮而无厌，富贵贫贱，亦时啜而不宁。”（梅尧臣《南有嘉茗赋》）“君子小人靡不嗜也，福贵贫贱无不用也。”（李觏《盱江记》）王安石也说：“夫茶之用，等于米盐，不可一日以无。”(《议茶法》）这些都说明茶叶已成为不可或缺的生活资料。

宋代的气候转冷，常年平均气温比唐代低2～3摄氏度，特别是在一次寒潮袭击下，众多的茶树受到冻害，茶叶生产遭受严重破坏。湖州顾渚的贡茶不能及时生产，无法在清明节之前运到京城汴京（今开封）。于是就将生产贡茶的任务南移，交由福建的建安（今建瓯）来完成，并在建安的北苑设立专门机构生产供皇宫御用的贡茶，主要是生产制作精美的龙凤茶（也是一种饼茶，在宋代又称片茶，因在模具上刻有龙凤图案，压制成形后的饼茶上有龙凤图案，故称龙凤茶。宋代熊蕃《宣和北苑贡茶录》记述：“太平兴国初，特制龙凤模，遣使北苑造团茶，以别庶饮，龙凤茶盖始于此。”）。建茶（福建生产的茶叶）名声大振，年产五六万斤，进贡二三千片（约300余斤），成为全国的茶叶生产中心。

宋代的茶树栽培区域进一步扩大，茶叶生产发展较快，到了南宋，全国产茶区已由唐代的43个州扩展到66个州共242个县。制茶技术也更加讲究，精益求精，如龙凤团饼茶的制作技术就非常复杂，据宋代赵汝砺《北苑别录》记载就有蒸茶、榨茶、研茶、造茶、过黄、烘茶等几道工序，即采摘后的茶叶先在水中浸泡，挑选匀整的芽叶进行蒸青，蒸后冷水冲洗，然后小榨去水，大榨去茶汁，再放在瓦盆内兑水研细，最后放入龙凤模压成饼，烘干后即成为龙凤团饼茶。当时有种较小型的龙凤茶，称为小龙团，是由当时福建转运使蔡襄督造的，特别珍贵。欧阳修《归田录》记述：“茶之品莫贵于龙凤，……谓之小团，凡二十饼，重一斤，其价值金二两，然金可有，而茶不可得。”

除团饼茶（即片茶）外，当时还有散茶生产。散茶即茶叶蒸青后不再研磨压模，而是直接烘干呈松散状态。《宋史·食货志》：“茶有两类，……有龙凤、石乳、白乳之类十二等。……散茶出淮南归州、江南荆湖，有龙溪、雨前、雨后、绿茶之类十一等。”到了宋代后期，散茶日益得到发展，有逐渐取代饼茶之势。

为了评比茶质的优劣和点茶技艺的高低，宋代盛行“斗茶”。“斗茶”所用的茶叶为饼茶。唐代饮茶方式是将饼茶碾碎成末放进锅里烹煮，宋代则变为将研细后的茶末放在茶碗中，注入沸水，把茶末调匀，然后徐徐注入沸水，以茶筅击拂，使茶汤泡沫均匀。从茶汤、泡沫的颜色和茶叶的香气和滋味来评比高低，决定输赢。斗茶始于唐末福建一带，唐代冯贽《记事珠》：“斗茶，建人谓斗茶为茗战。”称斗茶为茗战，可见竞争之激烈。宋代诗人范仲淹《斗茶歌》就描述当时斗茶的情形是：“北苑将期献天子，林下雄豪先斗美。”“胜若登仙不可攀，轮同降将无穷耻。”当然，斗茶也促进了当时制茶技术的进一步提高和品饮方式的日益完善。

斗茶图

宋代饮茶风气的兴盛还反映在都市里的茶馆文化非常发达。茶馆早在唐代就已出现，前述《封氏闻见记》即已提到：“京邑城市，多开店铺，煎茶卖之，投钱取饮，不问道俗。”到了宋代，城市中的茶馆业更为兴盛，且装饰雅致，各有特色。宋代的茶馆也叫茶肆、茶坊。宋代吴自牧《梦粱录》卷十六专列“茶肆”一节，记述当时首都杭州的茶肆：“插四时花，挂名人画，装点店面。四时卖奇茶异汤，冬月卖七宝擂茶、馓子、葱茶……今之茶肆，列花架，安顿奇松异桧等物于其上，装饰店面，敲打响盏歌卖，止用瓷盏漆托供卖。”“夜市与大街有车担设浮铺，点茶汤以便游观之人。大凡茶楼多有富室子弟、诸司下直等人会聚，习学乐器、上教曲赚之类，谓之‘挂牌儿’。”“又有茶肆专为五奴打聚处，亦有诸行借工卖伎人会聚行老，谓之‘市头’。”“更有张卖面店隔壁黄尖嘴蹴球茶坊，又中瓦内王妈妈家茶肆名一窟鬼茶坊，大街车儿茶肆、蒋检阅茶肆，皆士大夫期朋约友会聚之处。”可见，宋代城市里的茶馆，环境布置幽雅，茶具精美，茶叶品类众多，乐曲声悠扬，已具有浓厚的文化氛围，不但劳动群众喜欢上茶馆，就是知识分子也爱在茶馆品茶会友、吟诗作画。

宋代的诗人嗜茶、咏茶的也特别多。几乎所有的诗人都写过咏茶的诗歌。著名的大诗人欧阳修、梅尧臣、苏轼、范仲淹、黄庭坚、陆游、杨万里、朱熹等都写了许多脍炙人口的咏茶诗歌。有名的如欧阳修的《双井茶》诗：

西江水清江石老，石上生茶如凤爪。穷腊不寒春气早，双井芽生先百草。

白毛囊以红碧纱，十斤茶养一两芽。长安富贵五侯家，一啜尤须三日夸。

黄庭坚出生于双井茶的故乡江西修水县，他一生写过近百首的茶诗。其中《阮郎归》词生动细致地描写了宋代采茶、碾茶、烹煮及饮后怡情悦志的感受：

摘山初制小龙团，色和香味全。碾声初断夜将阑，烹进鹤避烟。消滞思，解尘烦，金瓯雪浪翻。只愁啜罢水流天，馀清搅夜眼。

苏轼也写过几十首咏茶诗词，其中一阕《水调歌头》对茶艺的描写最为细腻、传神：

已过几番雨，前夜一声雷，旗枪争战，建溪春色占先魁。采取枝头雀舌，带露和烟捣碎，结就紫云堆。轻动黄金碾，飞起绿尘埃。老龙团，真凤髓，点将来。兔毫盏里，霎时滋味舌头回。唤醒青州从事，战退睡魔百万，梦不到阳台。两腋清风起，我欲上蓬莱。

苏轼的《次韵曹辅壑源试新茶》中的“戏作小诗君勿笑，从来佳茗似佳人”也成为咏茶的名句，经常被人引用。他还写了两首回文诗，描写在自家窗前取火试茶的情景，其中一首为：

空花落尽酒倾红，日上山融雪涨江。红焙浅瓯新火活，龙团小碾斗晴窗。

这首诗，顺读、倒读都可成诗、押韵，意义相同，很有趣，为茶诗中所仅见。

但宋代最有名的茶诗，要算范仲淹的《和章岷从事斗茶歌》，简称《斗茶歌》，这首诗全面细致、生动地描写了宋人崇尚斗茶的盛况：

北苑将期献天子，林下雄豪先斗美。鼎磨云外首山铜，瓶携江上中冷水。

黄金碾畔绿尘飞，碧玉瓯中翠涛起。斗茶味兮轻醍醐，斗茶香兮薄兰芷。

其间品第胡能欺，十目视而十手指。胜若登仙不可攀，输同降将无穷耻。

元代画家赵孟頫《斗茶图》就是描写宋元时期民间的斗茶风习，让我们得以直观了解当时斗茶的具体场面，成为茶文化史上著名的绘画作品之一。

宋代的画家们也绘了许多反映茶事的绘画作品，流传至今的如《清明上河图》中就有反映当时首都汴京临河的茶馆景象，赶集的人们在其中饮茶、歇息、闲谈。宋徽宗赵佶绘有反映文人饮茶的《文会图》，描绘卢仝饮茶的《卢仝烹茶图》，刘松年也画有《斗茶图》《撵茶图》等作品，都是宋代茶文化中的珍宝。

宋代的文人们还将琴棋书画都融进茶事之中，“士大夫以儒雅相尚，若评书、品画、瀹茗、焚香、弹琴、选石等事无一不精。”（《长物志·跋》）经常“弹琴阅古画，煮茗仍有期。”（梅尧臣诗句）“看画烹茶每醉饱，还家闭门孔寂历。”（张耒诗句）“入夜茶瓯苦上眉，眼花推落石床棋。”（谢翱诗句）大大提高了宋代茶事的文化品位，也是宋代茶文化成熟的标志之一。

到了元代，饼茶逐渐衰落，以制造散茶、末茶为主，采制蒸青工艺来生产茶叶的方法逐渐兴盛。元代的王祯《农书》“百谷谱”中有具体的记载：“采讫，以甑微蒸，生熟得所。蒸已，用筐箔薄摊，乘湿揉之，入焙，匀布，火焙令干，勿使焦，编竹为焙，裹蒻复之，以收火气。”这种制茶技术复杂，费工费时，经过水浸、榨汁又会损害叶香味，逐渐被社会淘汰。因而民间大众已大多饮用散茶了。但当时饮茶的方法却是恢复用锅煎煮，如元代忽思慧《饮膳正要》卷二“清茶”：“先用水滚过，滤净，下茶芽，少时煎成。”到了明朝才普遍改进为类似于今天的撮泡法。

五、饮茶风气的鼎盛（明清）

1. 明代提倡饮用散茶，创新饮茶方法

历史上正式废除团饼茶的是明太祖朱元璋，他于洪武二十四年（1391 年）九月十六日下诏：“罢造龙团，惟采茶芽以进。”从此向皇宫进贡的必须是芽叶型的蒸青散茶，并规定了进贡的 4 个品种：探春，先春，次春，紫笋。皇室提倡饮用散茶，民间自然更是蔚然成风，并且将煎煮法改为冲泡法。明代周高起《阳羡茗壶系》云：“壶供真茶，正在新泉活火，

旋瀹旋啜，以尽色声香味之蕴。”这“旋瀹旋啜”就是随冲泡随饮用之意。可以说，这是饮茶方法史上的一次革命。

2. 明代在茶叶生产上有许多重要的发明创造

（1）绿茶　在绿茶生产上除了改进蒸青技术外，还产生了炒青技术，即采摘后的茶叶不需经过蒸熟，而是用热锅手炒杀青。如许次纾《茶疏》（1597年）："生茶初摘，香气未透，必借火力，以发其香。……铛必磨莹，旋摘旋炒。一铛之内，仅容四两，先用文火焙软，次加武火催之，手加木指，急急炒转，以半熟为度。微俟香发，是其候矣。”罗廪《茶解》（1605年）："凡炒，止可一握，候铛微炙手，置茶铛中，札札有声，急手炒匀，出之箕上，薄摊，用扇扇冷，略加揉，再略炒，入文火铛焙干，色如翡翠。”

（2）花茶　花茶可追溯到宋代，当时是以龙脑香入茶。蔡襄《茶录》提到："茶有真香，而入贡者微以龙脑和膏，欲助茶香。”到南宋时就有用茉莉花焙茶，施岳《步月·茉莉》词注释中提到："茉莉岭表所产……。此花四月开，直至桂花时尚有玩芳味，古人用此花焙茶。”花茶到明代得到发展，许多花都可以用窨制花茶。钱椿年《茶谱》（1563年）说："木樨、茉莉、玫瑰、蔷薇、兰蕙、橘花、栀子、木香、梅花皆可作茶。”

（3）乌龙茶　乌龙茶可能在明朝中期就已出现。清代陆廷灿《续茶经》引王草堂《茶说》："武夷茶……茶采后，以竹筐匀铺，架于风日中，名曰晒青，俟其青色渐收，然后再加炒焙。阳羡芥片，只蒸不炒，火焙以成。松萝龙井，皆炒而不焙，故其色纯。独武夷炒焙兼施，烹出之时，半青半红，青者乃炒色，红者乃焙色也。茶采而摊，摊而摝（摇的意思），香气发越即炒，过时不及皆不可。既炒既焙，复拣去其中老叶、枝蒂，使之一色。”乌龙茶的制法后来传播至闽南、潮汕及台湾等地，至今福建许多地方仍保留这种传统工艺的特色。

（4）红茶　红茶起于明盛于清，最早也是在福建崇安（今武夷山市）一带。清代刘埥《片刻余闲集》（1753年以后）记述："（武夷）山之第九曲尽处有星村镇，为行家萃聚所。外有本省邵武、江西广信等处所产之茶，黑色红汤，土名江西乌，皆私售于星村各行。”星村开始生产的是小种红茶，后演变为功夫红茶，其生产技术还传播到安徽、江西各地，如著名的祁门红茶就是由在福建做官的安徽人余干臣罢官后，将福建制作红茶的技术带回安徽，后来在祁门历口设立茶庄生产红茶，从而产生了著名的“祁门功夫红茶。”

3. 完善功夫茶艺

明清时期在茶叶品饮方面的最大成就是“功夫茶艺”的完善。功夫茶是适应叶茶撮泡的需要经过文人雅士的加工提炼而成的品茶技艺。大约在明代形成于江浙一带的都市里，扩展到闽粤等地，在清代转移到以闽南、潮汕一带为中心，至今以“潮汕功夫茶”名称享有盛誉，已成为今天茶艺馆里的主要泡茶方式之一。最早记述功夫茶艺者要算清初文人袁枚的《随园食单·茶酒单·武夷茶》："乾隆五十一年，丙午秋，余游武夷，到曼亭峰、天游寺诸处。僧道争以茶献。杯小如胡桃，壶小如香橼，每斟无一两。上口不忍遽咽，先嗅其香，再试其味，徐徐咀嚼而体贴之。果然清芬扑鼻，舌有馀甘。一杯之后，再试一、二杯，令人释躁平矜，怡情悦性。始觉龙井虽清，而味薄矣；阳羡虽佳，而韵逊矣。颇有玉与水晶，品格不同之故。”袁枚虽然是在描述品武夷茶的滋味，但所记载的茶具和冲泡方式正是功夫茶艺的特色。而将这种冲泡方式称为“功夫茶”者是稍后的俞蛟。他在成书于嘉庆六年（1801年）的《梦厂杂著》卷十“潮嘉风月·功夫茶”中说：“功夫茶，烹治之法，本诸陆羽《茶经》，而器具更为精致。炉形如截筒，高约一尺二三寸，以细白泥为之。壶出宜兴窑者最佳，圆体扁腹，努嘴曲柄，大者可受半升许。杯盘花瓷居多，内外写山水人物，极工致，类非近代物。然无款志，制自何年，不能考也。炉及壶、盘各一，惟杯之数，则视客之多寡。杯小而盘如满月。此外尚有瓦铛、棕垫、纸扇、竹夹，制皆朴雅。壶、盘与杯，旧而佳者，贵如拱璧，寻常舟中不易得也。先将泉水贮铛，用细炭煎至初沸，投闽茶于壶内冲之，盖定，复遍浇其上；然后斟而呷之，气味芳烈，较嚼梅花更为清绝，非拇战轰饮者得领其风味。”功夫茶艺讲究茶具的艺术美，冲泡过程的程式美，品茶时的意境美，此外还追求环境美、音乐美。总之，明清的茶人已经将茶艺推进到尽善尽美的境地，形成了功夫茶的鼎盛期。

4. 明清时期的茶文化艺术成就显著

除了茶诗、茶画外，还产生了众多的茶歌、茶舞和采茶戏。除了一些文人描写饮茶的诗歌外，有几首反映茶农疾苦、讥讽时政的茶诗值得一读，如明代高启的《采茶词》：

归来清香犹在手，高品先将呈太守。
竹炉新焙未得尝，笼盛贩与湖南商。
山家不解种禾黍，衣食年年在春雨。

明代韩邦奇记录整理浙江茶区的民谣《富阳江谣》：

富春江之鱼，富阳山之茶。
鱼肥卖我子，茶香破我家。
采茶妇，捕鱼夫，官府拷掠无完肤。
昊天何不仁？此地一何辜？
鱼何不生别县？茶何不生别都？
富阳山，何日摧？
富春水，何日枯？
山摧茶亦死，江枯鱼始无！
呜呼！山难摧，江难枯，
我民不可苏！

韩邦奇因将这首反映茶农疾苦、控诉贡茶弊端的民谣附在奏折中呈报朝廷，而被革职为民，险些送了性命。

清代陈章的《采茶歌》也描写了当时茶农的艰苦生活：

凤凰岭头春露香，青裙女儿指爪长。
度涧穿云采茶去，日午归来不满筐。

催贡文移下官府，那知山寒芽未吐。

焙成粒粒比莲心，谁知侬比莲心苦。

此外，清代乾隆皇帝的一首茶诗《观采茶作歌》也值得一读：

火前嫩，火后老，惟有骑火品最好。

西湖龙井旧擅名，适来试一观其道。

村男接踵下层椒，倾筐雀舌还鹰爪。

地炉文火续续添，乾釜柔风旋旋炒。

慢炒细焙有次第，辛苦功夫殊不少。

王肃酪奴惜不如，陆羽茶经太精讨。

我虽贡茗未求佳，防微犹恐开奇巧。

防微犹恐开奇巧，采茶竭览民艰晓。

乾隆曾六次下江南，五次为龙井茶写过诗，这首诗着重描写制茶时对火候的掌握，相当精确，说明这位皇帝考察得相当仔细，颇为后人称道。

明清的茶画著名的有明代唐寅的《事茗图》、文征明的《惠山茶会图》、丁云鹏的《玉川烹茗图》以及清代薛怀的《山窗清供图》等。

《事茗图》

在采茶季节，采茶姑娘喜爱唱山歌，用歌声来抒发感情，表达心情，反映茶区生活，其中最多的是采茶歌，在江南各省的茶区都有采茶歌，同时又产生了茶舞，如采茶舞、采茶灯等。以后又在茶歌、茶舞基础上吸收民间音乐小调形成了地方剧种，如采茶戏、花鼓戏、花灯戏等。其中又以江西采茶戏、湖北采茶戏、广西茶灯戏、云南茶灯戏等较为有名，多以采茶歌舞为表演形式，通常以小旦、小生两个角色和小生、小旦、小丑三个角色进行表演。采茶戏大约在明代中期以后，在江西的赣南九龙山一带产生，至清代兴盛起来，以后传播到邻省各地。这是明清茶文化史上的一个重大成就。

六、中国茶叶再现辉煌（现代）

至清代后期，我国茶叶生产开始由盛而衰，在 19 世纪后半叶，我国年均产茶二十几万吨，出口茶叶十几万吨，出口量占当时世界茶叶贸易量的 80%以上。但是到了 20 世纪初，由于帝国主义列强入侵，政府懦弱无能，国运凋敝，百业不兴，中国茶叶生产一落千丈，直到 1949 年，我国竟仅产茶 5.12 万吨，出口茶叶仅有 2.17 万吨而已。

新中国诞生以后，政府高度重视茶叶经济，茶叶生产有了飞速发展。全国茶园面积从 1950 年 21.15 万公顷增加到 1997 年的 107.62 万公顷，茶叶产量从 1950 年 7.19 万吨增加到 1997 年的 61.34 万吨，茶叶出口量从 1950 年的 2.63 万吨增加到 1997 年的 20.31 万吨。特别是建国初期到 20 世纪 70 年代，茶叶作为大宗的出口商品，为了换回大量的外汇以购买国家所急需的物资（如钢材、化肥、卡车、重型机械设备等），为支援国家经济建设和农村经济的发展作出了十分重大的贡献，也为巩固民族团结和发展与各国人民的友好往来发挥了积极作用。尤其是改革开放以来，我国茶叶经济取得了很大发展。目前，我国的茶园面积占世界第一位，产量占世界第二位，出口量占世界第三位，而且一直比较稳定。目前我国茶农总数约八九千万，加上茶叶从业人员，涉及人口在 1 亿左右。茶叶产区主要集中在山区和贫穷地区，茶叶经济的发展，必将带动亿万茶农脱贫致富。

饮茶对于人类，不仅仅是一种解渴生津的生理需要，而且能够满足人体健康的需求，同时又能显示高雅的修养，成为一种文化艺术行为，因而茶叶被誉为“本世纪最文明的饮料”。联合国有关组织已决定在全世界范围内提倡饮茶。国际上一些知名的大企业如可口可乐、联合利华、雀巢等都已斥巨资研究开发茶叶及茶饮料，可口可乐甚至断言：“20 世纪是可口可乐的天下，21 世纪则是茶饮料的天下。”而随着科技的进步、生活水平的提高以及生活节奏的加快，传统的饮茶方式正在发生变化，茶叶消费已开始向多样化和有益健康的方向发展。袋泡茶、速溶茶、罐装茶等茶饮料在欧美和日本取得了迅速发展。特别是茶饮料产量在日本、欧美国家和我国台湾地区急剧上升。台湾 1994 年茶饮料的销售额达 140 亿台币，占饮料市场的 26.68%。日本茶饮料的销售额则占整个饮料市场的 29.7%。中国大陆也正在奋起直追。这些都昭示着茶叶消费的一种新方向，也预示着 21 世纪茶饮料的消费将有辉煌的前景。

茶叶是一种文化含量很高的商品。随着茶叶经济的发展，茶文化也随之产生和发展起来。茶文化是中华民族传统文化中的优秀组成部分，是对世界文化的重大贡献之一。解放初期，百废待兴，茶文化活动未能成为重点提倡的文化事业，但自唐宋以来蓬勃兴起的茶馆业在大小城镇仍然长盛不衰，有的茶馆和民间曲艺演出结合在一起，成为民间文化活动的重要阵地。有些文艺工作者也创作了一批文艺作品，如 20 世纪 50 年代整理加工的福建民间舞蹈《采茶扑蝶》，60 年代浙江创作的音乐舞蹈《采茶舞曲》，江西创作的歌曲《请茶歌》等都曾广为流行。戏曲方面，也成绩显著，如 50 年代老舍创作的三幕话剧《茶馆》，已成为话剧史上的经典作品。60 年代江西创作的赣南采茶戏《茶童哥》，还被改编成彩色电影《茶童戏主》在全国放映，也受到群众热烈欢迎。但在“文化大革命”时期，茶文化自然也免不了受到冲击。茶文化作品遭受严厉的批判，茶馆业也受到严重摧残。不过民间的饮茶风俗早已成为人民大众日常生活的有机组成部分，以茶待客，客来敬茶已成为中华民族的优良传统，北方的盖碗茶和南方的功夫茶早已深入千家万户，妇孺皆知，散落在乡村城镇的各种茶馆也并未绝迹。

因此，到了改革开放以后，特别是 80 年代后半期以来，随着人们物质生活和文化生活的改善，在国内外各种因素的促进下，中国大陆的茶文化再现蓬勃发展的态势，进入 90 年代以后，更是出现一股热潮。其主要表现为：①每年各地都举办大小不等的茶文化节和国际茶文化节，如武夷岩茶节、普洱茶国际研讨会、法门寺国际茶会等。1996 年 5 月在韩国汉城（2005 年改名为首尔）举办的“第四届中国茶文化研究国际学术讨论会”，规模巨大，有五六百人参加，单是日本就来了 200 多人。1998 年 9 月底在美国洛杉矶召开的“走向 21 世纪的中华茶文化国际研讨会”，就是国内茶文化学者与美国当地文化界联合举办的，这是在北美首次举办的有关中华茶文化的国际研讨会，具有历史意义，受到当地媒介的广泛关注。②装饰雅致、格调高雅、文化氛围浓厚的茶艺馆如雨后春笋般地在各大中城市涌现，连不产茶的黄土高原和塞北边境，都办起很多茶艺馆，成为向广大群众普及茶文化的前哨阵地。③一些专业人员对汉族和各少数民族的饮茶习俗进行发掘整理，推出众多的茶艺表演节目，使茶文化舞台上呈现百花齐放的繁盛局面，特别是台湾地区的茶艺专家创造了一种新型的茶会形式——无我茶会，已推广到日、韩和东南亚地区，还成立了专门推广无我茶会的国际组织。④一些专家学者对茶文化进行系统、深入的理论研究，包括港台地区在内已出版了上百种茶文化专著，使茶文化活动具有较高的文化品位和坚实的理论基础。⑤一批文艺家介入茶文化活动，不但撰写了有关著作，还创作了一批茶诗、茶画以及长篇小说，如青年女作家王旭烽的长篇小说《南方有嘉木》，就荣获 1995 年国家“五个一工程”奖，还拍摄成长篇电视连续剧。文艺家的成果使当代茶文化的内容更加丰富多彩。⑥出现了专门刊载茶文化研究成果的专业刊物，如大型学术杂志《农业考古：中国茶文化专号》和普及性刊物《茶博览》，以及台湾曾经出版过的《茶与艺术》《壶中天地》和湖南美术出版社出版的《紫玉金砂》等，都已向国内外公开发行，受到各国茶文化界的广泛好评。⑦产生了国际性的茶文化研究组织——中国国际茶文化研究会，这说明中国茶文化研究活动已经进入有组织、有领导、有计划的成熟阶段。因此，有些国外友人认为，如果说唐宋时期是中国茶文化史上出现的第一次高潮的话，那么当今的中国正在出现第二次高潮，仍然值得各国注意和学习。

可以断言，进入 21 世纪之后，中国茶文化活动和茶叶经济一样，必将再现辉煌。茶文化除了追求本身的文化价值之外，它还能提高茶叶在饮料中的地位，激活茶叶的活力，引导市场消费，从而促进茶叶经济的发展。而茶叶经济的发展又为茶文化注入新的内涵，提供新的形式，使茶文化向更深层次升华。为此，我们全体茶人都应该为之努力奋斗，作出积极贡献。

第三节　饮茶方法的演变

在数千年的饮茶历史上，饮用方法是经过多次改良变革的。茶最早是作为羹饮，茶叶何时成为真正的饮料，目前还没有确切的史料记载，但是至少到了东汉末年和三国时期，茶叶就已经作为饮料饮用。如三国魏国张辑（230 年前后）的《广雅》记载："荆巴间，采叶作饼，叶老者，饼成以米膏出之。欲煮茗饮，先炙赤色，捣末置瓷器中，以汤浇覆之，用葱、姜、橘子芼之。其饮醒酒，令人不眠。"已经明确指出茶叶是作为醒酒的饮料饮用的。

从《广雅》记载中之"欲煮茗饮"看来，说明当时饮茶方法是"煮"，是将"采叶作饼"的饼茶，烤炙之后捣成粉末，掺和葱、姜、橘子等调料，再放到锅里烹煮。这种方法一直延续到唐代，只是后来更加讲究。宋代以后又有许多变化。大体说来，我国饮茶方法先后经过烹茶、点茶、泡茶及罐装饮法等几个阶段。

一、烹茶（唐代）

烹茶即煮茶，也称煎茶。根据陆羽《茶经》的记载，唐朝的茶叶生产过程是"晴，采之，蒸之，捣之，拍之，焙之，穿之，封之，茶之干矣"，即在晴天将茶叶采下，先放在甑釜中蒸一下，然后将蒸软的茶叶用杵臼捣成茶末，放在铁制的模中拍压成团饼，将茶饼穿起来，进行烘焙，最后封存。

饮用时，先要将饼茶放在火上烤炙，去掉水分，然后用茶碾将茶饼碾碎成为粉末状态，再用筛子筛成细末，放到开水中去煮。煮时，水刚开，水面出现细小的水珠像鱼眼一样，并"微有声"，称为一沸。此时加入一些盐到水中调味。当锅边水泡如涌泉连珠时，为二沸，这时要用瓢舀出一瓢开水备用，用竹夹在锅中心搅打，然后将茶末从中心倒进去。稍后锅中的茶水"腾波鼓浪"，"势若奔涛溅沫"，称为三沸，此时要将刚才舀出来的那瓢水再倒进锅里，一锅茶汤就算煮好了。如果再继续烹煮，陆羽认为"水老不可食也"。最后，将煮好了的茶汤舀进碗里饮用。"凡煮水一升，用末（茶末）方寸匕，若好薄者减，嗜浓者增""凡煮水一升，酌分五碗，乘热连饮之。"前三碗味道较好，后两碗较差。五碗之外，"非渴其莫之饮"。

上面介绍的是陆羽所提倡的当时社会上较盛行的饮茶方法。其实在民间还保留着其他饮茶方法。《茶经·六之饮》指出："饮有粗茶、散茶、末茶、饼茶者。"因存在不同种类的茶叶，其饮用方法自然也就不同。陆羽所提倡的是饼茶的饮用方法。另有一种方法是"乃斫、乃熬、乃炀、乃舂，贮於瓶缶之中，以汤沃焉，谓之阉茶"，即将饼茶舂成粉末放在茶瓶中，再用开水冲泡，而不用烹煮，这是末茶的饮用方法。还有一种方法是"或用葱、姜、枣、橘皮、茱萸、薄荷之等，煮之百沸，或扬令滑，或煮去沫，斯沟渠间弃水耳，而习俗不已"。被陆羽视为沟间废水的这种饮茶法，就是《广雅》所记述的荆巴地区的煮茗方法，从三国到唐代数百年间一直在民间流传着。这是从古代以茶作为菜羹到以茶作为单纯的饮料之间的过渡形态，即古代以茶为菜羹时，可能也是和一些作料放在一起煮，并且既然作为菜食，一定也会加盐才好下饭。后来不再做菜食，而是煮成茶汤作为饮料，但还是和一些作料一块熬煮，以减轻茶叶的苦涩，保持原有的口味。也许正是这个原因，尽管陆羽反对用葱、姜、橘皮等来煮茶，却保留加盐的做法，因为自古以来茶汤的味道就是带有咸味的。由于不加其他作料，茶的真味容易显现，日益为饮茶者所追求，到了宋代，就不再加盐了。

二、点茶（宋代）

到了宋代，烹茶法已被淘汰，盛行点茶法。点茶法是在唐代阉茶法基础上发展而成的。根据宋代蔡襄的《茶录》记载，宋代的点茶主要特点是：先将饼茶烤炙，再敲碎碾成细末，用茶罗将茶末筛细，“罗细则茶浮，罗粗则末浮”。“炒茶一钱匕，先注汤调令极匀。又添注入，环回击拂，汤上盏可四分则止。视其面色鲜白，著盏无水痕为绝佳。”将筛过的茶末放入茶盏中，注入少量开水，搅拌得很均匀，再注入开水，用一种竹制的茶筅（类似小竹刷子）反复击打，使之产生泡沫（称为汤花），达到茶盏边壁不留水痕者为最佳状态。点茶法和唐代的烹茶法最大不同之处就是不再将茶末放到锅里去煮，而是放在茶盏里，用瓷瓶烧开水注入，再加以击拂，产生泡沫后再饮用，也不添加食盐，保持茶叶的真味。点茶法从宋代开始传入日本，流传至今。现在日本茶道中的抹茶道采用的就是点茶法。

点茶法也是宋代斗茶时所采用的方法。斗茶实际上就是茶艺比赛，通常是二三人或三五知己聚在一起，煎水点茶，互相评审，看谁的点茶技艺更高明，点出的茶色、香、味都比别人更佳。另外，还有两条具体标准，一是斗色，看茶汤表面的色泽和均匀程度，鲜白者为胜。二是斗水痕，看茶盏内的汤花与盏内壁相接处有无水痕，水痕少者为胜。斗茶时所使用的茶盏是黑色的，它更容易衬托出茶汤的白色，茶盏上是否附有水痕也更容易看出来。因此，当时福建生产的黑釉茶盏最受欢迎。

三、泡茶（明代）

明清时期，由于废除了饼茶进贡，社会上盛行炒青的条形散茶，因此不再将茶叶碾成粉末，而是直接抓一撮茶叶放入茶壶或茶杯用开水沏泡。这种方法也称为撮泡法，不仅简便，而且保留了茶叶的清香味，受到讲究品茶情趣的文人们的欢迎。这是我国饮茶史上的一次革命，直到今天仍为广大群众所沿用。

最典型的撮泡法是形成于明代完善于清代至今盛行于闽、粤、台沿海一带的“功夫茶”。功夫茶是乌龙茶特有的泡茶方式，在整个冲泡过程中呈现出浓郁的艺术韵味，是中国传统茶艺宝库中的一颗明珠。据清代寄泉《蝶阶外史·功夫茶》记载，其具体冲泡程式如下：

“壶皆宜兴砂质。龚春、时大彬不一式。每茶一壶，需炉铫三候汤，初沸蟹眼，再沸鱼眼，至连珠沸则熟矣。水生汤嫩，过熟汤老，恰到好处颇不易。故谓天上一轮好月，人间中火候一瓯，好茶亦关缘法，不可幸致也。

第一铫水熟，注空壶中荡之泼去；第二铫水已熟，预用器置茗叶，分两若干立下壶中，注水，覆以盖，置壶铜盘内；第三铫水又熟，从壶顶灌之周四面，则茶香发矣。

瓯如黄酒卮，客至每人一瓯，含其涓滴咀嚼而玩味之；若一鼓而牛饮，即以为不知味，肃客出矣。”

由上可知，功夫茶使用的茶具是十分讲究的宜兴紫砂，有钱人泡茶还要使用龚春、时大彬等名家制作的紫砂壶。水开后，先要注入空壶荡一荡再倒去，以提高壶温（类似今天福建功夫茶艺的“孟臣淋霖”）。然后放入茶叶，注水，盖上壶盖，将茶壶放在铜盘里，再用开水从壶顶浇淋壶之四周，以发茶香（类似今天福建功夫茶艺的“重洗仙颜”）。喝茶时，每人一小杯，“含其涓滴咀嚼而玩味之”，即慢慢品味欣赏，若一口就喝光，则被视为牛饮，不懂得品尝功夫茶，甚至要被人赶出门外。这说明此时的品茶十分重视沏泡技巧和追求艺术韵味，这是达官贵人和知识分子的雅趣。至于普通老百姓为了解渴而泡茶，自然没有必要这么讲究，只要将茶叶放进壶里和杯中，冲入开水，稍停片刻即可饮用。这是最简单的撮泡法。从茶叶冲泡方式的演变历史角度来看，它和功夫茶的冲泡法在本质上是一致的，或者更确切地说，它是功夫茶赖以产生的基础。

四、罐装茶（现代）

撮泡法自明代以来在中国流行600多年，直到今天仍是大众饮茶的主要方式。但随着科学技术的进步、工业的发达，人们生活节奏加快，传统的茶叶产品和饮用方式已不能完全满足人们的需要，一些青少年更加追求快速、简便、易于操作和携带的茶叶产品及其饮茶方式。于是出现了袋泡茶、速溶茶、浓缩茶和罐装饮料茶等新产品。袋泡茶是将茶叶加工成碎末装在纸袋中，放在茶杯中用开水浸泡，喝完茶水后将纸袋中的茶渣连袋丢弃，比较方便，也比较简单。速溶茶则是利用现代科学技术，以各种成品茶叶为原料，用热水萃取茶叶中的水可溶物，过滤弃去茶渣，获得茶汤，经浓缩、干燥制成固态的速溶茶，饮用前直接将它放在开水中溶化即可，不需要再倒茶渣。也可不经干燥阶段直接制成液态的浓缩茶，兑水即可饮用，或者直接将茶汤装入瓶、罐制成液态的罐装茶饮料，即开即饮，非常方便。罐装茶饮料是工业化的产品，科技含量较高，与传统手工产品形态的茶叶有质的区别，在日本和欧美迅速发展，在我国台湾地区和大陆也日益受到消费者的欢迎，前景广阔，在21世纪中将得到长足的发展，也必将对传统的饮茶方式产生冲击。在未来，罐装茶饮料将成为大众化的饮料，它即开即饮，特别适合于人们快节奏生活的需要。可以说，这是饮茶史上自600多年前朱元璋废除饼茶改散茶冲泡以来的又一次革命，具有重大的历史意义。当然，在人们的家庭生活中，细品热茶、把壶赏玩的传统饮茶方式仍不会消亡，在新兴的茶艺馆中还会得到保存和弘扬。

第四节　茶叶的对外发展

我国茶叶的外传，最早始于公元4世纪末5世纪初佛教由中国传入高丽国时，茶叶亦随之传入朝鲜半岛。到公元 12 世纪，高丽国的松应寺和宝林寺院大力倡导饮茶，使饮茶风气普及民间。到了唐代，朝鲜半岛已开始种茶。《东国通鉴》："新罗（国）兴德王之时，遣唐大使金氏，蒙唐文宗赐予茶籽，始种于金罗道之智异山。"

一、茶叶东传和发展

茶叶东传日本有可能始于汉代，但有确切的文献记载还是在唐代。729 年，日本圣武天皇曾经召集百僧，讲经赐茶，并派遣高僧来中国学习佛经。唐永贞元年（805 年），日本最澄禅师到中国天台山国清寺留学，回国时带去茶树种子，栽于近江（今日本滋贺县境内）的台麓山。不久，空海和尚也多次来中国学习佛经，带着茶籽回国试种。他们可以说是日本栽培茶树的始祖。宋乾道四年（1168 年）、宋淳熙十四年（1187 年），荣西和尚两次来华留学，回国时带去很多茶籽，并广为种植，使种茶成为日本农民的副业。他还用汉字撰写了两卷《吃茶养生记》，大力提倡喝茶，被誉为日本的陆羽。从此，日本种茶、喝茶，日益普及，至今长盛不衰。

二、茶叶的西传和发展

茶叶西传欧洲要晚到 16 世纪。1517 年，葡萄牙从中国运回茶叶，几十年后饮茶风气已很流行。公主凯瑟琳嗜好饮茶，1662 年她嫁给英皇查理二世，提倡皇室饮茶，带动了全国的饮茶之风。到 1714—1729 年乔治一世时期，中国茶叶开始大量进入英国伦敦市场，饮茶已风靡整个英国。后来还形成在下午 5 时饮茶吃点心的习惯，称为“午后茶”或“五时茶”。英国还将茶叶转运美洲殖民地，以后又运销到德国、法国、瑞典、丹麦、西班牙、匈牙利等国。

三、茶叶的北传和发展

茶叶在 17 世纪初北传俄罗斯，1618 年，中国的使者带了几箱茶叶到俄国赠送给沙皇，以后饮茶就在俄国流行起来。茶叶也就成为中俄贸易中的主要商品之一，后来俄国商人还到中国内地来开办茶厂，直接将茶叶运销俄国。

四、茶叶的南传和发展

茶叶南传的时间较晚，印度在 1780 年首次引种中国茶籽。直到 1826 年，印度尼西亚的华侨从中国引进茶种，才真正奠定了茶叶基础。锡兰（今斯里兰卡）在 1841 年因咖啡遭受虫灾才开始引种中国茶树。20 世纪 60 年代，应非洲国家的要求，我国多次派出茶叶专家去西非的几内亚、马里，西北非的摩洛哥等国指导种茶，非洲才开始有了真正的茶叶栽培。

思考与练习

1. 茶起源于何时?
2. 茶树起源于何时?
3. 简述茶字的发展。
4. 饮茶发展历经哪几个时期?
5. 饮茶方法是如何演变的?
6. 简述茶叶对外发展的概况。

第二章

茶叶知识

第一节　茶叶的种类

现代的中国茶大致可以概括为两类，即基本茶类和再加工茶类。我们平时所说的六大茶类是指茶叶在加工过程中，新鲜茶叶需经过酶化，按照茶多酚氧化聚合程度进行划分的，由浅入深可分为绿茶、白茶、黄茶、乌龙茶、黑茶和红茶，其中绿茶的茶多酚氧化聚合程度最轻，红茶的茶多酚氧化聚合程度最重。再加工茶是在基本茶类的基础上进行再次加工的茶类，这类茶的品质稍微有所变化，但是基本不会超出原茶类的系统性，所以依旧归于原来的茶类。

一、茶叶种类

1. 绿茶类

这类茶的品质特征，一般汤色碧绿、叶底嫩绿或黄绿，尤其是著名绿茶。香型以香气高长带花香为最好，其次有嫩香、毫香、栗子香（炒栗子香）。

绿茶的制法，一般是经过杀青、揉捻、干燥 3 个工序。杀青是制作绿茶的主要工序。杀青是用高温迅速破坏酶促作用，制止催化黄烷醇类的氧化作用，并尽可能保护叶绿素不被破坏，以保证绿茶的绿色清汤的品质特征。根据杀青和干燥方法不同，绿茶类进一步分为炒青、烘青、蒸青、晒青 4 个目。炒青类如西湖龙井，烘青类如黄山毛峰，蒸青类如恩施玉露，晒青类如滇青。

绿茶形状的多样化是其品质的另一大特征。依其形状的类型，分为圆条形（如银峰）、圆珠型（如珠茶）、扁条形（如老竹大方）、片形（如六安瓜片）、针形（如信阳毛尖）、尖形（如太平猴魁）和不定形（如贡熙）。

绿茶类历史最长，制法起源于 12 世纪末，自那时起，历代的文人墨客、医学著作等对绿茶于人体的健康、疗疾之功大加赞赏。

2. 黄茶类

黄茶是我国特产。黄茶的品质特点是“黄叶黄汤”，即干看外形叶色泛黄，叶底黄绿，汤色绿黄明亮。香气清悦，味厚爽口。黄茶有两种类型：一是茶树品种的芽叶自然发黄，如安徽的霍山黄芽，唐代就已著名，明朝开始入贡，但当时所产为饼茶。1971 年经过挖掘和恢复名茶生产，形成现在的霍山黄芽散茶，又称芽茶，成为黄茶类中的名茶之一。二是从炒青绿茶演变而来的，在加工过程中通过“闷黄”工序而使茶叶在破坏酶促作用的前提下，要求多酚类化合物在湿热作用下进行外酶性的自动氧化。这种类型的黄茶也早在公元 1570 年前后就出现了，可谓历史悠久。

黄茶有芽茶与叶茶之分。芽茶又叫黄小茶，如四川的蒙顶黄芽、湖南的君山银针、安徽的霍山黄芽等。叶茶如黄大茶。黄茶类除黄大茶要求有一芽四五叶梢外，其余的黄茶对芽叶要求较高，要求“嫩、新鲜、匀齐、纯净”。采摘甚早，一般早的在春分时节，大都在谷雨、清明就开始采摘，最迟在清明后 10 天就结束。所以这类茶大都鲜嫩，白毫显露，加上精湛的加工技术，形成独特的品质。黄大茶因销路不好，产量逐渐减少。

3. 黑茶类

黑茶类也是我国特有的茶类。生产历史悠久，也是由绿茶演变来的，始于我国明朝。黑茶主销我国边疆的西藏、内蒙古、新疆等地，亦称边销茶，少量销往东南亚各国和日本、意大利、法国，以及我国香港、澳门、广东、广西等地区。由于这类茶，尤其是六堡茶、普洱茶等不仅可以解渴提神，还具有帮助消化的作用。“宁可一日无食，不可一日无茶”这一谚语道出了边疆人民对黑茶的重视程度。

黑茶对人体保健和治病用处颇大。黑茶的品质特征表现为：叶色润黑或褐黄或褐红，香气醇正，有的呈槟榔香，滋味纯厚不涩，叶底黄褐粗大。这类茶要求鲜叶有一定的成熟度，一般采一芽三四叶，较为粗老。这类茶一般较为耐久藏，越藏品质越陈，越陈品质越优，越陈药理作用越好。

黑茶种类也很多，但绝大部分为砖形茶、团块茶。砖形茶如湖南的黑砖、花砖、茯砖，湖北的青砖茶。团块茶有一部分黑茶如广西的六堡茶，它是将半成品的黑茶，在被汽蒸后摊凉到 80℃以下，趁热装入篾篓。这类茶的共同制法特点是有一个堆积做色过程，如有的是杀青、揉捻后的湿坯堆积做色，有的是半成品茶半干燥后的干坯堆积做色，有的是成茶堆积再做色。堆积做色，就是将茶堆积成不同高度、体积的小堆，并适当筑紧，保持一定的湿度和温度，经过一定时间，使之一方面产生缓慢的多酚类化合物氧化，除去部分涩味，使滋味醇厚，另一方面使绿色消退，变成黄褐色或油褐色，形成黑茶特有的品质风格。黑茶的加工中还有蒸压成形工序，即黑毛茶通过汽蒸使之软化，以便形成砖状、团块状等。这种独特的加工工序是在茶叶运销边疆的长期实践过程产生并逐渐改进的。从而使茶叶便于长途运输和长久贮藏，且具有独特的生理功效和药理功效。

4. 白茶类

白茶亦是我国特产，它如一朵朵白色的牡丹开放在我国南部福建省的福鼎、政和、松溪、建阳以及台湾、江西等地。

白茶制法独树一帜，不炒不揉，控制在一定温度和湿度条件下自然萎凋至全干，或自然萎凋至八九成干后用文火烘干。因采摘要求芽叶特别幼嫩，第一叶、第二叶均密披白色茸毛，其成品茶外表或背面满披白毫，呈银白色，故称白茶。

一般白茶的糖类和氨基酸含量较高，鲜叶采摘幼嫩，所以白茶一般香气清鲜，毫味浓，滋味鲜爽清甜，汤色晶亮，呈浅杏黄色。白茶品质的优次与采制季节关系较大，白茶一般一年采春、夏、秋茶三季，以春茶品质最好。春茶一般在清明前后开采，至小满前后结束。此时芽头壮，白毫显。夏茶自芒种采至小暑。秋茶自大暑采至处暑前后。秋茶品质介于春、夏茶之间。

由于采摘标准不同，白茶有的形状如白银，秀丽夺目，所以叫白毫银针；有的绿叶夹银毫，形似花朵，故称白牡丹。

白茶性清凉，退热降火，有治疗热毒病的效果，是一种良好的消暑清凉饮料。尤以白毫银针最为名贵，海外侨胞视为珍品，在香港市场上只有高级茶庄才有供应。

白茶产制历史已有200年左右。18世纪前后（清嘉庆初年）已有白茶生产，1891年（清光绪十六年）就有银针出口。历史上，白茶因作为贡茶而冠以各种堂皇的名称，如玉芽、万寿龙芽、长寿玉圭等。

白茶种类不多，只有3～5个茶种，如白毫银针、白牡丹、贡眉、寿眉等。白茶主要外销，以港、澳地区为主，被港、澳同胞及欧洲消费者视为茶中珍品。其他如新加坡、马来西亚、荷兰、法国、瑞士、美国以及中东地区亦有一定销量。

5．青茶类

需要注意的是，目前市场上，对外贸易上的乌龙茶只是青茶中的一个品种，之所以用“乌龙茶”代替“青茶类”，是因为自1886年乌龙茶外销东南亚一带后，深受华侨赞赏，闻名于国际茶叶市场，以至于在茶叶贸易上，将各品目青茶类统称为“乌龙茶”，列为“乌龙茶类”。

青茶是我国一大特产，产区主要分布于福建、广东和台湾三省。以福建产的青茶量多质优，花色品种最多，又以武夷岩茶和安溪铁观音为珍品。

青茶具有独特的风格和品质，香气馥郁，具幽兰之胜，锐则浓长，清则幽远，味浓醇厚，鲜爽回甘，去绿茶之苦，无红茶之涩，性和不寒，久藏不坏，有“味轻醍醐，香薄兰芷”之感，汤色金黄或橙黄，清澈艳丽，叶底具有青叶红镶边的特征，很耐泡。

青茶不仅品质兼备红茶、绿茶之优，而且品饮方式也特别。在福建、广东一带，不论是客来敬茶，还是自家斟饮，皆以小杯或小盏细评，闻香品味，视爱如珍。青茶制法综合了红茶和绿茶制法的优点。形成青茶品质的关键工序是做青，也是这个茶类做法的特点。正规制法是经过萎凋、做青、炒青、揉捻、干燥等工序，加工技术是六大茶类中最复杂的。所谓做青，就是通过来回上下机械运动，使叶缘相互摩擦破损，而发生局部多酚类物质氧化。这个茶类要求鲜叶有一定的成熟度，一般等芽梢形成孢芽时开采，所以青茶看上去较粗大。青茶的创制年代，大约在 19 世纪中叶前后，由福建省安溪人民在绿茶制法的基础上发展起来的，至今已有一个多世纪的历史。

福建青茶分为闽北青茶和闽南青茶。闽北青茶以崇安武夷山岩茶为著名，另有肉桂、水仙、大红袍等。闽南青茶以安溪铁观音为最佳，另有奇兰、水仙、黄金桂等。广东以凤凰水仙最为著名，另有凤凰单枞、岭头单枞。台湾以冻顶乌龙最为著名。青茶类也有少许花茶，如台湾的包种乌龙就是以窨制花茶为主。

青茶由于自然花香馥郁，鲜浓味甜，饮之使人心旷神怡，精神振奋。据国内外科学家研究表明，青茶还具有较明显的降低胆固醇和脂肪，以及预防癌症等功效，因而在国外如日本和欧美等国掀起了“乌龙茶”热，如铁观音、水仙等有“减肥茶”“美容茶”之美誉。

6. 红茶类

红茶是我国生产和出口的主要茶类之一。世界茶叶贸易中，红茶贸易量占总量的 90% 左右，但唯有我国的红茶品种多。我国红茶有：①小种红茶，如福建武夷山的正山小种（又叫星村小种）；②功夫红茶，如安徽的祁红、云南的滇红；③红碎茶，如白毫、碎白毫；④窨花红茶，如玫瑰红茶、茉莉红茶；⑤蒸压红茶，为砖状，如湖北的米砖茶、小京砖茶；⑥速溶红茶；⑦切细红茶等。

红茶的创制也以我国为最早。早在 16 世纪，我国就发明了小种红茶。公元 1610 年荷兰商人第一次运销欧洲的红茶，就是福建武夷山的正山小种。其品质风格独特，干茶色泽褐红润泽，条索紧结圆直，汤色浓红，香气高爽，带纯正的松烟香，滋味浓爽，活泼甘甜，似桂圆汤味，至今仍为福建特有的传统外销产品。其制法特点为，在干燥时，用纯松柴烟火熏焙，使茶叶吸收大量松烟，形成小种红茶特有的带浓厚而纯正的松烟香气和类似桂圆汤的滋味，鲜爽活泼。18 世纪，在小种红茶的基础上，又发展了功夫红茶，并推广到安徽，原来盛产绿茶的祁门，开始了驰名中外的祁红的生产。19 世纪 80 年代是我国历史上茶叶贸易引以为豪的年代，当时，我国出口的茶叶，以功夫红茶为主。祁红功夫品质优异，制工精细，驰名中外，曾独占国际茶叶市场数十年。法国大文豪巴尔扎克（1799—1850）曾对茶叶有很高的评价。他说：“这茶叶，如拉塔基亚烟丝，色黄如威尼斯金子，未曾品饮即已幽香四溢。”功夫红茶，还有湖南的湘红，福建的闽红，江西的宁红，湖北的宜红，台湾的台红等。功夫红茶以其制工特别精细而得名。功夫红茶的制法主要有萎凋、揉捻、渥红（即“发酵”）、干燥 4 道工序，其中渥红是关键工序。功夫红茶的品质特征为：条索紧细稍弯曲，叶色褐红润泽，毫尖金黄；香气馥郁芬芳，滋味甜醇，汤色红艳明亮。

我国的红茶制法，19 世纪传到印度、斯里兰卡等国后，逐渐演变成现在占国际茶叶市场主要地位的切细红茶，即红碎茶。我国红碎茶生产始于 1957 年，目前已成为我国主要出口红茶。红碎茶在初制过程中经过充分揉切，成颗粒状屑片或角片，细胞破碎粒高，有利于多酚类酶性氧化，形成茶汤滋味浓、强、鲜的品质特征。红碎茶由于呈颗粒状，所以易冲泡。其饮用方式，在国外大都加牛奶冲饮。

红砖茶又名米砖茶，是由轧制毛红茶、红碎片末茶等蒸压而成，每片米砖重约 1.125 千克。砖面色泽乌黑油润，砖形四角平整。湖北赵李桥茶厂是我国砖茶行业的重点生产企业。

红茶中虽维生素类含量不及绿茶和其他茶类，但其性平缓、温和，有和胃之功效，适宜老人和体弱者饮用。另外，同样的鲜叶制成的茶叶，红茶比绿茶含有更多的咖啡碱。因此，提神、利尿的功效较显著。经科学验证和临床实践表明，红茶尤其是陈红茶，有较高的治愈慢性支气管炎、哮喘、肠炎的功效。

二、茶叶的分类

对于茶的类别区分，有人说，我国的茶可分为红茶、绿茶、乌龙茶、花茶、砖茶、沱茶6种。其实，科学的分类，可按以下10种方法分类。

1. 按色泽分类，分类太多，下面以红茶为例。

（1）黑油：为好茶类。

（2）红褐和黑褐：一般茶类。

（3）棕红：次茶类。

2. 依制造萎凋程度分类

茶按发酵与否来分类，就科学的观点而言，并不很正确，如乌龙、包种、青茶等，在制造过程中并未经过正式发酵过程，而名曰半发酵茶，也有含混之处。所以有人主张按萎凋与否分类，将茶叶分为“萎凋茶”与“不萎凋茶”两大类。

（1）不萎凋茶：绿茶。

（2）萎凋茶：红茶、黄茶、黑茶、青茶、乌龙茶、包种茶、白茶。

3. 依产茶季节分类

中国及日本的许多产茶区，均按季节性来为茶分类。

（1）春茶：又名头帮茶或头水茶。为清明至夏至（三月上旬至五月中旬）所采之茶。茶叶至嫩，品质甚佳。采摘时长约20日至40余日，随各地气候而异。

（2）夏茶：又称二帮茶或二水茶，即在夏至后（五月中下旬），也就是春茶采后二三十日由新发的茶叶所采制成的茶。

（3）秋茶：又称三水茶，即夏茶采后一个月所采制成的茶。

（4）冬茶：秋分以后所采制成的茶，我国东南茶区甚少采制，仅云南及台湾，因气候较为温暖，尚有采制。

除此之外，尚有所谓明前茶，系清明节前采制；雨前茶，系谷雨前采制；六月白，系一次夏茶之后秋茶之前，于农历六月间采制；白露茶，系白露后所采制；霜降茶，系霜降后所采制。

4. 依制茶形状分类

依制茶形状分类，各种茶叶可分成以下几类。

（1）散茶：

1）条茶类，如红茶、绿茶、茶珍眉、抽蕊等。

2）碎茶类，如红茶、绿茶特针、针眉等。

3）圆茶类，如红茶茶头、绿茶珠茶、贡熙、虾目等。

（2）副茶：茶末、茶片、茶梗。

（3）砖茶和饼茶：

1）砖茶，如峒砖、米砖、小京砖、泾阳砖。

2）饼茶，如普洱茶、沱茶。

（4）束茶：

1）龙须茶。

2）线茶。

5．依匀整度分类

茶依制造程序，可分为毛茶与精茶两大类。

（1）毛茶：或称粗制茶或初制茶。各种茶叶经初制后的成品，统称毛茶。其外形比较粗放。

（2）精茶：或称精制茶、再制茶、成品茶，毛茶再经精制的程序，使其成为形状整齐、品质划一的成品。

6．依薰花种类分类

茶依薰花与否，可分为花茶与素茶二种。各种茶叶仅绿茶、包种茶与红茶有薰花品种，其余各种茶叶很少有薰花。这种茶除茶名外，都冠以花的名称，如用茉莉花薰制的包种茶称为茉莉花茶，用桂花薰制的称为桂花茶。

7．依茶树品种分类

有些地方茶的分类，是依照茶树的品种来分类，如阿萨姆茶、小叶种茶、大叶种茶、桃仁、水仙、铁观音等。除几种具特殊地位的茶树品种如水仙、铁观音等被普遍采用外，其他并不多用。

8．依产茶地分类

有些颇负盛名的产茶地区，常以该产茶地名冠于茶名之上，如武夷岩茶、安溪铁观音、祁门红茶、六安瓜片、福州香片、杭州龙井、大吉岭红茶、星村小种、冻顶乌龙等，名称繁多，不胜枚举。

9．依栽培方法分类

茶依栽培方法分类，可分成露天茶及覆下茶。除日本的玉露茶及碾茶外，其余均为露天茶。因覆下茶仅日本有，此种分类方法，在日本以外的地区，并无价值可言。

10. 依消费市场分类

中国茶依消费市场分类，可分为内销、外销、侨销（华侨居住地区）、边销（边疆民族地区）数种。

三、名茶、名山、名水

提到名茶，就会联想到名山、名水和旅游胜地，驰名遐迩的名山、名水，吸引了慕名而来的游客。名茶又被带进了千家万户，客来品饮名茶，谈起风景优美的名山、名水，既能减疲去乏，又能助兴怡神。黄山毛峰，名山名茶，西湖龙井，名水名茶，名山、名水与名茶，相得益彰。

名山大川，名水碧湖，名泉清溪，林木繁茂，鸟语花香，环境优美，气候宜人。明朝许次纾在《茶疏》中写道："天下名山，必产灵草，江南暖山，故独宜茶。"例如，采制九华毛峰的茶树，生长在"峰峦九九，天台芳华；泉流潺潺，雾蒙露滴；云烟冉冉，竹啸松鸣；百花盈盈，山水飘香"的九华山。有"奇秀甲东南"之称的武夷山，盛产武夷岩茶，茶树大都在山坑岩壑之间，正如沈涵《谢王适庵惠武夷茶诗》云："香含玉女峰头露，润滞珠帘洞口云"。著名功夫红茶祁门的产地，有"晴时早晚遍地雾，阴雨成天满山云"之称。采制名茶的茶树大都生长在山区的山坞、坡地、溪畔、山地平原之中，依山傍水，有"地临峭壁，滩环深溪，壁生云海，溪连雾天"的优越自然环境。这里光照、水分、温度、土壤等条件有利于茶树生长。

1. 光照

山区有云雾、水蒸气或遮阴树，使直射光量减少，漫射光量增加，几乎全部的漫射光均可被茶树利用吸收。随着海拔的升高，紫外线有所增加。而紫外线能使茶树的芳香物增加，加之云雾多，空气湿度大，适宜茶树平衡生长，芽叶肥壮，叶质柔嫩，色泽鲜绿，含有丰富的氨基酸、咖啡碱等。因此，采制名茶的茶树大都生长在海拔200～800米的山地。

2. 温度

名茶产地"春冬不严寒，夏暑不酷热"，年平均气温在15℃以上，在山区年温差小，昼夜温差大，有利于茶树中芳香物质的增加。

3. 水分

水是茶树生长的重要条件。名茶产地的年降雨量大都在1200毫米以上，有的达2000毫米；空气的相对湿度保持在80%左右，在高山区有大水面的地方，相对湿度可达90%。这就促进了茶树营养物质的吸收和运输，以及光合作用、呼吸作用的进行和细胞的一系列生理变化，有利于茶树的生长。在我国大部分茶区，春季雨水充足，因此名茶都在春季采制，且为上品，由于这些地方的土壤通气、透水性能好，不会造成水害，可使茶树茁壮成长。

4．土壤

高山茶园生产的鲜叶品质好，主要是由于土壤肥沃。高山茶区天然植被保存较好，水源涵养充足，土壤有机物质丰富，土层深厚，结构疏松，肥力较高，排水良好，有利于茶树体内物质的新陈代谢，促进茶树的生长发育。陆羽在《茶经》中所说“上者生烂石”的土壤，如西湖龙井茶区的“白沙子土”，湖南安化的“石渣子土”，安徽猴坑的“乌沙土”。另外，这些高山茶园的土壤呈酸性，pH 值一般在 5.5 左右，是茶树最适宜生长的土壤。

名山名水的生态条件有利于茶树的生长，使芽叶的内含物质增多，各物质之间的比例适中，加之精湛的技艺更加促进了名茶品质的形成。

第二节　名茶介绍

一、名茶概念

关于名茶的概念，众说纷纭。目前流行的看法主要有 6 种：

① 历史上的贡茶，至今还有的。

② 参加各种评比而获奖的。

③ 已在出口或内销商品茶中列为名牌品目并具有较高经济价值的。

④ 有特殊的外形、香味，为部分消费者所偏爱，且为其他茶叶所不能代替的。

⑤ 使用价值特别突出的。

⑥ 产区自然条件和茶树品种优越，茶叶具有独特的优良品质，且为世人所知的。

这些对“名茶”的表述，各有其侧重点，作为名茶的概念则未免偏颇。有人认为名茶应具备以下 3 个条件：外形独特美观，品质优异；被社会公认、消费者接受；有一定的商品数量。

《中国名茶志》订立了 6 条列选名茶品目的标准：

① 历史传统名茶：有悠久的产销历史，其品质曾获古今知茶者的高度评价，盛名、优质久已传闻于世，并见于记载。

② 在同类茶中，色、香、味、形突出，群茶评比中，特征性优异，早为知茶者和消费者所公认，并见于记载。

③ 已经在出口或内销商品茶中列为名牌品目，具有较高的经济价值。

④ 产区自然条件和茶树品种优越，其茶具有独特的优良品质风格，并为世人所知。

⑤ 有特殊的香味，为部分消费者所偏爱，且为其他茶叶所不能代替。

⑥ 有独特的外观造型，可视作艺术品，虽则香味并不突出，但以形美取胜。

《中国名茶研究选集》载：“名闻全国和蜚声海外的茶叶，都为名茶。名茶品质优异，既有突出的特殊外形，又有一定良好规格及内质。名茶的来龙去脉有四：①饮用者共同喜爱，认为与众不同，如中华人民共和国成立后新制的名茶江西茗眉、高桥银峰等；②历史上的贡茶，而今还有的，如顾渚紫笋、西湖龙井等；③参加国际博览会比赛得奖的，如太平猴魁、君山银针等；④新制名茶参加广州交易会得到好评的，如都匀毛尖等。”

《中国茶史散论》载：“名茶，指色、香、味、形俱佳而闻名于世的茶叶。历史名茶，即指历史上就声名远播、久经考验而素负盛名的茶叶。”

《中国茶经》载：“名茶是指有一定知名度的好茶，通常具有独特的外形、优异的色香味品质。名茶的形成，往往有一定的历史渊源或一定的人文地理条件，如或有风景名胜，或有优越的自然条件和生态环境。除外界因素外，往往栽种的茶树品种优良，肥培管理较好，有一定的采摘标准，制茶工艺专一独特。再加上茶界能工巧匠和制茶工艺师的创造性发挥，从而使得我国历代名茶层出不穷。”“名山、名寺出名茶，名种、名树生名茶，名人、名家创名茶，名水、名泉衬名茶，名师、名技评名茶。很多名茶就是在这样的条件下发展起来的。”

《中国茶文化辞典》载：“名茶是指品质优异，风格独特，并得到社会承认的成品茶。风格独特，是指茶的色、形、香、味等方面别具一格，突出优于同类大宗产品；得到社会承认，是指各种名茶均具有商品属性，流通于市场，为消费者所熟知，并在一定范围内受到好评，享有盛誉。”

《中国名茶优茶加工技术》载：“名茶是茶叶中的珍品，是在独特的生态环境条件、优良的茶树品种、精湛的采制工艺技术等综合因素相结合条件下形成的；具有品质优异，色香味俱佳，风格独特；有相当的产量，有一定的知名度，被国内外消费者所公认的商品茶。”

《名优茶开发》载：“名茶是优质茶中知名度高、信誉好的名牌（驰名商标）产品。”

综上所述，所谓“名茶”（Famous Tea）是指被消费者公认、能产生较高经济效益、形质兼优、风格独特的商品茶。

二、名茶概述

名茶，简言之，是出名的好茶。一般对名茶的看法，要有突出的外形，有特优的内质，名闻全国，蜚声海外。名茶一般具体以下特点：

1．名茶的空间性与时间性

名茶名种都与自然生态相适应，所以空间性很强。如安溪西坪的铁观音移栽到武夷山，生态不相适应。武夷山的铁罗汉驰名闽南和粤东而作为药用，但移栽到安溪西坪则生长不好，这是空间不同的关系。

名茶亦有时间性，有的流传长久，如西湖龙井、休宁松萝，历三代而不衰，至今尚存；有的流行时间较短，如与龙井齐名的虎丘茶、天池茶，到了清朝为碧螺春、黄山毛峰所代替。

16 世纪的崇安星村的正山小种红茶，誉满国外市场，而在国内却已销声匿迹。18 世纪安徽的祁门功夫红茶代替小种红茶亦蜚声全球，而国内寂寂无闻。这是空间和时间不同的关系。

2．名茶采制技术

名茶不仅要生态条件优异，而且采制技术要求亦很高。采摘鲜叶有严格的标准，各种名茶都各有采摘要求，严格挑选。如黄山毛峰要采初展的一芽一叶。鲜叶要加以拣剔，一芽二叶一概剔除。

名茶制法都有各种不同的精巧技术，五指灵活运用，要圆就圆，要扁就扁，要直就直，要弯就弯。这是中华民族精湛的制茶技术之所在。

3．名茶要求规格

各种名茶虽各有不同的规格，但亦有统一的要求。

名茶干看，形状要一致：在圆中无扁，在扁中无圆；在直条中无弯条，在弯条中无直条。形状一致表示鲜叶规格要一致，制工精巧技术要一致，大小要一致。长中无短，短中无长，厚中无薄，薄中无厚；粗中无细，细中无粗，是鲜叶规格和制工一致所使然。干看色泽一致则是制工精巧所必然。

名茶湿看，依各个茶类不同而异，如绿茶要三绿：翠绿、碧绿、嫩绿。叶绿素退浅色，满盖白毫就显如翡翠的色泽，称翠绿；汤色碧绿，茶汤中无沉淀，清澈明亮，色稍显绿微黄，称碧绿；叶底黄绿，如果制工好，叶绿素全部溶解在茶汤中，显露叶黄素（如果叶绿素未溶解，称嫩绿）。香气则因茶类的不同而要求不同，如绿茶要青花香高长，红茶要甜花香高长。

三、名茶命名

历史名茶多以地名或山水名胜命名。唐代李肇于公元825年前后撰写的《国史补》记载：“常鲁公命名西蕃，烹茶帐中，赞普问曰：‘此为何物？’鲁公曰：‘涤烦疗渴，所谓茶也。’赞普曰：‘我处亦有。’遂命之出，以指示曰：‘此寿州者，此舒州者，此顾渚者，此昌明者，此邕湖者。’”上述仅是以地名命名的，属单名。有的既有地名、山名又标明名茶的某一特征，属复名，如唐朝名茶蒙顶石花、西山白露、霍山黄芽、蕲门团黄等，宋朝名茶临江玉津、袁州金片、雅安露芽、巴东真香等。

《论茶与文化》载：“名茶命名既要标明产地，又要标明名茶之独特的外形或内质的色香味的任何之一。”

名茶作为商品，其名称应体现该产品的特征、特性，或有助于宣传该产品。名茶命名的方式可以归纳为以下几种：

① 以茶叶品质特点为背景，根据名茶色、香、味、形等品质因素来命名，如以干茶色泽命名的蒙顶黄芽，以香气命名的天山真香，以滋味命名的蒙山甘露，以外形命名的六安瓜片、碧螺春。

② 以茶树品种命名的，如佛手、凤凰单枞、铁观音、黄金桂、福鼎白毫等。

③ 以名山、名湖、名水命名的，如黄山毛峰、庐山云雾、西湖龙井、洞庭春、汉水银

梭等。

④ 以文化为背景命名的，如瑞草魁、普陀佛茶等。

⑤ 以吉祥动物命名的，如太平猴魁、遂昌银猴。

⑥ 以历史典故命名的，如文君绿茶。

⑦ 以节令、气象命名的，如谷雨春、四季春。

名茶命名除需全面了解名茶产地、历史、加工工艺、成茶品质特点外，还应考虑以下因素：

① 遵守商标法。不用禁止使用的商标名称和内容；不用已经注册的茶名，避免侵权行为。

② 力求使用易于发音、识别、记忆和具有吉祥意义的字、词。

③ 茶名要醒目，听名如见茶，如碧螺春、白毫银针等。

④ 雅俗共赏，意境隽永，如安溪铁观音、太平猴魁等。

四、名茶分类

唐代陆羽的《茶经·六之饮》载："饮有老（粗）茶，散茶，末茶，饼茶者，乃斫，乃熬，乃炀，乃舂，贮于瓶缶中，以汤沃焉，谓之庵茶。"陆羽仅从烹饮角度按形状将茶叶分为四种。陈椽编著的《茶业通史》载："到了唐朝，已有蒸青团茶（绿茶）和晒干叶茶（白茶）两类茶叶。"

《宋史·食货志》载："茶有二类，曰片茶，曰散茶。"宋朝，蒸青团茶逐渐发展到蒸青散茶。蒸青团茶像饼片，叫片茶；蒸青后直接烘干的，叫做散茶。

我国茶类繁多，品质差异很大，各种茶叶的品质不同，制法也不同。千姿百态的茶类演变，经历了漫长的发展过程。周朝：茶叶晒干或阴干收藏，与现在白茶制法相同；东汉：茶鲜叶捣碎制造出饼茶；唐朝：茶鲜叶先蒸后捣碎，制造团块茶，因技术掌握不同，出现了黄茶、绿茶和黑茶；北宋：发明蒸青散茶；南宋：发明炒青散茶；明朝：发明红茶制法；清朝：发明青茶制法。至此六大茶类齐全。依制法与品质的系统性和内质主要变化以及茶类发展，分为绿茶、黄茶、黑茶、白茶、青茶、红茶六大茶类。

《制茶学》记载：茶叶分类以制法和品质的系统性为"纲"，再加工茶叶的分类应该是"目"。再加工茶叶的分类，以毛茶为依据，茶类品质的形成主要取决于鲜叶加工。再制绿花茶，内质虽然起了一些变化，但还是以绿茶品质为主，仍属绿茶类；青花茶还是青茶品质。其余依此类推。再制后，若内质变化很大，与原来的毛茶品质不同，则改属品质靠近的那个茶类。

陈宗懋主编的《中国茶经》记述，中国茶类可分为基本茶类和再加工茶类两大部分。基本茶类包括：绿茶、红茶、乌龙茶（青茶）、白茶、黄茶、黑茶六大茶类。再加工茶类包括花茶、紧压茶、萃取茶、果味茶、药用保健茶、含茶饮料。据庄晚芳编著的《中国茶史散论》记述：绿茶类名茶按加工方法可分为炒青型和烘青型；按名茶形态可分为扁形、针形、螺形、片形、眉条形和雀舌形。乌龙茶类名茶以地区可以分为闽北乌龙、闽南乌龙、广东乌龙、台湾乌龙等；以茶树品种可分为安溪铁观音、奇兰、梅占、水仙、毛蟹等。

中国名茶是众多茶类中的一颗颗璀璨的明珠，琳琅满目，千姿百态。在绿茶、黄茶、青茶、白茶、红茶和黑茶六大茶类中都有名茶，以绿茶为最多，其次是青茶和白茶，再次为红茶，黑茶最少。

五、名茶介绍

1. 历史名茶

一种茶叶必须有类别和名称，如功夫红茶，前者是命名，后者是茶类；又如白毫银针，前者是分类，后者是命名。茶叶名称都很文雅，通常都带有描述性。形容其外形的为最多，如雀舌、瓜片、毛峰、莲芯、松针等；其次是形容色、香、味的，如黄芽是指干色，黄汤是指汤色，兰花是指香气，苦茶是指滋味。各地名茶则冠以产地名称，如唐代名茶寿州黄芽，宋代名茶六安龙芽，明代名茶杭州龙井，清朝名茶洞庭碧螺春。

（1）唐朝名茶（见表 2-1）

表 2-1　唐朝名茶

名　称	产　地	特　点
寿州黄芽	安徽霍山县	条直微展，匀齐成朵，形似雀舌，润绿披毫，香气清高持久，滋味醇厚回甘，汤色嫩绿明亮，叶底微黄明亮
顾渚紫笋	浙江湖州顾渚山	干茶色泽润绿，叶底芽头肥壮成朵；茶汤清澈，碧绿如茵；兰香扑鼻，滋味醇厚
舒城兰花	安徽舒城县	有独特的兰花香味，汤色绿亮明净，滋味醇厚回甘，叶底成朵
天柱剑毫	安徽潜山县	色绿显毫，香气清鲜有花香味，茶汤鲜浓爽口，汤色碧绿明亮，叶底翠绿明亮
碧涧明月	湖北宜昌	条索紧秀圆直，翠绿显毫，内质清香持久，滋味甘醇，汤色碧绿明亮，叶底嫩绿匀整
香　山	四川奉节县	外形条索紧秀匀直，峰苗显露，色泽银绿隐翠，香气浓郁持久，滋味鲜爽回甘，汤色嫩绿清澈，叶底黄绿明亮匀整
鸠坑毛尖	浙江淳安县	外形硕壮，紧结挺直，色泽翠绿，银毫显露，香气隽永，滋味醇厚，鲜爽耐泡，汤色嫩黄明亮，叶底黄绿匀齐
瑞草魁	安徽鸦山	外形挺直略扁，肥硕饱满，大小匀齐，形状一致，色泽翠绿，白毫隐现，香气高长持久，汤色黄绿明亮，滋味鲜爽可口，叶底嫩绿明亮，均匀成朵

（2）宋朝名茶（见表 2-2）

表 2-2　宋朝名茶

名　称	产　地	特　点
北苑茶	湖州（现浙江长兴）	品质高贵，外形精美
阳羡茶	江苏宜兴	外形紧直匀细，翠绿显毫，滋味醇厚，汤色清澈，叶底匀嫩完整
日铸茶	浙江绍兴	外形扁平，滋味鲜爽，香气清高，叶底细嫩
瑞龙茶	浙江绍兴	外形平整，色泽翠绿，滋味鲜爽，香气清高，叶底细嫩
双井茶	江西修水、江西西昌	外形整齐，色泽翠绿，滋味鲜爽，香气清高

（3）清朝名茶（见表2-3）

表2-3　清朝名茶

名　　称	产　　地	特　　点
洞庭碧螺春	江苏太湖洞庭东山	碧指汤色，螺指形状，春指嫩芽度
石亭豆绿	福建南安石亭	有绿豆味
敬亭绿雪	安徽宣州	味苦而薄
涌溪火青	安徽泾县	滋味醇厚而回甜，香气清高，叶底匀嫩
六安瓜片	安徽六安	成茶为瓜子状，色翠绿，香气高，味甘鲜，耐久泡
太平猴魁	安徽黄山	外形两叶抱芽，平扁挺直，自然舒展，白毫隐伏，芽叶肥硕、重实、匀齐，叶色苍绿匀润，叶脉绿中隐红，兰香高爽，滋味醇厚，色泽清绿，叶底嫩绿匀亮，芽叶成朵肥壮
信阳毛尖	河南信阳	细、圆、光、直，多白毫，香高、味浓、汤色绿
舒城兰花	安徽舒城	有独特的兰花香味，汤色绿亮明净，滋味醇厚回甘，叶底成朵
庐山云雾	江西庐山	芽叶肥嫩，绿润多毫，香高味浓，汤色碧亮，耐泡
君山银针	湖南岳阳洞庭湖中的君山	芽头茁壮挺直，白毫完整鲜亮，芽头金黄，香气馥郁，滋味甘甜醇厚，叶底黄亮匀齐
安溪铁观音	福建安溪	条索紧结，肥壮匀整，色泽润亮，香气醇厚甘鲜，汤色嫩黄，叶底柔软鲜亮
苍梧六堡	广西苍梧县六堡乡	褐色成块，汤红亮，味纯，有槟榔味
祁门红茶	安徽祁门	祁红内质香气似果香，滋味甜醇浓香，汤色叶底红嫩明亮
屯溪绿茶	安徽黄山	滋味浓醇，条索匀整壮实，形状美观，色绿带灰发亮

2．传统名茶

名　　称	产　　地	特　　点
祁门红茶	安徽至德和江西浮梁	祁红内质香气似果香，滋味甜醇浓香，汤色叶底红嫩明亮
屯溪绿茶	安徽皖南山区	滋味浓醇，条索匀整壮实，形状美观，色绿带灰发亮
庐山云雾	江西星子县西北	芽叶肥嫩，绿润多毫，香高味浓，汤色碧亮，耐泡
洞庭碧螺春	江苏太湖洞庭东山	嫩芽碧指汤色，螺指形状，春指嫩芽度
恩施玉露	湖北恩施市东郊五峰山	外形白毫显露，色泽苍翠润绿，艳如鲜绿豆，条索紧圆、光滑，纤细、挺直如松针；汤色嫩绿明亮显莹光，滋味鲜爽，叶底绿亮匀整
西湖龙井	杭州西湖	外形扁平，色泽翠绿，滋味鲜爽，香气清高，叶底细嫩显芽
黄山毛峰	安徽黄山	形似雀舌，匀齐壮实，峰显毫露，色如象牙，鱼叶金黄，清香高长，汤色清澈，滋味鲜浓、醇厚、甘甜，叶底嫩黄，肥壮成朵
信阳毛尖	河南信阳	细、圆、光、直、多白毫、香高、味浓、汤色绿
六安瓜片	金寨麻埠齐头山	成茶为瓜子状，色翠绿，香气高，味甘鲜，耐久泡
太平猴魁	太平黄山山脉的猴坑	外形两叶抱芽，平扁挺直，自然舒展，白毫隐伏，芽叶肥硕、重实、匀齐，叶色苍绿匀润，叶脉绿中隐红，兰香高爽，滋味醇厚，色泽清绿澈，叶底嫩绿匀亮，芽叶成朵肥壮
君山银针	湖南岳阳洞庭湖的君山	芽头茁壮挺直，白毫完整鲜亮，芽头金黄，香气馥郁，滋味甘甜醇厚，叶底黄亮匀齐
安溪铁观音	福建安溪县	外形紧结，成茶色泽鲜润，香气胜似幽兰花香，汤色金黄明亮，甘润生津
凤凰水仙	广东潮安县凤凰山区	性和不寒，久藏不坏，叶底有“绿叶红镶边”的特征
云南普洱茶	西双版纳、思茅等地	颜色褐红，陈香味，汤色红浓，滋味醇和，叶底稍粗，呈猪肝色
苍悟六堡茶	广西苍梧县	
武夷岩茶	闽北武夷山	味甘泽而香馥郁，去绿茶之苦，无红茶之涩，性和不寒，久藏不坏，叶底有“绿叶红镶边”的特征，品其茶具有“岩骨花香”之胜
蒙顶黄芽	四川蒙顶山	扁平挺直，嫩黄油润，全芽披毫，甜香浓郁，汤黄明亮，味甘而醇，叶底全芽黄亮

3. 恢复历史名茶

名　　称	产　　地	特　　点
蒙山甘露	四川邛崃山脉中的蒙山	条索紧秀匀卷，色泽翠绿油润，银毫细嫩
涌溪火青	安徽泾县黄田乡涌溪	外形腰圆，紧结重实，色泽墨绿，油润显毫，滋味醇厚，甘甜耐泡，香气馥郁，清高鲜爽，汤色黄绿明亮，叶底杏黄匀嫩
九华毛峰	安徽省南部的青阳县	色泽翠绿鲜润，显毫，嫩香持久，汤色碧绿明亮，滋味鲜醇爽口，叶底嫩绿明亮，芽叶完整
敬亭绿雪	宣城敬亭山	形如雀舌，挺直饱满，色泽翠绿，身披白毫，香气清鲜持久，滋味鲜醇爽口，汤色清澈明亮，叶底嫩绿成朵
龟山岩绿	湖北麻城龟峰山的东南沟	外形条索圆直，色泽油绿，白毫显露，香气浓郁持久，滋味醇厚回甜，汤色清澈，叶底嫩匀明亮，耐久泡
鹿苑毛尖	湖北省远安县的鹿苑寺	外形色泽金黄，白毫显露，条索环状，内质清香持久，滋味醇厚甘凉，汤色绿黄明亮，叶底嫩黄匀整
天华谷尖	安徽太湖县天华	形似稻谷，色泽翠绿，香气高长，汤色碧绿，滋味鲜浓，叶底匀整，嫩绿明亮
瑞草魁	皖南鸦山	外形挺直略扁，肥硕饱满，大小匀齐，形状一致，色泽翠绿，白毫隐现，香气高长持久，汤色黄绿明亮，滋味鲜爽可口，叶底嫩绿明亮，均匀成朵

4. 新创名茶

名　　称	产　　地	特　　点
白毫银针	福建政和县	肥硕显毫，形挺似针，毫如白银，色泽银灰，汤色杏黄，滋味醇厚回甘。叶底嫩匀完整，叶脉微红，有“红装素裹”之称
安化松针	湖南安化县	形似松针，白毫显露，翠绿匀整，香气馥郁，滋味甘醇，汤色清亮，叶底嫩匀

5. 各类名茶

绿茶类：

名　　称	产　　地	特　　点
太平猴魁	安　　徽	外形两叶抱芽，平扁挺直，自然舒展，白毫隐伏，芽叶肥硕、重实、匀齐，叶色苍绿匀润，叶脉绿中隐红，兰香高爽，滋味醇厚，色泽清绿澈，叶底嫩绿匀亮，芽叶成朵肥壮
黄山毛峰	安　　徽	形似雀舌，匀齐壮实，峰显毫露，色如象牙，鱼叶金黄，清香高长，汤色清澈，滋味鲜浓、醇厚、甘甜，叶底嫩黄，肥壮成朵
磐安云峰	浙　　江	外形条索挺直有峰苗，芽叶肥嫩，色泽翠绿毫嫩，叶底嫩绿成朵，汤色翠绿明亮，滋味醇和鲜爽，回味甘甜
鸠坑毛尖	浙　　江	外形硕壮，紧结挺直，色泽翠绿，银毫显露，香气隽永，滋味醇厚，鲜爽耐泡，汤色嫩黄明亮，叶底黄绿匀齐
金奖惠明	浙　　江	外形肥壮紧结，色泽翠绿毫显，汤色清澈明净，香气清高持久，滋味醇厚，浓而不苦，回味好，有水果味，耐久泡
顾诸紫笋	浙　　江	干茶色泽润绿，叶底芽头肥壮成朵；茶汤清澈，碧绿如茵；兰香扑鼻，滋味醇厚
临海蟠毫	浙　　江	紧结蟠曲，白毫显露，银绿隐翠，香气持久，滋味醇厚
西湖龙井	浙　　江	外形扁平，色泽翠绿，滋味鲜爽，香气清高，叶底细嫩显芽
雨花茶	江　　苏	外形挺秀，色泽嫩绿，滋味醇厚爽口，叶底微黄绿
金坛雀舌	江　　苏	扁平挺直，条索匀整，状如雀舌，色泽绿润，香气清高，滋味鲜爽，汤色明亮，叶底嫩匀

（续）

名称	产地	特点
碧螺春	江苏	嫩芽碧指汤色，螺指形状，春指嫩芽度
无锡毫茶	江苏	条形卷曲，肥壮绿翠，白毫披覆，香高味浓，色绿明亮，叶底肥嫩
婺源茗眉	江西	叶质柔软，细嫩光滑，汤色澄清滋润
庐山云雾	江西	芽叶肥嫩，绿润多毫，香高味浓，汤色碧亮，耐久泡
安化松针	湖南	形似松针，白毫显露，翠绿匀整，香气馥郁，滋味甘醇，汤色清亮，叶底嫩匀
洞庭春	湖南	条索紧结微曲，银毫隐翠，高香持久，滋味醇厚鲜爽，汤色嫩绿清澈，叶底嫩绿明亮
剑春茶	湖北	扁平挺直，尖削似剑，芽峰显露，颜色翠绿，边缘微黄，油润光滑，多茸球，香气清鲜持久，滋味醇厚甘爽，汤色嫩绿明亮，叶底嫩绿明亮成朵
云海白毫	云南	条索紧直如针，白毫披身，汤色黄绿明亮，香高味爽，叶底鲜嫩
都匀毛尖	贵州	色泽鲜绿，外形匀整，白毫显露，条索卷曲，香气清爽，滋味鲜浓回甘，汤色清澈，叶底明亮，芽头肥壮
巴山碧螺	陕西	外形卷曲、匀齐，色泽浅黄显毫，香气栗香持久，滋味醇厚，汤色黄绿，叶底嫩黄
竹叶青	四川	外形扁平、挺直、光滑，茶汤清澈透明，甘甜可口
永春佛手	福建	条索紧卷圆结，匀整美观，色泽砂绿油润，香气馥郁似橼香，汤色金黄明亮，滋味醇厚，叶底柔软黄亮
信阳毛尖	河南	细、圆、光、直、多白毫、香高、味浓、汤色绿
正山小种	福建	外形条索肥壮紧结，不带芽毫，色泽乌黑油润，香气芬芳浓烈，汤色红艳浓厚，馥郁松烟香和桂圆汤蜜枣味为其特色

乌龙茶类：

名称	产地	特点
铁观音	福建	外形紧结，成茶色泽鲜润，香气胜似幽兰花香，汤色金黄明亮，甘润生津
黄金桂	福建	外形条索紧结卷曲，色泽黄绿油润，细秀匀整美观，香气清高，香型优雅，汤色金黄明亮，叶底柔软黄绿明亮，红边鲜亮
闽北水仙	福建	茶条先端扭结，条索带曲或弯形，中部以下近柄处，部分叶色暗绿并显现白点，香气浓郁，似兰花香，滋味醇厚鲜爽，汤色清澈橙黄，叶底匀整，叶缘有朱砂红边或红点，俗称“青底红边”
凤凰单枞	广东	形美、色翠、香郁、味甘
岭头单枞	广东	外形紧直，色泽黄褐油润，自然花蜜香气清高持久，滋味醇厚回甘，汤色橙黄清澈明亮，叶底黄绿

红茶类：

名称	产地	特点
祁红	安徽	祁红内质香气似果香。滋味甜醇浓香，汤色叶底红嫩明亮
滇红	云南	形美、色艳、香高、味浓

黄茶类：

名称	产地	特点
鹿苑茶	湖北	外形色泽金黄，白毫显露，条索环状，内质清香持久，滋味醇厚甘凉，汤色绿黄明亮，叶底嫩黄匀整

白茶类：

名称	产地	特点
白毫银针	福建	肥硕显毫，形挺似针，毫如白银，色泽银灰，汤色杏黄，滋味醇厚回甘。叶底嫩匀完整，叶脉微红。布于绿叶之中，有“红装素裹”之称

花茶类：

名　称	产　地	特　点
茉莉银毫	福　建	外形肥壮匀嫩，毫芽显露，香气浓郁持久，滋味醇厚爽口，回味清甜，汤色鲜明微黄，叶底肥匀嫩亮，耐久泡
茉莉龙团	福　建	外形紧结呈圆珠形，香浓味厚，耐久泡
茉莉雀舌	福　建	外形紧秀、细嫩、匀齐，显峰毫，芽尖细小似雀鸟之舌，香气鲜灵纯正，汤色黄亮清澈，叶底细嫩，耐久泡

第三节　茶叶的营养与功效

一、茶叶中的营养成分

据科学家的分析和鉴定，茶叶中含有三百多种化学成分，含量高者达 10%～20%，含量低者不到百万分之一。茶叶中所含的蛋白质、氨基酸、脂肪、碳水化合物、各种维生素和矿物质等，都是人体生命所必需的成分。因此，从营养价值的角度来说，茶是一种含有多种营养成分的饮料，又因其含有多种维生素，所以茶也是一种多维饮料。

1. 蛋白质和氨基酸

茶叶中蛋白质含量虽然高达 20%～30%，但能溶于水而被利用的只有 1%～2%。人们靠每天 5～10 克茶叶的饮用量来摄取蛋白质是有限的。然而作为组成蛋白质的基本单位——氨基酸，在茶叶中已发现有 25 种以上。茶叶中有 2%～4%的游离氨基酸，极易溶于水，在茶汤中能泡出 80%左右。可溶于茶汤中的氨基酸种类很多，有谷氨酸、天门冬氨酸、赖氨酸、精氨酸、酪氨酸、脯氨酸、苯丙氨酸、亮氨酸等。茶叶中还含有一种特殊的氨基酸，即茶氨酸，在人体内可分解产生谷氨酸而被利用。故饮茶可以提供人体多种氨基酸，有利于维持人体内正常的氨酸平衡。

2. 维生素

维生素是人体正常代谢不可缺少的物质，主要从饮食中摄取。自从在绿茶中发现维生素 C 以后，世界公认茶叶具有特殊的营养价值。

茶叶中含有 10 多种维生素，有维生素 A、B、C、D、E、H、K、P 和肌醇等。

维生素 C 又名抗坏血酸，被看成是疗效广泛的营养药和保健药。茶含有丰富的维生素 C，100 克茶叶中一般含有 100～500 毫克维生素 C，绿茶中含量多于其他茶类，特别是高档绿茶，含量常在 250～300 毫克。因此，高级绿茶被视为维生素 C 的宝库。红茶因经过发酵过程，氧化损失较多，维生素 C 含量很少。由于茶叶中维生素 C 和多酚类化合物质同时存在，在 70～100℃的水温下几乎不被破坏，在 80℃水温下浸泡 5 分钟，只破坏 15%。

人体对维生素 C 每日的需要量约为 60 毫克左右，正常情况下，每日饮茶 3～5 杯，基本上可以满足人体对维生素 C 的需要量。这在缺乏水果和新鲜蔬菜的情况下尤其重要。

茶叶中B族维生素种类齐全，包括硫胺素、核黄素、烟酸、叶酸、泛酸、生物素、肌醇等。这些维生素和维生素C一样，均能溶于热水。一般绿茶比红茶含量高得多。

维生素P类也同维生素C、B一样溶于热水。茶叶中含有的维生素P类物质，如多酚类化合物，典型的维生素P即芸香甙，100克茶叶中也有340毫克左右。维生素P可维持微血管的正常渗透性，增强韧性，防治高血压和血管硬化。

茶叶中含有多种脂溶性维生素，如维生素A、D、K、E等。茶叶中所含的维生素A比其他食品含量要高得多，而绿茶比红茶高一倍左右，维生素A、D对维持人体的正常生长发育有很大关系。维生素E能促进人体生殖机能正常发育，有抗衰老的效果。维生素K可防止皮下肌肉出血，有止血的功效，其含量可以与肉类和蔬菜相比。

3. 糖类

糖类即碳水化合物，是人体所需能量的主要来源。糖类在茶叶中含量相当丰富，约20%～25%，但是多数是不溶于水的多糖类，能被沸水冲泡出来的糖类不过4%～5%，因此，茶叶是低热量饮料。这对于某些诸如糖尿病等忌糖患者，是一种非常合适的饮料。而且临床试验表明，茶叶治疗糖尿病的效果是明显的。

4. 脂类

茶叶中含有2%～3%的脂类，包括磷脂、硫脂、糖脂和若干脂肪酸。据中国农科院茶叶研究所分析，100克茶叶中含有700～1500毫克脂肪酸，其中亚油酸为100～180毫克，亚麻酸为200～400毫克。已经探明，很多脂肪酸是人体必需的，有些脂肪酸人体可以自己制造和转化，而有些则必须靠食物获得，其中亚油酸、亚麻酸等就要靠食物提供。茶叶中含有一定量的脂肪酸，可以补充人体日常的需要。

5. 矿物质

矿物质又叫无机盐、无机元素，是人们生活的营养要素之一。茶叶中的矿物质的灰分含量在4%～6%，其中50%～60%可溶于热水，能被人们所利用。

二、茶叶的功效

上千年的饮茶历史实践、近代国内外科学研究及临床实验表明，茶叶不仅具有人体必需的基本营养成分，还具有多种治疗保健作用，如提神消疲、除油腻助消化、杀菌消炎、利尿解毒，以及防治心血管病、动脉粥样硬化、降低血压、防止龋齿、抗癌、抗衰老等功效。这是因为茶叶中含有很多具备多种功能的药效成分，包括上面提到的一些营养成分，而且是多种成分协同作用的结果，单味饮用，相当于服用多种药物组成的复方。所以，从这个意义上讲，“茶，即药也”（宋朝林洪撰《山家清供》）。

1. 咖啡碱

咖啡碱是茶叶中的一种主要生物碱，一般含量为2%～4%，高的可达5%左右，热水一次可浸出 70%～80%的咖啡碱。咖啡碱能兴奋中枢神经、增进思维、提高效率。试验表明，饮茶能提高分辨能力、触觉和嗅觉，同时还能显著提高口头答辩和数学思维反应。此外，咖啡碱还能促进血液循环，增加肌肉收缩能力，解除疲劳，以及利尿，消浮肿，解除酒精毒害，强心解疼，平喘，扩张血管壁从而治疗高血压性头痛，提高胃液分泌量，增进食欲，帮助消化，调节脂肪代谢等作用。经调查表明，心肌梗塞的发病率与饮咖啡呈正相关，但与大量饮茶呈负相关。这是因为茶叶中除含有咖啡碱外，还存在大量多酚类化合物以及维生素 C 等化学成分，由于它们的协同作用，全都发挥了茶对人体健康的有益功能。一般绿茶中咖啡碱的含量低于红茶。

2．多酚类化合物

茶叶的药效中多酚类化合物是起主导作用的。茶叶中含有 10%～20%多酚类化合物，绿茶比红茶含量高。茶叶中多酚类化合物不仅含量高，而且其组成物质也多，有 30 多种，其中最主要的物质是儿茶多酚类。这些多酚类化合物的药效归纳起来，主要是：①增强毛细血管的作用，尤其当脂肪性饮食过多时，微血管的透性增大，脆性也就增大，易引起破裂出血，饮茶可增强微血管壁的韧性，而且药效极为明显；②防止维生素 C 的氧化，有利于维生素 C 在体内的积累和利用；③使有害金属离子还原变成无害离子，因而有解毒功效；④抑制动脉硬化，就是因为茶叶中虽然也含有咖啡碱，但同时含有较多的儿茶多酚类物质和维生素 C，可消除咖啡碱的副作用，保留其提神、利尿、强心等功效，这就是作为健康饮料的茶叶的独到之处；⑤抗菌杀菌作用，我国古代劳动人民就有用茶叶治疗红白痢疾的经验，绿茶的抑菌效果比红茶好；⑥抗辐射损伤，能吸收和消除已经进入骨髓中的放射物质锶，有利于造血功能的恢复，具有明显地提高白细胞总数的效果，从而增进身体的抵抗力；⑦抑制引起突然变异的变异原，抑制癌细胞；⑧防止细胞内脂质的过氧化作用，从而具有明显的抗衰老效果；⑨活血化瘀、促进血液中纤维蛋白元的溶解作用，从而达到抗凝化瘀的作用，降低血脂，防止血栓形成，减肥健美。所以饮茶自古以来就与健康长寿联系在一起。

3．酯多糖

茶叶中脂多糖的一般含量约为 3%。脂多糖的药理试验表明，适当的植物脂多糖进入动物和人体后，在短时间内就可以增强机体的非特异性免疫能力，对提高机体的抵抗能力作用很大。动物试验表明，茶叶中的脂多糖有防辐射的功效。它与多酚类化合物一样，也有改善造血功能、保护血液的作用，还有助于肝脏再生的功能。

4．叶绿素和胡萝卜素

叶绿素和胡萝卜素是茶叶中的色素，含量较高，尤其是绿茶。叶绿素具有杀菌作用，能刺激组织培养中纤维细胞的生长，促进愈合。胡萝卜素是维生素 A 的前身，维生素 A 不是色素物质，仅见于动物界；而胡萝卜素主要在植物中，故胡萝卜素又叫维生素 A 原，对视觉和上皮细胞正常机能的维持有重要作用，所以饮茶明目为历代医书所记载。

茶叶中的营养成分和药效成分远不止这些，且每种成分很难说它是起营养作用，还是起药效功能，如以上所列的维生素类，它既是人体正常代谢所必须的营养成分，又具有多种药效功能等。

由于茶叶含有多种药效功能的成分，所以可防治多种常见疾病以及一些疑难病症。

三、饮茶与疾病的防治

1．饮茶与抗衰老

“君欲登寿城，常饮茶作阶。”饮茶可延年益寿，其生物机制已随着当前对“衰老生物化学”的研究而被提示出来。

中外一些科学研究表明，人的衰老与体内不饱和脂肪酸的过度氧化作用有关，而不饱和脂肪酸的过度氧化与自由基的作用有关。化学活性高的自由基可使不饱和脂肪酸过度氧化，使细胞功能突变或衰退，增进组织增殖及致坏死而产生癌症、心血管病和其他一系列疾病。脂质过氧化是人体健康的恶魔，但罪魁祸首却是自由基，只要把自由基清除掉，就可以使细胞获得正常的生长发育。

这个任务一般由抗氧化剂来完成，抗氧化剂利用它的氧化还原性质，当细胞生命活动受到自由基威胁时，它本身被氧化，使化学活性高的自由基转化成隋性化合物而保护细胞的正常发育。

目前，常用的抗氧化剂有维生素 C、维生素 E，它们均能有效防止不饱和脂肪酸的过度氧化，维生素 E 防止脂肪酸过氧化作用只有 4%的程度，而多酚类化合物可达 74%。除此，茶叶中还富含嘌呤生物碱，它可间接起到良好的清除自由基的作用。

由此可见，茶叶的延年益寿的显著效果是其他食物所不能比拟的，茶叶中含有维生素 E、维生素 C 和多酚类化合物，且如高级绿茶以富含维生素 C 著称（10～20 毫克/杯），茶叶中的维生素 E 也是日常果蔬所远不及的（约 800 微克/杯），能起维生素 P 作用的多酚类化合物其含量之高更是一般食物所难以提供的（约 600 毫克/杯），如此富含抗氧化剂的食物可以说是万里挑一。因此，君欲延年寿，多饮一杯茶！

2．抗癌

癌症是当今严重威胁人们健康的“不治之症”。因此，近年来研究茶叶抗癌引起了人们的极大兴趣和关注。据日本对静冈县不同市、镇、村各种癌病死亡率的调查及日本静冈县岛田保健所长的调查，发现癌症死亡率与当地是否生产绿茶有密切的关系。例如，在茶叶生产有名的中川根镇等地，癌症死亡率明显低于全国平均值，而不产茶的贺茂村的癌症死亡率显著高于全国平均值。

为进一步探明茶叶抗癌的机制，日本冈山大学药学部奥田拓男教授进行了茶叶中儿茶酚的抗癌试验，结果认为：

（1）儿茶多酚类化合物对突然变异的变异原抑制效果相当明显。变异原为强致癌物质。这是因为儿茶多酚类化合物与变异原结合或分解，从而失去致变性的缘故。

（2）茶中儿茶多酚类化合物对癌细胞，如对 KB 癌细胞有明显的抑制效果。

（3）饮茶能治癌与茶能降脂作用有关。据美国哈佛医科大学营养学专家 G·勃莱克布什讲，一些致癌物质会被贮存在人体脂肪细胞中。因此，他告诫人们尽量避免过胖。

茶叶中除多酚类化合物具抗癌作用，主要的还有维生素 E 和维生素 C，它们如前面所述可以清除体内的万恶的自由基，防止不饱和脂肪酸的过度氧化，而且维生素能阻碍致癌物——亚硝胺的合成，对防治癌症有利。

3．防治心脑血管疾病

心脑血管疾病又是一类威胁人类健康的疾病。近年来，许多研究资料指出：冠心病、高血压、动脉血管硬化等心脑血管疾病的发生与血液流通异常等方面因素有关。医学界临床试验表明，这些疾病的发生都伴有不同程度的血液流通异常——血液高凝状态。

临床实验结果表明，茶叶能降低血液黏度和血液高凝状态，增加血液流动性，改善微血管循环系统，以防止血栓形成，达到改善血液流变学的作用。临床实验还表明，茶叶有降低毛细血管脆性，增加微血管壁的韧性，从而降低出血倾向，对脑溢血、高血压、心血管等疾病的防治有一定作用。

血瘀症是临床冠心病、脑血管等许多疾病内在的共同发病基础。临床实验表明，茶叶有抑制血栓形成的作用，能活血化瘀，促进血液中纤维蛋白元的溶解作用，降低血脂作用。这对防治冠心病、动脉硬化、脑血管栓塞有重要意义。

高脂血症被认为与冠心病的发病率有关，并且是主要的危险因素之一，而高密度脂蛋白胆固醇含量愈高，冠心病发病率愈低。研究认为，茶叶能降低形成高脂血症的总胆固醇、甘油三酯，加快高脂血症的降解作用，并能使高密度蛋白胆固醇含量提高。

茶叶的这些功能主要归功于其所含的儿茶酚类化合物，以及维生素类。

4．减肥健美

我国古代《神农本草》说："茶味苦，饮之使人益思，少卧，轻身，明目。"唐代陈藏器《本草拾遗》说："茶久食令人瘦，去人脂。"我国历代关于长期饮茶可除腻、降脂、减肥的医书及诗歌不少。由此可见我国很早就发现茶叶有减肥作用。

我国在饮茶减肥方面也做过不少研究。

湖南省长沙茶厂用茶叶和中药配料试制了"猴王牌速溶减肥茶"，由湖南省医学院附属第一医院用于 40 例高血脂症的治疗，每日三次，每次一袋（3 克），当茶饮，两个月为一个疗程。治疗总有效率高达 98%，疗效非常显著。

5．防辐射及白细胞减少症

1945 年 8 月在日本广岛发生原子弹爆炸后，产生了大量的放射性物质，致使不少人患上放射病。经调查发现，经常饮茶者影响较小，不喝茶者影响较大。后来经过日本静冈药科大学校长鹈饲贞二和药物学教授林荣一两位博士的研究，于 1959 年发现茶叶的单宁（儿茶多酚类物质）能使锶迅速排出人体，有不使其侵入骨内之功效。

茶叶不仅能使吸收进入人体的放射性物质迅速排出体外，而且能预防和治疗因照射而引起的辐射损伤。

进一步研究结果已经初步探明，茶叶中具有抗辐射作用的物质主要是儿茶多酚类物质、脂多糖、维生素 C、维生素 E、胱氨酸、半胱氨酸、维生素 B 类等。由此可见，绿茶类含上述物质多于其他茶类，所以抗辐射及回升白细胞的效果更显著。因此有人认为“茶叶可以把你从辐射中拯救出来”。在世界大气污染比较严重的情况下，以茶叶作为日常生活中的主要饮料，对人体的保健，既简便又有效，实有不可忽视的重要意义。

6．固齿、明目

茶叶可以保护牙齿，在我国古代早已应用，宋代苏东坡在《茶说》中说：“浓茶漱口，既去烦腻，且能坚齿，消蠹。”

饮茶为什么能固齿？而且特别是儿童饮茶防龋意义更大呢？据科学分析，人体一部分器官组织中含一定的氟：牙齿 560ppm，肋骨 490ppm，大腿骨 280ppm，指甲 23～300ppm，毛发 15～30ppm，血液 14ppm。由此可见，牙齿含氟特别高，氟是人体尤其是牙齿不可缺少的营养物质。据浙江医科大学附属二院口腔科刘克恭副教授等试验证明：6 岁前的儿童是恒牙牙胚形成时期，在这段时期摄取氟，对防龋（蛀牙）有特殊意义，应该提倡学龄前儿童就开始饮茶，在幼儿园或家庭中，把茶叶冲泡成茶汤代替白开水给儿童饮用。这是因为茶叶含氟量较高，并能通过饮茶进入机体被利用。因此，饮茶防龋是一项可靠而有效的方法。

饮茶可明目。这在很早以前，我国古代一些典籍上就有记载。世界第一部茶叶著作——唐代陆羽的《茶经》说：“茶之为用，味至寒，为饮最宜。精行俭德之人，苦热渴、凝闷、脑疼、目涩、四肢烦、百节不舒、聊四五啜，与醍醐露抗衡也。”明代顾元庆《茶谱》中记载：“人饮茶能止渴、消食、除痰、少睡、利尿道、明目、益思、除烦、去腻，人不可一日无茶。”

浙江中医学院马一民副教授指出：“茶叶对眼睛具有保健与医疗作用。”并且指出：“维生素 C 摄入不足，会使眼内晶状体导致混浊而形成白内障”，也就是说眼内晶状体维生素 C 的含量不足是形成白内障的因素之一。茶叶中维生素 C 的含量很高，所以饮茶对视力功能有针对性的保健作用。

茶叶中含有维生素 B2 和维生素 A 原——胡萝卜素，胡萝卜素能增强视网膜的感光性。维生素 B2 缺乏时，易感染结膜炎。因此，维生素 B2 是维持视网膜正常机能所必需的维生素。

第四节 茶叶的选购与贮藏

人们饮茶，有的仅是配合饮食的需要，喝一杯茶如吃一个水果一样；有的是口干了就想饮茶来解渴，多少是有以茶当水喝的习惯；有的人是为享受，认为饮茶是一种高级的艺术享受；有的是为生活的调剂，使生活增加情趣。凡此种种，可见茶在我们的生活中必不可少。随着生活水平的提高，把饮茶当做一种享受的人越来越多，讲究饮茶环境与泡茶艺术的人越来越多，饮茶使我们的生活更加丰富。

一、选茶概略

总的来说，吃过多油腻食物的人，就应选用滋味浓厚的茶；爱吃味道强烈食物的人，就选用较芬芳的茶；蔬果吃得少的人，就选发酵较轻或不发酵的茶。

以地区而言，北方人较喜欢选用花茶，江浙及邻近省份人，多选用乌龙茶或高级绿茶，云、贵、广东和福建人，为保健及治病，多选用半发酵的高级包种茶、武夷岩茶或普洱茶等。

居住在都市的人常喜欢选用浓味、刺激性较强的红茶。

以年龄来说，年轻人为健美可选用绿茶或包种茶，为了欣赏可选用清香包种茶；上了年纪的人最好选用乌龙茶和焙火稍重的包种茶。

1. 选用适合自己的茶的具体方法

对于一位初学饮茶者，将茶先行试泡与试饮是很重要的。我们可以到茶叶商店少量选购几种茶，并了解各种茶的泡法，然后再依法冲泡。自己心里抱着一种研究的态度，先行试饮，细尝慢饮。当茶汤进口，回荡于口中一点时间，再经喉咙吞入，稍候嗅觉的反应，凡是口腔有一种爽然快慰的感觉，芬芳久久不退，口里觉得甘润回味，就可证明这种茶对你是适宜的。当你经过数次试饮后，尤其是以不同的茶汤温度分数次试饮，更可以探知茶的真味，如此几次试泡试饮，只要泡法没有差错，一定可以选到你喜欢的茶。

总之，如何选用茶是很有讲究的，否则选用自己不喜爱的茶会觉得花冤枉钱，甚至对茶产生排斥，更谈不上所谓的“享受人生”了。

古人饮茶，大都是纯茶，因此鉴别的方法比较简单，如唐陆羽《茶经》上说：“野者上，园者次；紫者上，绿者次；笋者上，牙者次；中卷上，叶舒次……”现因制造技术进步，茶种多，品类也多，鉴别就比较困难。但是俗语说“一回生，二回熟”，多观察、多品尝、多接触，就可以买到相宜品质的好茶。

2. 鉴别茶的要领

（1）从茶的形状上辨别。每一种茶都有一定的标准形状，有许多种茶叶都是根据形状来分级的。主要的条件是茶叶的老嫩，老而粗大的总比幼嫩紧结又整齐者的品质差。此外，茶梗、茶片、茶末含量多者不好，夹有杂物更不好。例如，红茶以短齐而不碎杂、紧结不松薄者为佳；其他茶类以叶身细长卷曲者为上品，佛手形状者次之，叶短而舒直且夹杂着茶梗和粗叶的，便是下品了。

（2）从茶的色泽上辨别。干茶的外观色泽，以有油光且新鲜的为佳。各种茶都有其标准色泽，如红茶以深褐色有光亮为上；绿茶须茶芽多呈翠绿色；包种茶贵在有灰白点的青蛙皮状，颜色偏深绿；乌龙茶红、黄、白三色明显的为上品；花茶新鲜青翠具有芽尖为上。色泽灰暗、杂而不匀，都是下等品。

（3）从茶汤颜色上辨别。各种茶都有其标准水色，以澄清透亮而呈艳丽者为佳（好品质的红茶茶汤冷后会呈乳化现象，另当别论）。例如，上好的红茶呈琥珀色，有甘香而无涩味；绿茶颜色碧绿而散发出一种清香；包种茶呈金黄色，饮在口中有青果的香味；乌龙茶呈橙红色，有熟果味的芬芳。如是色泽灰暗、有青草味和涩味，甚至喝一遍过后便淡然无味，都是下等品。这是鉴别茶最可靠的方法。

（4）从茶的香气上辨别。这是茶品质的主要条件。最简易的办法，是将一撮茶叶放在掌心，用口呵气，使茶叶受热而发出真味来，香气（如木香、花香、蜂蜜香、焦糖香等）愈浓愈久愈是好茶叶，如发出的是青草味便是下品。

（5）从茶的滋味上辨别。这要比闻茶的香气更重要。因茶是饮用回味的，以少苦涩带有甘醇者为佳。入口之后觉得茶汤“身骨”强劲而浓郁，饮后在喉间有久久不去的回味者才是上品，凡是淡薄或陈旧劣变之味都是下品。

下面介绍几种茶的上选品、次级品的区别（每种茶均以 4g 的茶叶对 140ml 的水，冲泡 4 分钟为准）。

乌龙茶：

	上选品	次级品
外观	芽大肥壮，白毫显露 红、黄、白三色隐现其间，颜色鲜艳 形状稍短，条索紧结 干茶气味明显	形状粗碎，条索松散 干茶虽有香味，但香气低，火香气重 深绿带黑
冲泡后	冲泡后汤色浓且明艳，呈琥珀般的橙红色，滋味甘醇香润 带有天然熟果香或近似蜂蜜香 回甘深厚	冲泡后水色呈出暗金黄色，微带红色或黑褐色 滋味苦涩 回甘弱
叶底	叶底呈淡褐、锯齿状，有红边，叶基部分呈淡绿（发酵适当）	叶底呈灰黄色（发酵程度不足）或呈褐色（发酵过度） 叶有断碎

松柏长青茶：

	上选品	次级品
外观	色泽墨绿鲜艳，并有灰白点状的青蛙皮斑，条索紧结弯曲 干茶有强劲的芳香	色泽带黄或呈黑褐色 形状粗松或稍弯而不卷曲 干茶香气低
冲泡后	汤色呈橙黄色 有明显清香，近桂花香 汤醇厚甘润，回甘强 水性长	汤色暗黄或淡黄 汤味缺乏甘醇且带苦涩 回甘弱 水性短
叶底	底边缘有红边，叶中部分呈淡绿色（发酵适当）	叶底边缘无红色，叶有断碎，或呈暗褐色

明德茶：

	上选品	次级品
外观	带油光，呈深绿色，带有青蛙皮一般的灰白点 形状稍粗长，条索紧结并呈自然弯曲状 干茶香，有如甜素兰花味	虽有油光又呈鲜绿，而没有如青蛙皮般的灰白点 形状短碎，条索松散 干茶香气低
冲泡后	汤色金黄 茶香特别明显，具有幽雅花香 汤味纯和清快而不苦涩，刺激性低 回甘强	汤色呈浅黄或暗黄 茶香不明显，且极易挥发散去
叶底	叶片色泽呈鲜绿，无损 叶片完整，枝叶连理	叶片断裂，有碎叶 叶片色泽暗绿

铁观音：

	上 选 品	次 级 品
外观	呈深褐色，有油光，类似青蛙皮的色泽 条索弯卷紧结呈半球形 干茶有浓香	形状粗大而条索松散，卷曲不若半球状 干茶香气低
冲泡后	汤色呈深黄色 汤味浓而醇厚，微涩中带甘润味，并有种醇和的弱果酸味 香气明显而深厚，回甘强	汤色虽近似深黄但却稍呈暗黄色或略带红色 汤味淡而苦涩，无弱果酸味，或焦味稍强 刺激性较强，回甘弱
叶底	叶底有锯齿边缘，有红边，而叶中呈淡绿 叶片完整，枝叶连理	叶底破裂不整，无红边，整叶呈灰黄色或呈褐色

绿茶：

	上 选 品	次 级 品
外观	碧绿新鲜，带油光，白毫多，形状扁直，尖端不弯曲 干茶香气清纯	绿而无油光，老叶多，或稍呈黄色 白毫少，形状稍弯或扁而不结 干茶香味低
冲泡后	汤色碧绿或稍呈清黄色 滋味清新刺激，有清新爽口之感 茶香呈天然清香，幽雅飘逸	汤色带黄或暗黄 滋味刺激，含苦与涩味
叶底	全叶均呈淡绿清翠，形状整齐	叶底断碎，呈暗绿色；或稍呈黄褐色，有点发酵的状况

花茶：

	上 选 品	次 级 品
外观	淡绿而带白毫，芽尖多，形状短细，条索紧结细小，花骨朵以纯白为佳 花与茶的比例为 3:7 干茶香气有浓甜的花味	形状粗碎而条索松散 干茶香气低或夹杂其他的香味，而熏花花骨朵的颜色呈橙黄或褐色
冲泡后	呈橙黄色 有花香 茶味醇和有甜味，无苦涩而略带刺激味	汤色呈淡黄或暗黄 茶色带有苦涩味或刺激性过强
叶底	叶片完整，色泽鲜绿 以桂花熏制者为佳	叶底断碎 叶底色泽暗绿

二、茶叶的保存

对于喜爱饮茶的人来说，不可不知道茶叶的保存方法。因为品质很好的茶叶，如不善加保存，很快就会变质，颜色发暗，香气散失，味道不良，甚至发霉而不能饮用。

1. 茶叶变质的原因

茶叶品质劣变的主因在于受潮与感染异味。成品茶的吸湿性很强，很容易吸收空气中的水分。根据试验，把相当干燥的茶叶露置于室内，经过一天，茶叶的含水量可达7%左右；露置五六天后，则上升到15%以上。在阴雨的天气里，每露置一小时，含水量就增加1%。在气温较高、适合微生物活动的季节里，茶叶含水量超过10%时，茶叶就会发霉而失去饮用价值。

在感染异味方面，因茶叶中含有萜烯化合物和高分子棕榈酸，这些能很快吸收其他物质的气味而改变或掩盖茶叶本来的气味。例如，把茶叶和樟脑丸、香料、药物等放在一起，或把茶叶放在气味较浓的新木器、新漆器里，在几个小时后就会感染到这些东西的气味，轻则喝了使人不快，重则不能饮用。

另外，光线对茶叶品质也有影响。特别是绿茶放置于强光下太久，很容易破坏叶绿素，使得茶叶颜色枯黄发暗，品质变坏；同时，如在日光下曝晒，还会产生日晒味，难以饮用。

2. 保存的方法

为防止茶叶吸收潮气和感染异味，减少光线和温度的影响，避免挤压破碎，损坏茶叶外形，就必须采取妥善的保存方法。

贮存大批茶叶的仓库，应根据茶叶变质的原因有针对性地进行设计和修建；而小批茶叶可采用生石灰或木炭保存法。这种生石灰或木炭保存法是指，准备一个陶瓷罐（或用马口桶），大小根据所保存的茶叶多少而定。要求干燥、清洁、无味、无锈。把未风化的生石灰块装入细布口袋内，布袋重约0.5kg。茶叶用干净的薄纸包好，每包重0.5kg，用细绳扎紧，一层一层地放进坛的四周，中央留下空位，放置一袋生石灰，上面再放一包茶叶，如未装满，还可依次再装一二层，然后用牛皮纸堵塞坛口，用草垫或棕垫盖好，这样可借生石灰吸收茶叶和空气中的水分，使茶叶保持充分干燥。生石灰吸潮风化后要及时更换，一般装坛后过一个月就要更换，以后每隔一二个月更换一次。如用木炭吸嘲，要先将木炭烧红，冷却后装入布袋，每袋重约1kg。每一二个月要把木炭取出烧干再用。

一般嗜好饮茶者或家庭购买的茶叶数量很少，没有必要用坛子保存，可装入有双层盖的马口铁茶叶罐里，最好装满而不留空隙，这样罐里空气较少，有利于保存。双层盖都要盖紧，用胶布黏好盖子缝隙，并把茶罐装入两层尼龙袋内，封好袋口。另一个办法是把茶叶装入干燥的保温瓶中，盖紧盖子，用白蜡密封瓶口。采取这两种方法，可以较长时间使茶叶保持品质不变。（为了泡饮方便，茶叶盒少装一些茶叶，每次取用后注意盖紧盖子；绿茶容易受到光线影响，不适宜用玻璃瓶保存。）

我们也可采用真空或充气的保存方法。真空保存法是把茶叶装入马口铁罐，焊好接口，用抽气筒抽出罐内空气，使其成真空。充气保存法是在装茶叶的铝箔袋中填充高度纯化的惰性气体。使用这两种保存法，在常温下保存一年以上，仍可保持茶叶原来的色、香、味；在低温下保存，效果更好。

3．注意事项

需要注意的是，茶叶在保存中的含水量不能超过 5%（绿茶）或 7%（红茶）。炒茶、烘茶的工具要十分洁净，不能有一点油垢或异味，并且要用文火慢烘，要十分注意防止茶叶焦糊和破碎，以防止柴炭的烟味或其他异味污染茶叶。

思考与练习

1．茶叶分为哪几类？
2．什么是名茶？
3．名茶分为哪几类？
4．历史名茶有哪些？产地和品质特点是什么？
5．传统名茶有哪些？产地和品质特点是什么？
6．恢复历史名茶有哪些？
7．创新名茶有哪些？产地和品质特点是什么？
8．茶的营养成分有哪些？
9．如何选购茶？
10．茶叶如何保存？

第三章

茶叶的生产和现代制作工艺

第一节 现代茶工艺

一、红茶基本制法

红茶，以适宜制作本品的茶树新芽叶为原料，经萎凋、揉捻（切）、发酵、干燥等典型工艺过程精制而成，因其干茶色泽和冲泡的汤以红色为主调，故名。红茶开始创制时称为“乌茶”。红茶在加工过程中发生了以茶多酚酶促氧化为中心的化学反应，鲜叶中的化学成分变化较大，茶多酚减少 90% 以上，产生了茶黄素、茶红素等新的成分。香气物质从鲜叶中的 50 多种增至 300 多种。一部分咖啡碱、儿茶素和茶黄素络合成滋味鲜美的络合物，从而形成了红茶、红汤、红叶香甜味醇的品质特征。

我国红茶包括功夫红茶、红碎茶和小种红茶，其制法大同小异，都有萎凋、揉捻、发酵、干燥 4 个工序。各种红茶的品质特点都是红汤红叶，色香味的形成都有类似的化学变化过程，只是在变化的条件、程序上存在差异而已。下文以功夫红茶为例，介绍红茶的制造工艺。

1. 萎凋

萎凋是指鲜叶经过一段时间失水，使有一定硬脆度的梗叶成萎蔫凋谢状态的过程，是红茶初制的第一道工序。经过萎凋，可适当蒸发水分，叶片柔软，韧性增强，便于造型。此外，这一过程使青草叶消失，茶叶清香欲现，是形成红茶香气的重要加工阶段。萎凋方法有自然萎凋和萎凋槽萎凋两种。自然萎凋即将茶叶薄摊在室内或室外阳光不太强处，搁放一定的时间。萎凋槽萎凋是将鲜叶置于通气槽体中，通以热空气，以加速萎凋过程，这是目前普遍使用的萎凋方法。

2．揉捻

红茶揉捻的目的与绿茶相同。茶叶在揉捻过程中成形并增进色香味浓度，同时，由于叶细胞被破坏，便于在酶的作用下进行必要的氧化，利于发酵的顺利进行。

3．发酵

发酵是红茶制作的独特阶段，经过发酵，叶色由绿变红，形成红茶、红叶、红汤的品质特点。其机理为叶子在揉捻作用下，组织细胞膜结构受到破坏，透性增大，使多酚类物质与氧化酶充分接触，在酶促作用下产生氧化聚合作用，其他化学成分亦相应发生深刻变化，使绿色的茶叶产生红变，形成红茶的色香味品质。目前普遍使用发酵机控制温度和时间来进行发酵。发酵适度的红茶，嫩叶色泽红匀，老叶红里泛青，青草气消失，具有熟果香。

4．干燥

干燥，是将发酵好的茶坯采用高温烘焙，迅速蒸发水分，以达到保持干度的过程。其目的有三：利用高温迅速钝化酶的活性，停止发酵；蒸发水分，缩小体积，固定外形，保持干度以防霉变；散发大部分低沸点青草气味的芳香物质，激发并保留高沸点芳香物质，以获得红茶特有的甜香。

二、绿茶基本制作工艺

绿茶，又称不发酵茶，是以适宜茶树的新梢为原料，经杀青、揉捻、干燥等典型工艺过程加工而成的茶叶。其干茶色泽和冲泡后的茶汤、叶底以绿色为主调，故名。绿茶的特性，较多地保留了鲜叶内的天然物质。其中茶多酚、咖啡碱保留鲜叶的85%以上，叶绿素保留50%左右，维生素损失也较少，从而形成了绿茶“清汤绿叶，滋味收敛性强”的特点。最新科学研究结果表明，绿茶中保留的天然物质成分，对防衰老、防癌、杀菌、消炎等均有特殊效果，为其他茶类所不及。

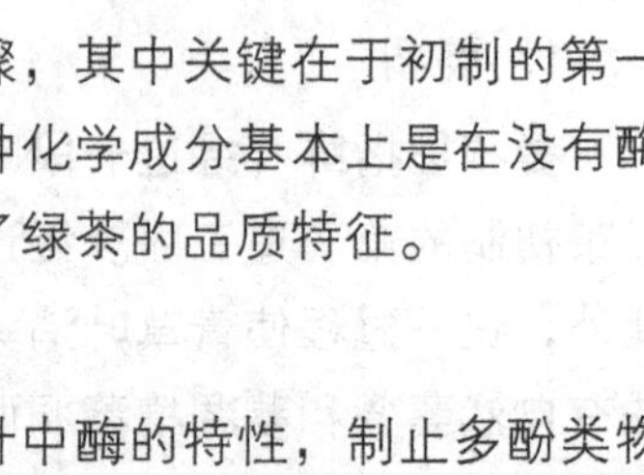

绿茶是历史上出现最早的茶类。古代人类采集野生茶树芽叶晒干收藏，可以看做是广义上的绿茶加工的开始，距今至少有三千多年。但真正意义上的绿茶加工，是从公元8世纪发明蒸青制法开始，到12世纪又发明炒青制法，绿茶加工技术已比较成熟，一直沿用至今，并不断完善。

绿茶的加工，简单地可以分为杀青、揉捻和干燥3个步骤，其中关键在于初制的第一道工序，即杀青。鲜叶通过杀青，酶的活性钝化，内含的各种化学成分基本上是在没有酶影响的条件下，由热力作用进行物理、化学变化，从而形成了绿茶的品质特征。

1．杀青

杀青对绿茶品质起着决定性的作用。通过高温，破坏鲜叶中酶的特性，制止多酚类物质氧化，以防止叶子红变；同时蒸发叶内的部分水分，使叶子变软，为揉捻造型创造条件。随着水分的蒸发，鲜叶中具有青草气的低沸点芳香物质挥发消失，从而使茶叶香气得到改善。除特种茶外，杀青均在杀青机中进行。影响杀青质量的因素有杀青温度、投叶量、杀青机种类、时间、杀青方式等。

2. 揉捻

揉捻是绿茶塑造外形的一道工序。通过外力作用，使叶片揉破变轻，卷转成条，体积缩小，且便于冲泡。同时将部分茶汁挤溢附着在叶表面，对提高茶滋味、浓度也有重要作用。制作绿茶的揉捻工序有冷揉与热揉之分。所谓冷揉，即杀青叶经过摊凉后揉捻；热揉则是杀青叶不经摊凉而趁热进行的揉捻。嫩叶宜冷揉，以保持黄绿明亮之汤色和嫩绿的叶底；老叶宜热揉，以利于条索紧结，减少碎末。目前，除名茶仍用手工操作外，大宗绿茶的揉捻作业已实现机械化。

3. 干燥

干燥的目的是蒸发水分，并整理外形，充分发挥茶香。干燥方法有烘干、炒干和晒干 3 种形式。绿茶的干燥工序一般先经过烘干，然后再进行炒干。因揉捻后的茶叶含水量仍很高，如果直接炒干，会在炒干机的锅内很快结成团块，茶汁易黏结锅壁。因此，茶叶要先进行烘干，使含水量降低至符合锅炒的要求。

三、包种茶的制造

包种茶是半发酵茶类中属发酵程度较轻的一种茶类，茶叶中的儿茶素类仅有 8%～18% 被氧化，外观色泽碧绿，茶汤水色由淡绿至蜜黄或金黄色，滋味甘醇有活性，香气清纯，具有明显的花香。

1. 茶青原料

制造包种茶，茶青原料之选择以叶质柔软、叶肉肥厚、色呈淡绿者为佳。如施用氮肥过多，鲜叶颜色呈浓绿，水分含量高，制成的茶叶则色泽暗黑，香气不扬。茶青原料品质不同者（如不同品种，上午青、下午青、晚青等）应当分别制造，以便于成品茶的品质控制。适当控制茶青入厂量，以当日青当日制完为原则，茶青入厂后应立即摊开散热（尤其是在气温高的日子），以免鲜叶因闷热红变成“死茶”。

2. 萎凋

（1）日光萎凋法：将茶青摊在麻布埕或其他的竹席上（每平方米摊放 600～1000 克生叶）放在日光下进行萎凋，萎凋叶面温度（或称日晒温度）以 30～40℃为宜，日晒温度高于40℃时宜用纱网遮阴以免晒伤变成“死茶”。萎凋过程中再根据茶青水分的消散情况轻翻2～3次，使其萎凋均匀，萎凋时间一般为10～20分钟（太阳微弱时可延长至30～40分钟，要根据当时的茶青水分消散的实际情况而定）。

（2）热风萎凋法：日照温度在28℃以下或阴雨天气时，最好采取热风萎凋的方式代替日光萎凋。热风萎凋的方式有两种：①设置热风萎凋室，利用干燥机或热风炉的热风，用风管导入室内萎凋架下方（切忌热风直接吹向茶青），室内另设新鲜空气的入口及出口，使空气对流，热风萎凋室的温度以35～38℃为宜（热风温度40～45℃），摊叶厚度每平方米0.6～2千克生叶，萎凋时间一般为20～50分钟。②设置送风式萎凋机，将生叶均匀摊放于萎凋槽内，摊叶厚度5～10厘米，热风温度35～38℃，风速每分钟40～80米，萎凋时间一般为10～30分钟。热风萎凋进行中宜轻翻茶青二至三次，以使茶青萎凋均匀，此处应当注意的一点就是，在对雨水茶青进行萎凋的时候，要多翻几次，使茶叶表面的水分容易散发出去，从而促进萎凋的进行。

3. 室内萎凋及搅拌

室内萎凋和搅拌可使生叶继续进行部分发酵，引发复杂的化学变化，而生成包种茶特有的滋味和香气。

“搅拌”时将茶叶放在手掌中，微微用力将鲜叶翻动，使鲜叶相互摩擦，使叶缘细胞破损，使空气进入叶肉细胞而促进茶叶的发酵，同时也使茶叶“走水”均匀。

具体步骤为：

（1）茶青经日光萎凋或热风萎凋后，就移入常温的萎凋室，薄摊于竹席之上，摊叶的厚度为每平方米0.6～1千克，静置1～2小时，叶缘因水分蒸散而萎凋起微波纹时进行第一次搅拌，动作要轻，时间要短（约1分钟）。

（2）随着搅拌次数的增加而力度逐渐加重，搅拌时间也随之加长，摊叶的厚度亦逐渐增加，而静置时间要逐渐缩短。一般搅拌次数为3～5次，每次搅拌后静置时间为1～2小时。

（3）最后一次搅拌是在午夜时分，气温较日间低了许多，因而静置时摊叶宜厚，若为初春、冬初低温期间，则搅拌后宜将茶青装入高60厘米左右的竹篮中静置，以提高茶青的温度，加速发酵作用的进行，包种茶的滋味就在此时产生。这一过程十分重要。

（4）最后一次搅拌后静置1～3小时，等茶叶的臭青味消失而发出清香时，即可以开始进行炒青了。

需要注意的是，在室内进行萎凋时，第一次和第二次搅拌程度要适当轻微，仅将鲜叶轻轻拨动翻转就够了，如果一开始下手过重，就会产生“包水”现象，导致成品茶的外观色泽暗，茶味苦涩。相反，若室内萎凋时搅拌不足又会引起包种茶特有的香气不扬，甚至还有臭青味。因此，进行萎凋时一定要根据茶树品种、茶青性质、季节和当时的气候状况调整室内萎凋所需的时间和搅拌次数。

4. 炒青

炒青的目的是以高温破坏酵素活性，抑制茶叶再继续发酵，以保持包种茶特有的香气和滋味。炒青时茶叶中的水分已所剩无几，茶叶的质地就变得柔韧，也就便于揉捻成条和进行干燥处理了。

炒青可利用手炒锅或炒青机，炒青温度为160～180℃，初炒时有“啪、啪”的爆裂声为宜。

炒青时间因茶青的性质和投入的茶叶量而不同，炒至无臭青味，用手握捏，茶叶软而疏松，闻之芳香扑鼻为度。包种茶切忌炒青过度、叶缘有刺手感或炒焦，亦不可起锅太早。茶青未炒熟就起锅，这样制成的成品带青味和红梗。

5. 揉捻

揉捻的目的是借外力使茶叶成形，以利于外观美丽，并于揉捻时破坏部分茶叶细胞组织，使汁液流出黏附于茶叶表面，成品冲泡时可溶成分易于溶出，便可加强茶汤的滋味。

6. 初干及静置

将揉捻叶解块后置于半球形包种茶的干燥机内，初干至茶叶表面无水，握之柔软，有弹性，不粘手（俗称半干）。茶叶加工制造至此时已深夜，可将初干的茶叶摊在避风处静置，隔日再来团揉。

7. 团揉

将初干的茶叶先用圆筒炒青机或焙笼或半球形包种茶干燥机加热回软，加热至叶中温度达60～65℃，再装入特制的布球袋中，以布球揉捻机或手工进行团揉。团揉时宜不时解袋松茶，再复火，再团揉，使茶叶中水分慢慢消散，茶叶外形逐渐紧结。

8. 干燥及焙火

其目的在于，利用高温停止炒青时残留酵素的活性，使茶叶不再发酵，从而固定茶叶品质。利用干燥或焙火的火候可改善茶叶的香气、滋味，去除青臭味及减轻涩味，使茶芬芳、甘润、可口，并使茶汤水色澄清艳丽。干燥和焙火另一个重要目的是，使茶叶干燥至水分含量低于4%，减少茶叶体积及重量，便于包装、贮存及运销。

四、乌龙茶的制造

乌龙茶系半发酵茶类中发酵程度最深的一种茶，茶叶中50%～60%的儿茶素类被氧化，其外观红、黄、绿相间，艳丽如花，高级乌龙茶更带白毫，茶汤水色呈琥珀色，滋味浓醇、甘润，带熟果香。

乌龙茶制造法与包种茶制造大致相同，除了在选用茶青原料的标准、萎凋程度、搅拌用力轻重以及时间长短上有所不同之外，其他制造程序与包种茶大同小异，在此就与包种茶制造上不同之处加以说明，其他的可参考包种茶的制造方法。

1. 茶青原料

制造乌龙茶，茶青原料以选用心芽肥大、白毫多、叶质柔软的“一心二叶”为宜，至于入厂后其他的制造过程和包种茶相同。

2．萎凋

这一过程与包种茶相同，只是乌龙茶日光萎凋时间较长，萎凋程度较重，萎凋程度以叶面光泽消失，呈波浪状，嫩梗部因消水表皮呈现皱纹，心芽及第一叶柔软下垂，萎凋完成时茶青重量减少率为 25%～35%为准。

3．室内萎凋及搅拌

制造乌龙茶时，室内萎凋及搅拌方法同包种茶制造方法相同，乌龙茶搅拌次数及搅拌力量较包种茶多且重。乌龙茶第一次、第二次搅拌用力宜轻，切忌用力过重致茶叶受伤，走水不良，而出现“包水”现象，即茶叶发酵不正常，致使叶面呈黑褐色，外观不艳丽，汤色不明亮。乌龙茶室内萎凋及搅拌得当，则茶叶走水正常，叶缘逐渐呈红褐色，心芽呈银白色，等到叶面 1/3～2/3 呈红褐色，且闻起来有熟果香时即可炒青。

4．炒青

乌龙茶炒青法同包种茶之炒青相同，惟乌龙茶萎凋较重，炒青前茶叶水分含量较少，因而炒青温度较包种茶要低，其火力约为炒包种茶的八分火力。炒至青味消失，发出熟果香，心芽呈银白色，以手握之叶缘微脆，有刺手感即可。

5．静置回润

此回润过程为制造高级乌龙茶特有的步骤。茶叶炒青后，即用浸过清洁水的湿布包闷、静置 10～20 分钟，使茶叶回软，无干脆、刺手感，揉捻时易于成形，并且可避免茶芽碎裂或被揉损。

6．揉捻

乌龙茶的外观不重视条索的紧结，而重视揉捻的平均。芽叶完好无破损，因此在揉捻时用力不可太重，揉捻时间宜短。

7．干燥

乌龙茶干燥法同包种茶干燥法相同，但热风温度应比包种茶低（约低 10℃），焙火时间不宜过长，一般进行一次干燥即可。

五、砖茶的制法

砖茶又名“复制茶”，原是王室宫廷所用最好的茶，主要是把绿茶、红茶、乌龙茶、花香茶和黑茶的碎末，经清蒸后制成的。

除宫廷用茶之外，在上等茶中也有各种砖茶。比如湖北省的鹤峰，当地用花香茶制成最好的砖茶；产自紫金的竹壳茶，是用竹皮把几个团茶穿在一起，名叫“五玉一连”；龙须茶是用绳子把茶捆成一束；花卷茶是把黑茶作成长筒形；巴巴茶是广西特产的砖茶。

砖茶种类繁多，其制法也各不相同，但在压制成茶的一点上，所有的砖茶都是相同，只不过在古时用手压，需要3周时间，现今改用65吨的压力机，效率大大地提高，只用两个小时就可完成。国内以湖南砖茶的产量最多，汉口原来是国际茶叶市场之一，当时用木模把商标印在铁板上。最上等的砖茶是把注册商标印在表里两面。

在一般情况下，制砖茶时可以把茶叶的茎切碎装入大桶内，然后供气使它变黄。等到晒干以后，再蒸上5分钟，以增加黏着力，并用压力机对表里两面进行加压，等凉了以后，再拆下来。上述各道工序需要十多天才能完成。

优质砖茶是从来不加叶茎或粉末的，在压榨前，先要加四成水进行热炼，然后再用压力机的多孔板把水分压出来，使水分减少到一成左右。如果温度过低，时间又不长，砖茶的中心部分是不可能干的，如不干就会变质。当然，加入的叶或茎越碎越好。砖茶有各种不同的尺寸和形状，而且是多样化的。

第二节　茶人茶事

一、茶人

1. 茶圣——陆羽

中国是茶的故乡，唐朝是中国茶文化发展的鼎盛时期，其间除了朝廷的提倡、社会经济的繁荣等因素外，陆羽及其《茶经》的影响，更应居首功。

（1）身世坎坷，力争上游

陆羽出生于唐玄宗开元年间（733年，一说727年），据《新唐书·隐逸列传》记载：“陆羽，字鸿渐，一名疾，字季疵，复州竟陵人（今湖北天门）。”相传陆羽原是个被遗弃于西湖之滨的孤儿，后为龙盖寺住持智积和尚发现，带回抚养。陆羽长大后，因无名字，乃以《周易》为自己卜卦取名，卜得“渐”卦，其爻辞曰：“鸿渐于陆，其羽可用为仪。吉。”遂以“陆”为姓，“羽”为名，“鸿渐”为字。

陆羽自小在龙盖寺中生长，九岁时开始努力向学，智积和尚希望他皈依佛门，陆羽却以为出家人“终鲜兄弟而绝后嗣”有违孝道，而不肯接受；智积和尚大怒，遂命他从事清扫等杂役，同时还要他去照料30头牛。陆羽在放牛时，仍然不放弃学习，在牛背上练习写字，一旦被发现，就遭到鞭打。陆羽每想到“岁月往矣，奈何不知书？”便不禁悲从中来。后来陆羽找机会逃离龙盖寺，藏匿在戏班子里当优伶，虽然陆羽面貌丑陋，说话又结巴，却富有机智，扮演丑角极为成功，他同时还编写了《谑谈》三卷。

（2）隐居笤溪，闭门著书

天宝年间，中州人请陆羽去担任乐师，深为复州太守李齐物赏识，有意提拔他，还教他做学问，遂在火门山庐读书。陆羽是个从善如流，却又嫉恶如仇的人，每当听到别人有善行，就像是自己做的一样；一见到别人为非作歹，一定加以规劝；参加朋友的宴会时，只要想去哪里就立刻离席，大有陶渊明“我醉欲眠卿且去”的真性情；但是一旦和朋友相约，不管是风雨大雪，或是路有狼虎，都一定前往赴约。

肃宁上元元年（760 年），陆羽隐居笤溪（今浙江吴兴），自称桑苎翁，又号竟陵子，开始闭门著书。陆羽经常在田野中吟诗徘徊，或以竹击木，或有不称意时，就放声痛哭而归，因此当时人将他比拟作“楚狂人”接舆。肃宗时，陆羽曾被任为太子文学，因此有“陆文学”之称，后改任太常寺太祝，陆羽辞官不就。

（3）结交文士，淡泊雅逸

陆羽生性淡泊，清高雅逸，喜欢与文人雅士交游。《全唐诗》中搜录了陆羽写的《六羡歌》：“不羡黄金罍，不羡白玉杯，不羡朝入省，不羡暮登台，千羡万羡西江水，曾向竟陵城下来。”由诗中可看出陆羽淡泊名利的处世态度。在隐居期间，他与诗僧皎然、隐士张志和等人交往甚密，成为莫逆之交。

陆羽不但喜爱大自然，对茶叶的兴趣更为浓厚，为钻研茶叶生产科学技术，他跋山涉水，四处云游，深入江苏、浙江、江西等各主要茶区进行调查研究，将游历考察时的所见所闻，随时记录下来，无形中丰富了茶叶知识与技能，更是他日后撰写《茶经》的主要依据。

（4）四处考察，始成茶经

《茶经》共分为三卷十节，约有 7000 余字，具体内容有：一之源，谈茶的起源、名称、品质，介绍茶树的形态特征；二之具，论采制茶叶的器具；三之造，说明茶叶种类和采制茶叶程序；四之器，述说烹茶饮茶的器皿；五之煮，讲茶的烹煮技巧和各地水质的优劣；六之饮，谈饮茶的风尚起源、传播与饮茶习俗，并提出饮茶的方法；七之事，描写历代有关茶的故事、产地和药效；八之出，叙述各地所产的茶的优劣，并将唐代全国茶叶生产区域划分为八大茶区；九之略，说明可省略的茶具；十之图，则论及将茶事以素绢书写之事。

《茶经》是中国第一部总结唐代及唐代以前有关茶事的来历、技术、工具、品啜之大成的茶业著作，也是世界上第一部茶书，它使中国的茶业从此有了比较完整的科学根据，对茶业生产与发展，产生了极大的作用，堪称一部茶道的百科全书。

（5）品茶鉴水，神之又神

在流传下来的茶书中，都记载了陆羽生平的一些轶事。张又新的《煎茶水记》中记载了一则陆羽辨水的故事：

代宗时，湖州刺史李季卿久闻陆羽之名，一日邀陆羽到衙府里品茶，席间，李季卿问陆羽：“煮茶用什么水最好？”陆羽说：“山泉水最好。”李季卿又问：“天下名泉以何处最好？”陆羽说：“扬子江上的南零水。”李季卿为了验证陆羽的话，遂命两名士兵去取南零水。两名士兵奉命取水，途中因船身晃动，桶内的水溢出大半，于是就近用其他江水加满后，便回去交差。当陆羽用木杓舀水时，说：“这不是南零水。”两名士兵起先不肯认错，当水倒到一半时，陆羽才说：“这才是南零水。”两名士兵见陆羽辨水如神，震慑不已，于是赶紧俯首认罪。足见“茶神”的美誉，实非虚名。

陆羽不但是评泉、品泉专家，同时也是煎茶高手。相传智积是个喜茶且善品茶的和尚，平时非陆羽煎的茶不喝，当陆羽离开龙盖寺后，智积就不再喝茶了。代宗听到此事，便召智积进宫，命宫中能手煮茶奉上，智积只喝一口就放下不饮；后来代宗密召陆羽进宫煮茶，再给智积品尝，结果智积一饮而尽，还说："这好像是渐儿煎的茶啊！"可见陆羽煎茶的功夫之独到。

《茶经》的出现具有划时代的意义，它不仅奠定了陆羽在中国茶史上的地位，更提升了中国人的饮茶层次。陈师道在《茶经序》中写道："夫茶之著书，自羽始；其用于世，亦自羽始。羽诚有功于茶者也。上自宫省，下迨邑里，外及戎夷蛮狄，宾祀燕享，预陈于前。山泽以成市，商贾以起家，又有功于人者也。"这对陆羽一生在茶文化发展上的贡献所作的评断应是相当公允的。

2．茶仙——苏东坡

"大江东去，浪淘尽，千古风流人物。"这是北宋大诗人苏东坡《念奴娇·赤壁怀古》中的名句，虽是咏三国时代的周瑜，不过以苏东坡的纵横才气，豪放洒脱，更称得上是"千古风流人物。"

（1）行云流水，才气纵横

苏轼，字子瞻，四川眉山人，生于宋仁宗景佑三年（1036 年），谪居黄州时，割茅结屋，题署为"东坡庐堂"，遂自号东坡居士。嘉佑元年八月，中进士，通过礼部初试，欧阳修语梅尧臣曰："吾当避此人出一头地。"

虽然苏东坡年轻有为，前景看好，但因其为人耿介坦率，嫉恶如仇，遇有不平，即"如蝇在食，吐之乃已"。遂得罪权宦，屡遭打击，先后被贬到黄州、惠州，甚至儋州（位于海南岛）。虽然坎坷一生，仕途多舛，但心胸旷达的他却没有因此被击垮，反而将这些经历转化成传唱千古的绝妙诗篇。

苏东坡可谓全才之士，琴棋书画，无一不晓，诗词歌赋，无一不精，与苏洵、苏辙并称"三苏"，同在唐宋八大家之列。他曾自评文章："如行云流水，初无定质，但常行于当行，止于所不可不止，虽嬉笑怒骂之辞，皆可书而诵之。"后人颂赞其文，有"苏文生，吃菜根；苏文熟，吃羊肉"的赞誉。

苏东坡任杭州太守期间，是他一生中最快乐的日子。徜徉在西湖的湖光山色之中，并将西湖美景融入诗中："水光潋滟晴方好，山色空蒙雨亦奇；欲把西湖比西子，淡妆浓抹总相宜。"诗中巧妙地把西湖比喻成美人西施，不管晴天、阴天，均能展现不同的风景。西湖的诗情画意，若非东坡的大才，不足以尽其妙。

（2）隽永茶诗，脍炙人口

苏东坡深研佛理，亦精通茶道，写下了不少脍炙人口的咏茶诗词。东坡对饮茶一道，更深得独到，对于茶叶、水质、器具、煎法，都颇讲究。其《试院煎茶》诗云：

蟹眼已过鱼眼生，飕飕欲作松风鸣。

蒙茸出磨细珠落，眩转绕瓯飞雪轻。

银瓶泻汤夸第二，未识古人煎水意。

君不见，

昔时李生好客手自煎，贵从活火发新泉。

又不见，

今时潞公煎茶学西蜀，定州花瓷琢红玉。

我今贫病长苦饥，分无玉碗捧娥眉，

且学公家作茗饮，砖炉石铫行相随。

不用撑肠拄腹文字五千卷，但愿一瓯常及睡足日高时。

诗中谈论煎茶要注意火候的问题，其描述茶、茶汤、茶具及茶效，一气呵成，引人入胜。

另《水调歌头》：

已过几番风雨，前夜一声雷，旗枪争战，建溪春色占先魁。采取枝头雀舌，带露和烟捣碎，结就紫云堆。轻动黄金碾，飞起绿尘埃，老龙团、真凤髓，点将来，兔毫盏里，霎时滋味舌头回。唤醒青州从事，战退睡魔百万，梦不到阳台。两腋清风起，我欲上蓬莱。

此阙词记述了采茶、制茶、点茶的情景及品茶时的感觉，描述得极为生动传神。

其《次韵曹辅寄壑源试焙新芽》云：

仙山灵草湿行云，洗遍香肌粉未匀。

明月来投玉川子，清风吹破武林春。

要知冰雪心肠好，不是膏油首面新。

戏作小诗君勿笑，从来佳茗似佳人。

此诗虽称戏作，实乃倾注了东坡对茶茗的特殊情怀，特别是末句“从来佳茗似佳人”，以诙谐、浪漫的笔调着墨，更是历代文士茶人耳熟能详的名句。

其《西江月》：

龙焙今年绝品，谷帘自古珍泉。雪芽双井散神仙，苗裔来从北苑。

汤发云腴酽白，盏浮花乳轻圆。人间谁敢更争妍，斗取红窗粉面。

词中提到以谷帘珍泉煎烹龙焙绝品，乃是人间茶品的极致。

其《汲江煎茶》：

活水还须活火烹，自临钓石取深清。

大瓢贮月归春瓮，小杓分江入夜瓶。

茶雨已翻煎处脚，松风忽作泻时声。

枯肠未易禁三碗，坐听荒城长短更。

诗中前段描写月夜临江烹茶的情趣，后段则以茶茗与自然的反复变化，反衬世事的无常而平抚自己悲苦的境遇。

3. 茶怪——郑板桥

郑板桥卒于乾隆三十年（1765年），在“人生七十古来稀”的古代，活了73岁的“高寿"。有人以为郑板桥的高寿和他喜欢喝茶有关，郑板桥一生中也做过许多茶联、茶诗。将粗茶淡饭的清贫生活写得生动，这正是他的生活与人生观的写照。此外郑板桥所向往的生活也可从茶诗中窥出端倪。其《题画》云：

茅屋一间，新篁数竿，雪白纸窗，微浸绿色。此时独坐其中，一盏雨前茶，一方端砚石，一张宣州纸，几笔折枝花，朋友来至，风声竹响，愈喧愈静。

又如：

不风不雨正清和，翠竹亭亭好节柯。最爱晚凉佳客至，一壶新茗泡松萝。

对郑板桥而言，这种"寒夜客来""书画相伴"的生活，已是人生至乐。

民间流传一则郑板桥诙谐风趣的轶事：有一次他造访了一间寺庙，寺庙住持并不认识他，见他相貌平常，因此随意说了句："坐。"对侍者说："茶。"交谈时，发觉他谈吐不俗，因而心生敬意，于是改口说："请坐。"吩咐侍者说："奉茶。"后来住持得知他就是大名鼎鼎的郑板桥时，态度大变，毕恭毕敬地说："请上坐。"连忙叫侍者："奉好茶。"当郑板桥欲离去时，住持请郑板桥题字留念。当侍者奉上笔砚，只见郑板桥不假思索写下了："坐，请坐，请上坐。茶，奉茶，奉好茶。"住持本还满心欢喜，但仔细一想，才知被郑板桥愚弄了。

4. 现代文学家谈茶

（1）鲁迅妙论茶

鲁迅爱品茶，经常一边构思写作，一边悠然品茗。他客居广州时，曾经赞道："广州的茶清香可口，一杯在手，可以和朋友作半日谈。"因此，当年广州陶陶居、陆园、北园等茶居，都留下了他的足迹。他对品茶有独到见解，曾有一段著名妙论："有好茶喝，会喝好茶，是一种清福，首先就必须练功夫，其次是练出来的特别感觉。"

（2）郭沫若题咏名茶

郭沫若从青年时代就喜爱饮茶，而且是品茶行家，对中国名茶的色、香、味、形及历史典故很熟悉。1964 年，他到湖南长沙品饮高桥茶叶试验站新创制的名茶——高桥银峰时，大为赞赏，写下《初饮高桥银峰》诗：

芙蓉国里产新茶，九嶷香风阜万家。
肯让湖州夸紫笋，愿同双井斗红纱。
脑如冰雪心如火，舌不怠来眼不花。
协力免教天下醉，三闾无用独醒嗟。

（3）老舍品茗著《茶馆》

当代著名文学家老舍是位饮茶迷，还研究茶文化，深得饮茶真趣。他以清茶为伴，文思如泉涌，创作《茶馆》，通过对旧北京裕泰茶馆的兴衰际遇，反映从戊戌变法到抗战胜利后 50 多年的社会变迁，成为饮茶文学的名作，轰动一时。

（4）品茶行家秦牧

当代作家秦牧的故乡在广东澄海县，属潮汕地区，当地功夫茶习俗名播中外。他从小接触功夫茶，练就了过硬的辨茶功夫。1967 年夏至 1970 年秋，当时任《羊城晚报》副总编的秦牧与广州各报总编一起，被集中在广州一所干校接受审查，“老总们”都有饮茶习惯，大家突发奇想，要对各自所带的茶叶评出高低，推举秦牧为评茶师。秦牧写有《故乡茶事甲天下》等茶散文，怀着幽默的心情描述潮汕近乎传奇的茶俗，广为传诵。

（5）叶君健独钟茶饮

当代著名作家叶君健从年轻时起就爱好饮茶，在重庆大学教书时，常与友人去茶馆喝茶聊天，特别喜欢品沱茶。他说：“中国美好的东西太多，茶是其中突出的一种。它既高雅，又大众化。中国人的生活，除柴、米、油、盐、酱、醋以外，还必须有茶。”

（6）刘少奇与烟熏茶

老一代无产阶级革命家刘少奇同志的家乡是湖南宁乡县花明楼，这里的人民好饮一种烟熏茶。受此影响，刘少奇也特别喜欢喝烟熏茶。解放后家乡人给他捎上一包茶叶到北京，他如获至宝，工作疲倦时，只要喝上一口这种烟熏茶，他就会精神一振，倦意全消。

二、茶事

1. 十八棵御茶

在美丽的杭州西子湖畔，群山之中，有一座狮峰山，山上林木葱茏，片片茶园碧绿苍翠，九溪十八涧蜿蜒其间，流水潺潺，云雾缭绕，土层深厚，气候温和，得天独厚的生态环境孕育着盛誉世界的“四绝”佳茗——西湖狮峰龙井茶。狮峰山下的胡公庙前，有用栏杆围起来的十八棵御茶，在当地茶农精心培育下，长得枝壮叶茂，年年月月吸引着众多游客。

说起这十八棵御茶，还有一段美好的传说。相传在清乾隆年代，五谷丰登，国泰民安，乾隆皇帝不爱坐守宫中，而好周游天下。一次，他来到了杭州，在饱览西湖湖光山色之后，就想去看看自己平时最爱喝的茶叶。乾隆和太监一说，这可忙坏了地方大小官员，也忙坏了胡公庙的老和尚，因为根据安排，乾隆要在庙里休息喝茶。

第二天，乾隆带领大小随从巡游狮峰山。一路上，高耸的狮峰雄姿，清澈的龙井泉水，碧绿的连片茶园，村姑们肩背茶篓，穿梭园间忙着采茶，树上路旁到处鸟语花香，乾隆深为大自然的景色所陶醉，久久徘徊山间，在太监催请下才来到胡公庙。老和尚恭恭敬敬地献上最好香茗，乾隆看那杯茶，汤色碧绿，芽芽直立，栩栩如生，煞是好看。吸饮之下，只觉清香阵阵，回味甘甜，齿颊留芳，便问和尚：“此茶何名？如何栽制？”和尚奏道：“此乃西湖龙井茶中之珍品——狮峰龙井，是用狮峰山上茶园中采摘的嫩芽炒制而成。”接着就陪乾隆观看茶叶的采制情况，乾隆为龙井茶采制之劳、技巧之精所感动，作茶歌赞曰：“慢炒细焙有次第，辛苦功夫殊不少。”

乾隆看完采制情况，返回庙前时，见庙前的十多棵茶树，芽梢齐发，雀舌初展，心中一乐，就挽起袖子学着村姑的样子采起茶来。当他兴趣正浓时，忽有太监来报：“皇太后有病，请皇上急速回京。”乾隆一听急了，随手把采下的茶芽往自己袖袋里一放，速返京城去了。不几日回到皇宫，见太后坐在床边，赶忙上前请安。太后本无大病，只是山珍海味吃多了后，肝火上升，眼睛红肿，今见皇儿回朝，心里高兴，病也去了几分，遂问起皇上在外情况。谈着谈着，太后闻到似有阵阵清香迎面扑来，便问乾隆："皇儿从杭州带来了什么好东西？如此清香！"乾隆心想，我急匆匆赶回，倒是忘了带些礼品孝顺母后，然后仔细闻闻确有一种清香散发出来，他用手一摸，想起是在狮峰采下的一把茶叶，几天过去，已经干了。于是一边取出茶叶，一边回答道："母后，这是我亲手采下的狮峰山龙井茶。"

"哦，这茶真香！我这几天嘴巴无味，快泡来我尝尝！"

乾隆忙叫宫女泡了一杯来，太后接过香茶，慢慢品饮，说也奇怪，太后喝完茶汤，感到特别舒适。其实这茶，一来品质好，清香可口，去腻消食；二来见到皇儿，心情舒畅，加上茶叶是皇上亲手所采，所以如此连喝几天，居然肝火平了，眼红退了，肠胃也舒服了。太后满心欢喜地告诉皇帝："儿啊，这是仙茶哩，真像灵丹妙药，把为娘的病也治好啦！"乾隆听了哈哈大笑，忙传旨下去，封胡公庙前茶树为御茶树，派专人看管，年年岁岁采制送京，专供太后享用。因胡公庙前只有十八棵茶树，从此就称为"十八棵御茶"。

2. 冻顶乌龙

冻顶乌龙是我国台湾省出产的乌龙茶珍品，与包种茶合称姐妹茶。其制法近似青心乌龙，但味更醇厚，喉韵强劲，高香尤浓。因产于冻顶山上，故名冻顶乌龙。

冻顶山是台湾省凤凰山的一个支脉，海拔700多米，年平均气温在25℃左右，所以冻顶乌龙并不是因为严寒冰冻的气候所致，那么为什么叫"冻顶"呢？据说因为这座山脉迷雾多雨，山陡路险，崎岖难走，上山去的人都要绷紧足趾（台湾俗语称为"冻脚尖"）才能上山，所以此山称之为冻顶山。

相传在一百多年前，台湾省南投县鹿谷乡中，住着一位勤奋好学的青年，名叫林凤池，他学识广博，体健志壮，而且非常热爱自己的祖国。记不得是哪一年，他听说福建省要举行科举考试，就很想去试试，可是家境贫寒，缺少路费，不能成行。

乡亲们喜欢林凤池为人正直，有学识，有志气，有抱负，得知他想去福建赴考，就相约跑来对他说："凤池，你想去考是好事！去吧，有困难大家帮你，你别发愁，赶快做好准备吧！"说罢大家就慷慨解囊，给林凤池凑足了路费。林凤池感激万分，第三天即拜别乡亲上路了。临行时乡亲们到海边送行，七嘴八舌地再三叮嘱："祝你一路顺风，路上多加小心啊！""不管考得如何，可要回来呀！""别忘了故乡和乡亲，我们盼你回来呢！"林凤池感动得流下泪来，暗暗下定决心，一定要为乡亲们争光。

不久，林凤池果然金榜题名，考上了举人，并在县衙内就职。一天，林凤池决定回台湾探亲，在回台湾前邀同僚一起到武夷山一游。上得山来，只见"武夷山水天下奇，千峰万壑皆美景"，山上岩间长着很多茶树，又听说树上的嫩叶做成乌龙茶，香高味醇，久服有明目、提神、利尿、去腻、健胃、强身等作用，便想能带些回台湾多好啊，于是向当地茶农购得茶苗36棵，精心带土包好，带到了台湾南投县。乡亲们见凤池衣锦还乡，喜出望外，又见他带来福建祖家传种的乌龙茶苗，格外兴奋，他们推选几位有经验的老农，仔细地把36棵茶苗种植在附近最高的冻顶山上，并派专人精心管理。台湾气候温和，茶苗棵棵成活，不断吐着绿油油的嫩芽，可爱极了。接着，人们按照林凤池介绍的方法，采摘芽叶，加工成了乌龙茶。这茶说来也怪，山上采制，山下就闻到了清香，而且喝起来清香可口，醇和回甘，气味奇异，成为乌龙茶中风韵独特的佼佼者，这就是现今台湾省“冻顶乌龙”的由来。

3．雪芹辨泉

北京香山，山峦叠翠，溪流曲折，山间寺院，矿泉甚多，正所谓“香山三百寺，无寺没泉水”“香山遍地泉，大小七十眼”。在这神州宝地，哪口泉水质最好呢？据曹雪芹评定的结果，是香山品香泉水质最佳。他认为：泉水清，泉水甜，烹茶要算品香泉。以后这一消息愈传愈神，人们纷纷上香山取泉水，说是品香泉的水能治百病，可延年益寿。

品香泉之所以这么有名，相传与曹雪芹品茶辨泉有关。

曹雪芹曾久居香山白旗村。在他专心撰写《红楼梦》的同时，和友人鄂比交往情深，几乎天天相约在香山散步。品香泉源于香山法海寺南边的一个山洼里，泉水清清，长流不断。曹雪芹几乎天天要到这里一转，并打上一壶泉水回家沏茶。一天，细雨霏霏，鄂比劝他不必上品香泉，说水源头双清泉的水也很好。但雪芹答道：“香山大小七十泉，我都品尝过了，唯独这品香泉水清洌、香甜，水质最佳，烹茶其味最醇，若常年饮用，可收养生延年之功。不信？请君一试！”

鄂比说：“我看水源头的泉水也不错嘛！”

“水源头泉水固然不错，但比起品香泉来就差得多了！”雪芹答道。

鄂比半信半疑地摇摇头：“恐怕不见得吧，同为泉水，你别说得这么神了。”过了几天，鄂比一早又来邀雪芹外出散步，曹雪芹三更起床，文思绵绵，《红楼梦》写得兴味正浓，就婉言谢绝不能相随，但递上一只水壶，请鄂比帮忙带一壶品香泉水来。鄂比心想，曹雪芹把品香泉水质说得那么神，我倒要试试是真是假。于是满口答应，然后一人外出，在水源头装上半壶水，又到品香泉加满半壶水，兴冲冲地回到曹雪芹家。雪芹已写完一章，正在休息，见鄂比提来泉水，高兴极了，忙取出好茶，二人一边聊天，一边烧水泡茶。鄂比边喝边细察雪芹神态，只见雪芹蛮有兴味地喝了两口，鄂比认为他根本辨不出真假，心中暗喜，就说：“好茶好水，悠然对饮，真乃人生一乐也！”雪芹不语，又喝了几口就把碗放在桌上，用审视的眼光笑眯眯地看着鄂比。

“怎么啦！有什么喜事告诉我吗？”鄂比问。

“你在跟我开玩笑吧？你是哪里打的泉水？这壶里盛的明明是两股泉水，一股是水源头的，一股是品香泉的，可对？”雪芹答。

鄂比见雪芹说得如此肯定，认为他一定是偷偷跟在自己的后面，但又见他穿着睡袍，不像上过山，莫非是猜的？就说：“哪能呢？你是写书太累，味觉减退了吧？”

雪芹道：“别再瞒我了，你自己也仔细品品，这茶上边半碗，水清味儿正，是品香泉的水；而下边半碗就逊色多了，是水源头的泉水！”

鄂比这才相信不同泉的水质确有差别，同时也十分敬佩雪芹的辨泉能力，就称赞道：“你真是茶仙再世，陆羽复生，不光有识别杜康（酒）的本领，还是一位品茶行家里手呢！”

品香泉因此段故事声名更为远播了。

4. 神农尝百草

相传在公元前2700多年以前的神农时代，神农为了普济众生，遍尝百草，采集草药，虽日遇七十二毒，得茶而解之。神农氏是否确有其人难以考证，但茶在神农时代已被发现，并逐步被加以利用却是事实。

神农氏怎样发现茶的呢？古时有两种传说。

（1）神农氏为了采集草药，验证不同草木的药理功能，必采而嚼之，亲口尝一尝，亲身体验一下哪些草木不能采食，哪些草木采集时要慎加小心。

有一天，神农在采集奇花野草时，尝到一种草叶，使他口干舌麻，头晕目眩，于是他放下草药袋，背靠一棵大树斜躺休息。一阵风过，似乎闻到有一种清鲜香气，但不知这清香从何而来。抬头一看，只见树上有几片叶子冉冉落下。见这叶子绿油油的，神农心中好奇，遂信手拎起一片放入口中慢慢咀嚼，感到味虽苦涩，但有清香回甘之味，索性嚼而食之。食后更觉气味清香，舌底生津，精神振奋，且头晕目眩减轻，口干舌麻渐消，好生奇怪。于是再拾几片叶子细看，其叶形、叶脉、叶缘均与一般树木不同，因而又采了些芽叶、花果而归。以后，神农将这种树定名为“茶”，这就是茶的最早发现。此后茶树渐被发掘、采集和引种，被人们用作药物，供作祭品，当做菜食和饮料。

（2）天神所赐，神农发现。当时神农氏给人治病，不但需要新自爬山越岭采集草药，而且还要对这些草药进行熬煎试服，以亲身体会、鉴别药剂的性能。有一天，神农氏采来了一大包草药，把它们按已知的性能分成几堆，就在大树底下架起铁锅，放入溪水，生火煮水。当水烧开时，神农打开锅盖，转身去取草药时，忽见有几片树叶飘落在锅中，当即又闻到一股清香从锅中发出，神农好奇地走近细看，只见有几片叶子飘浮水面，水中汤色渐呈黄绿，并有清香随着蒸汽上升而缓缓散发。他用碗舀了点汁水喝，只觉味带苦涩，清香扑鼻，喝后回味香醇甘甜，而且嘴不渴了，人不累了，头脑也更清醒了，不觉大喜。于是从锅中捞起叶子细加观察，似乎锅边没有此树，心想：“一定是天神念我年迈心善，采药治病之苦，赐我玉叶以济众生。”自此，神农一边继续研究这种叶子的药效，一边涉足群山寻找此类树叶。一天，神农终于在不远的山坳里发现了几棵野生大茶树，其叶子和落入锅中的叶片一模一样，熬煮汁水黄绿，饮之其味也同，神农大喜，逐定名为“茶”，并取其叶熬煎试服，发现确有解渴生津、提神醒脑、利尿解毒等作用。茶因此在百草之外，被认为是一种养生之妙药。据说，当年神农发现的这种“茶”，就是今天被人们称作茶的树叶。

思考与练习

1. 了解红茶制作方法。
2. 了解绿茶制作方法。
3. 了解乌龙茶制作方法。
4. 了解茶人茶事。

第四章

茶艺基础知识

茶叶、咖啡、可可是世界三大无酒精饮料。茶源于中国，至今已有五千年的历史了，可以追溯到传说中的神农时代。唐代茶圣陆羽在《茶经》中写道："茶之为饮，发乎神农氏，闻于鲁周公。"在神农时代，我们的祖先就已经利用它，现在茶已成为人们生活的一部分。

第一节 茶艺概述

一、茶艺概念

"茶艺"一词源于20世纪70年代的台湾。台湾的茶人们在1987年酝酿成立茶文化组织时，台湾民俗学会理事长娄子匡教授建议，为了区别于日本"茶道"，在台湾使用"茶艺"一词。这一建议被多数与会代表接受，会后还建立了"台北市茶艺协会"。1982年"中华茶艺协会"成立。在其后的时间里，茶艺馆像雨后春笋一般在海峡两岸的各个城市里大量破土而出，"茶艺"一词逐步被越来越多的茶人所熟悉，成了一个使用频率很高的茶文化的新名词。

对于什么是茶艺，海内外学者们也各有不同的解释。笔者认为"茶艺"与"茶道"有本质的区别。"茶道"是道，大道无形，茶道研究的主要对象是形而上的精神，所以笔者主张"道由心悟"，认为不必给茶道下一个统一的、固定的定义，以免使茶道失去东方文化的神秘感，同时也避免束缚茶人的想象力。而"茶艺"所研究的对象主要是形而下的物质及程序等泡茶品茶的形式，茶艺重在实践，要实践就应当有一相对明确的概念，才能在实践时有所遵循。

对于什么是茶艺，目前有多种观点。浙江湖州的茶文化专家寇丹先生提出的："茶艺有广义与狭义之分。"他概括地提出："广义的茶艺是研究茶叶的生产、制作、经营、饮用的方法和探讨茶业的原理、原则，以达到物质和精神全面满足的学问。狭义的茶艺是如何泡好一壶茶的技艺和如何享受一杯茶的艺术。"（摘自《茶艺初论》，载于《农业考古》1997年第4期）寇丹先生所说的广义茶艺横跨了自然科学和社会科学，包括了广义茶文化的所有内涵，实难成为一门学科去深入探讨研究，所以笔者赞成江西省中国茶文化研究中心陈文华先生的意见，对于“茶艺”宜按狭义的定义去理解。

对狭义的“茶艺”，也存在多种解释，如台湾茶艺专家季野先生认为：“茶艺是以茶为主体，将艺术融入生活以丰富生活的一种人文主张，其目的在生活而不在于茶。”台湾另一位茶艺专家范增平先生认为：“茶艺包括两方面，科学的，人文的，也就是：①技艺，科学地泡好一壶茶的技术；②艺术、美妙地品享一杯茶的方式。中国茶艺之美是属于心灵美，欣赏茶艺之美，是要把自我投入整个过程当中来观察整体。”（《台湾茶文化论》）。另外，我国茶艺专家武艺先生认为：“茶艺是茶人根据茶道规矩通过艺术加工搬上舞台，向广大饮茶人和宾客展示茶的冲、泡、饮等的技艺。”笔者认为这 3 种观点大体上可以代表了 3 个流派。季野先生的观点属于把茶艺归属为“生活艺术”的流派。这一流派的多数学者崇礼尚静，认为泡茶品茶是生活的乐趣，生活的享受，他们一般不主张“茶艺”作为一种演出节目而大加张扬。武艺先生的观点则是属于把茶艺归属于“舞台艺术”的流派。这一流派的多数专家热衷于调动舞台表演艺术的一切手段，使茶人能“粉墨登场”。而范增平先生不失为茶文化大家，他的观点相对比较全面兼顾了泡茶的技艺和品茶的艺术两个方面。我认为范先生的观点可以代表茶艺的主流。按照范先生的理论实践，在泡得一手好茶的同时，又能够在品茗过程中得到艺术美的享受。

二、茶艺的范围

凡是有关茶叶的产、制、销、用等一系列的过程，都属茶艺的范围。例如：茶山之旅、参观制茶的过程；如何选购茶叶、如何泡好一壶茶、如何享用一杯茶；茶与壶的关系、茶文化史、茶叶经营、茶艺美学等，都是属于茶艺活动的范围。

茶艺是多彩多姿、充满情趣的生活艺术，想要享受高品质的生活，茶艺生活是重要的象征之一。利用节假日到茶山去走走，欣赏茶园风光，享受那翠绿的景致和清新的空气，一方面可以认识茶叶，同时又可以和茶农话家常，了解他们种茶、做茶的苦乐。

在工作之余，能够好好地享受一杯茶，即按茶叶的特性选择适当的茶具来搭配，泡出一杯好茶来，细细品味，提升精神生活的境界，认识茶艺美学的内涵，会使生活更有品位。

茶艺生活可促使人们涉足艺术、文学等文化领域。学了茶艺之后，往往就会想要学插花、学书法、学陶艺、学香道、学国乐等。这些都是与茶艺相关的艺术。

三、茶艺的分类

我国地域辽阔，民族众多，饮茶的历史悠久，各地的茶风、茶俗、茶艺繁花似锦，美不胜收。对于茶艺的分类目前尚无统一标准，一般可采取以人为主体分类、以茶为主体分类或以表现形式来分类。

1. 以人为主体分类

以人为主体分类，即以参与茶事活动的茶人的身份不同进行分类，这样可分为宫廷茶艺、文士茶艺、民俗茶艺和宗教茶艺4大类型。

（1）宫廷茶艺。宫廷茶艺是我国古代帝王为敬神祭祖或宴赐群臣进行的茶艺，比较有名的有唐代的清明茶宴，唐玄宗与梅妃斗茶，唐德宗时期的东亭茶宴，宋代皇帝游观赐茶、视学赐茶，以及清代的千叟茶宴等均可视为宫廷茶艺。宫廷茶艺的特点是场面宏大、礼仪繁琐、气氛庄严、茶具奢华、等级森严，且带有政治教化、政治导向等政治色彩。

（2）文士茶艺。文士茶艺是在历代儒士们品茗斗茶的基础上发展起来的茶艺。比较有名的有唐代吕温写的《三月三茶宴》，颜真卿等名士的月下啜茶联句，白居易写的《夜闻贾常州崔湖州茶山境会亭欢宴因寄此诗》，以及宋代文人在斗茶活动中所用的点茶法、瀹茶法等。文士茶艺的特点是文化内涵厚重，品茗时注重意境，茶具精巧典雅，表现形式多样，气氛轻松怡悦，常和清淡、赏花、玩月、抚琴、吟诗、联句、鉴赏古董字画等相结合，深得怡情悦心、修身养性之真趣。

（3）民俗茶艺。我国是一个有56个民族相依共存的民族大家庭，各民族对茶虽有共同的爱好，但却有不同的品茶习俗。就是汉族内部也是自古“千里不同风，百里不同俗”。在长期的茶事实践中，不少地方的老百姓都创造出了有独特韵味的民俗茶艺，如藏族的酥油茶、蒙古族的奶茶、白族的三道茶、畲族的宝塔茶、布朗族的酸茶、土家族的擂茶、维吾尔族的香茶、纳西族的“龙虎斗”、苗族的油茶、回族的罐罐茶以及傣族和拉祜族的竹筒香茶等。民俗茶艺的特点是表现形式多姿多彩，清饮混饮不拘一格，具有极广泛的群众基础。

（4）宗教茶艺。我国的佛教和道教与茶结有深缘，僧人道士们常以茶礼佛、以茶祭神、以茶助道、以茶待客、以茶修身，所以形成了多种茶艺形式。目前流传较广的有禅茶茶艺和太极茶艺等。宗教茶艺的特点是特别讲究礼仪，气氛庄严肃穆，茶具古朴典雅，强调以茶养性或以茶释道。

2. 以茶为主体分类

以茶为主体来分类，实质上是顺应茶性的表现。我国的自然茶分为绿茶、红茶、乌龙茶（青茶）、黄茶、白茶、黑茶等6类，花茶和紧压茶虽然属于再制茶，但在茶艺中也常被使用，所以以茶为主体来分类，茶艺至少可分为8类。

3. 以表现形式分类

根据茶艺的表现形式可分为表演型茶艺和待客型茶艺两大类。

（1）表演型茶艺。表演型茶艺是指由一个或几个茶艺表演者在舞台上演示茶艺技巧，众多的观众在台下欣赏。从严格意义上说，因为在台下的观众中只有少数几名幸运贵宾或许有机会品到茶，其余的绝大多数人根本无法鉴赏到茶的色、香、味、形，更品不到茶的韵味，这种舞台式的表演称不上完整的茶艺，只能称为茶舞、茶技或泡茶技能的演示。但是，这种表演适用于大型聚会，在推广茶文化，普及和提高泡茶技艺等方面都有良好的作用，同时比较适合表现历史性题材或进行专题艺术化表演，所以仍具有存在的价值。

（2）待客型茶艺。待客型茶艺也称为生活型茶艺，是由一个主人与几位嘉宾围桌而坐，一同赏茶、鉴水、闻香、品茗。在场的每一个人都是茶事活动的直接参与者，而非旁观者。

每人都能充分领略到茶的色、香、味、形、韵，都可以自由地交流情感、切磋茶艺、探讨茶道奥义。所以，在以艺示道方面，待客型茶艺比表演型茶艺更具优势。待客型茶艺一旦学会，即可用于生活之中，适用于茶艺馆、企事业单位、行政机关以及普通家庭。但是，待客型茶艺比较难用于规模大的聚会。

四、茶艺的具体内容

茶艺的具体内容包含技艺、礼法和道 3 个部分。技艺是指茶的技艺和功法；礼法是指礼仪和规范；道是指一种修行，一种生活的道路、方向，是人生哲学。技艺和礼法是属于形式部分，道是属于精神部分。

茶艺起源于中国，茶艺与中国文化的各个层面有着密不可分的关系。青山出好茶，清泉泡好茶，茶艺并非是空谈的玄学概念，而是生活内涵改善的实质性体现。就个人而言，饮茶可以提高生活品质，扩展艺术领域，这也是“茶”可载“艺”的主要原因。自古以来，插花、挂画、点茶、焚香并称四艺，为文人雅士所喜爱。现在生活忙碌而紧张，更需要茶艺来缓和情绪，使精神松弛，心灵澄明。茶艺还可以出现在人们的休闲活动中，拉近人与人之间的距离，化解误会冲突，建立和谐的关系。

五、学习茶艺的意义

茶艺既是古老的，又是现代的，更是未来的。她的生命力是旺盛的，茶艺的发展是方兴未艾的，因为茶艺本身是以中华民族五千年灿烂文化的内涵为底蕴的。

1. 净化心灵

唐陆羽《茶经》说：“茶宜精行俭德之人。”唐韦应物的茶诗《喜园中茶生》说：“洁性不可污，为饮涤尘烦了此物信灵味……得与幽人言。”宋苏东坡直截了当地说：“从来佳茗似佳人。”清郑板桥说：“只和高人入茗杯。”由此可见，茶品和人品往往被人们相提并论。

通过研习茶艺、品茶、评茶，往往能够进入忘我的境界，从而远离尘嚣，给身心带来愉悦。因为茶洁净淡泊，朴素自然，茶味无味，乃至味也。

2. 强身健体

茶艺是现代流行的一种休闲活动，因为它能使人得到健康的身心。

（1）茶是最好的保健饮料，养成饮茶的习惯能让人精神愉快，身体健康。

（2）饮茶能振奋精神、广开思路，消除身心的疲劳，保持旺盛的活力。

（3）茶艺活动能够规范自己的行为，养成良好的习惯，提高生活品质。

（4）以茶入菜，以茶佐菜，可发挥茶的美味营养功效，增添饮食的多样化和生活情趣。

茶对于人体的健康有很多好处，现在人们为了从茶叶中获得更多对人体有益的营养和药效，对茶叶综合利用，生产出红茶菌、益寿茶、保健茶等。这些产品的开发，为茶艺事业的发展开辟了更为广阔的空间。

3. 丰富人生

在茶艺这门艺术之中，人们可以寻求探索很多东西，因为茶艺涵盖面广，涉及学问精深，每一位茶人都必须了解掌握多层面、深层次的自然科学知识。茶人应当是一位真正博学的学者，是一位有学识教养又有道德的令人尊敬的高尚人士。这就是茶艺事业对茶人的要求。

4. 美化生活

茶能净化心灵，强身健体，丰富人生。茶道就是生活之道，是生活的一部分。茶能使人与人心灵相通，化解鸿沟，促进和谐和了解，使人从一般的生活中走出来，代之以美感、价值和充实感。

第二节 茶 具

一、茶具的主要类别

茶具，按狭义的范围，主要指茶杯、茶碗、茶壶、茶盏、茶碟、托盘等饮茶用具。芳香美味的茶叶配上质优、雅致的茶具，更能衬托茶汁的液色，保持浓郁的茶香。特别是精制的茶具，也是一种艺术品，既可沏茶品饮，又能使人从中得到美的享受，给品茗增添无限的情趣。

我国茶具种类繁多，质地迥异，形式复杂，花色丰富。

1. 陶土器具

陶土器具是新石器时代的重要发明。最初是粗糙的土陶，然后逐变为比较坚实的硬陶，再发展为表面敷釉的釉陶。宜兴古代制陶颇为发达，在商周时期，就出现了几何印纹硬陶。秦汉时期，已有釉陶的烧制。

陶器中的佼佼者首推宜兴紫砂茶具，早在北宋初期就已经崛起，成为独树一帜的优质茶具，明代大为流行。紫砂壶和一般陶器不同，其里外都不敷釉，采用当地的紫泥、红泥、团山泥抟制焙烧而成。由于成陶火温较高，烧结密致，胎质细腻，既不渗漏，又有肉眼看不见的气孔，经久使用，还能汲附茶叶，蕴蓄茶味；且传热不快，不致烫手；若热天盛茶，不易酸馊；即使冷热剧变，也不会破裂；如有必要，甚至还可直接放在炉灶上煨炖。紫砂茶具还具有造型简练大方，色调淳朴典雅的特点，外形似竹节、莲藕、松段，还有仿商周古铜器形状的。

紫砂茶具不仅为我国人民所喜爱，而且也为海外一些国家的人民所珍重。早在15世纪，日本、葡萄牙、荷兰、德国、英国的陶瓷工人就先后把中国的紫砂壶作为标本加以仿造。20世纪初，紫砂陶曾在巴拿马、伦敦、巴黎的博览会上展出，并在1932年的芝加哥博览会上获奖，为中国陶瓷史增添了光彩。

2．瓷器茶具

我国茶具最早以陶器为主。瓷器发明以后，陶质茶具就逐渐为瓷质茶具所代替。瓷器茶具又可分为白瓷茶具、青瓷茶具和黑瓷茶具等。

（1）白瓷茶具

唐代饮茶之风大盛，促进了茶具生产的相应发展，全国有许多地方的瓷业都很兴旺，形成了一批以生产茶具为主的著名窑场。各窑场争美斗奇，相互竞争。据《唐国史补》载，河南巩县瓷窑在烧制茶具的同时，还塑造了“茶神”陆羽的瓷像，客商每购茶具若干件，即赠送一座瓷像，以招揽生意。其他如河北任丘的邢窑、浙江余姚的越窑、湖南的长沙窑、四川的大邑窑，也都产白瓷茶具。

白瓷，早在唐代就有“假玉器”之称。北宋时，景德窑生产的瓷器，质薄光润，白里泛青，雅致悦目，并有影青刻花、印花和褐色点彩装饰。被人们称为中国瓷。

到了元代，景德镇因烧制青花瓷而闻名于世。青花瓷茶具，幽靓典雅，不仅为国内所珍爱，而且还远销国外，被视为珍品。

明朝时，在永乐、宣德青花瓷的基础上，又创造了各种彩瓷，产品造型精巧，胎质细腻，彩色鲜丽，画意生动，十分名贵，畅销海外，国际上誉我国为“瓷器之国”。以江西景德镇最为著名，其次如湖南醴陵、河北唐山、安徽祁门的白瓷茶具等也各具特色。

（2）青瓷茶具

青瓷茶具从晋代开始发展，那时青瓷的主要产地在浙江，最流行的是一种叫“鸡头流子”的有嘴茶壶。六朝以后，许多青瓷茶具都有莲花纹饰。唐代的茶壶又称“茶注”，壶嘴称“流子”，形式短小，取代了晋时的鸡头流子。

宋代饮茶，盛行茶盏，使用盏托也更为普遍。茶盏又称茶盅，实际上是一种小型茶碗，它有利于发挥和保持茶叶的香气、滋味，这一点很有科学道理。茶杯过大，很容易使香汤失去鲜爽味。由于宋代瓷窑的竞争激烈，技术不断提高，使得茶具种类增加，出产的茶盏、茶壶、茶杯等品种繁多，式样各异，色彩雅丽，风格大不相同。浙江龙泉县哥窑生产的青瓷茶具，于16世纪首次远销欧洲市场，立即引起人们的极大兴趣。宋时，作为五大名窑之一的浙江龙泉哥窑达到鼎盛时期，为青瓷的上品。

（3）黑瓷茶具

宋代斗茶之风盛行，斗茶者们根据经验认为福建建安窑所产的黑瓷茶盏用来斗茶最为适宜，因而驰名。宋蔡襄《茶录》说：“茶色白，宜黑盏，建安所造者绀黑，纹如兔毫，其坯微厚，最为要用。出他处者，或薄或色紫，皆不及也。其青白盏，斗试家自不用。”这种黑兔毫茶盏，风格独特，古朴雅致，而且磁质厚重，保温性能较好，故为斗茶行家所珍爱。其他瓷窑也竞相仿制，如四川省博物馆藏有一个黑瓷兔毫茶盏，就是四川广元窑所烧制，其造型、瓷质、釉色、兔毫纹与建瓷不差分毫，几可乱真。

浙江余姚、德清一带也曾出产过漆黑光亮、美观实用的黑釉瓷茶具，最流行的是一种鸡头壶，即茶壶的嘴呈鸡头状，日本东京国立博物馆至今还存有一件，名叫“天鸡壶”，被视作珍宝。

3. 漆器茶具

漆器茶具始于清代，主要产于福建福州一带，故称为“双福”茶具。福州生产的漆器茶具多姿多彩，有“宝砂闪光”“金丝玛瑙”“釉变金丝”“仿古瓷”“雕填”“高雕”和“嵌白银”等品种，特别是创造了红如宝石的“赤金砂”和“暗花”等新工艺以后，更加鲜丽夺目，惹人喜爱。

4. 玻璃茶具

在现代，玻璃器具有了较大的发展。玻璃质地透明，光泽夺目，外形可塑性大，形态各异，用途广泛。用玻璃杯泡茶，茶汤的颜色剔透，叶的细嫩柔软，茶叶在整个冲泡过程中的上下穿过，茶片的逐渐舒展等，可以一览无余，可说是一种动态的艺术欣赏。特别是冲泡各类名茶，茶具晶莹剔透，杯中轻雾缥缈，澄清碧绿，芽叶朵朵，亭亭玉立，观之赏心悦目，别有风趣。而且玻璃杯价廉物美，深受广大消费者的欢迎。

玻璃器具的缺点是容易破碎，比陶瓷烫手。

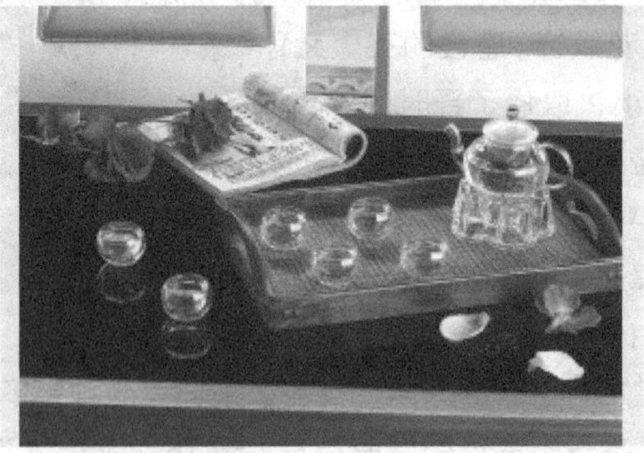

5. 金属茶具

我国除有上述茶具以外，历史上还有用金、银、铜、锡等金属制作的茶具。尤其是锡作为贮茶器具材料有较大的优越性。锡罐多制成小口长颈，盖为筒状，比较密封，因此对防潮、防氧化、防光、防异味都有较好的效果。唐时皇宫饮用顾渚茶、金沙泉，便以银瓶盛水，直送长安，主要因其不易破碎，但造价较昂贵，一般老百姓无法使用。

至于用金属作为泡茶用具，一般行家评价时并不主张，如明朝张谦德所著《茶经》，就把瓷茶壶列为上等，金、银壶列为次等，铜、锡壶则属下等。到了现代，金属茶具已基本上销声匿迹。

唐代饮用的是饼团茶，先将茶饼烘燥，谓之炙茶，再打碎入茶碾，碾成茶末，然后过罗（筛）成为待烹茶末。值得一提的是唐代宫廷的银质鎏金茶具。1987 年 5 月，在我国陕西省扶风县皇家佛教寺院法门寺的地宫中，发掘出大批唐朝宫廷文物，内有一套晚唐僖宗皇帝李儇少年时使用的银质鎏金烹茶用具，共计 11 种 12 件。这是迄今见到的最高级的古茶具实物，堪称国宝，它反映了唐代皇室饮茶十分奢华。这批茶具是公元 874 年封存入地宫，供奉释迦牟尼真身佛骨的。距今已有 1000 多年历史。这批茶具主要有：

鎏金银龟形茶盒——存放待烹茶末用。

鎏金银茶槽子——分碾槽和碾轮，用于碾碎茶末。

鎏金银茶罗子——箱形，内有茶罗架和接茶屉，碾后茶末过罗（筛）用。

金银丝结条笼子——用于炙茶饼。

烹饮时，先将水烧开，放入盐椒等调料，再用“则”量取茶末投入水锅，三沸茶烹成，舀入碗内饮用。过程较繁复，使用茶具亦多。

6. 竹木茶具

历史上，在广大农村包括产茶区，很多使用竹或木碗泡茶，它价廉物美，经济实惠，因不能喝出茶的滋味，故已很少采用。

至于用木罐、竹罐装茶，仍然随处可见，特别是作为艺术品的黄阳木罐和二簧竹片茶罐，既是一种馈赠亲友的珍品，也有一定的实用价值。

中国历史上还有用玉石、水晶、玛瑙等材料制作的茶具，但总的来说，在茶具史上仅居很次要的地位。因为这些器具制作困难，价格高昂，并无多大实用价值，主要作为摆设，用来显示主人富有而已。

二、茶艺实用用具

由于中国地域广阔，民族众多，各地居民饮茶习俗不同，所用的茶具也各有特色。如长江以北的地区人们喜欢喝花茶，往往用大瓷茶壶泡茶，然后将茶汤倒入茶盅饮用，或用有盖瓷杯直接泡饮花茶。在江浙一带的民众，有喜欢使用紫砂茶具品饮绿茶，更多的是用有盖瓷杯泡饮绿茶。在沪、杭、宁一带及北京、天津等大中城市，爱用玻璃杯冲泡上等名茶，如洞庭碧螺春、西湖龙井、黄山毛峰、君山银针等，可以在闻香、品味的同时，观其形，赏其色。闽粤地区盛行功夫茶，所用茶具主要有4种：潮汕风炉、玉书碨、孟臣罐、若琛瓯。四川人也爱喝花茶，喜欢用盖茶碗，加盖时，可以保持茶之真香，去盖后，又可观赏颜色。至于少数民族的茶具就更是百花齐放，各有千秋了。

现在各地茶艺馆所使用的茶具，虽然不尽相同，据香港叶惠民先生在《香港茶艺小百科》书中的概括，不外乎下列几类：煮水器、备茶器、泡茶器、盛茶器、洁涤器。

1．煮水器——烧煮泡茶沸水的器具

（1）水壶：古代称注子，现在亦有称水注的，主要用来烧开水泡茶，以古朴厚重的陶质水壶最受欢迎。金属的水壶传热快，又坚固耐用，适合城市的生活节奏，但是煮水时所产生的金属离子会影响茶香茶味，不大适宜。港台地区流行一种像玻璃一样透明的石英壶，可避免金属水壶的缺点，颇受人们的欢迎，近年来大陆的茶艺馆也多有采用。

（2）茗炉：用来烧泡茶水的炉子，古代是用细泥制成的，以木炭为燃料，现代城市里不易买到木炭，泥炉一般亦不使用，一般用电炉、液化气炉代替。为了表演茶艺的需要，港台茶艺馆中经常备有一种"茗炉"，炉身为陶器，可与陶水壶配套，中间置酒精灯，点燃后，将装好开水的水壶放在"茗炉"上，可保持水温，便于表演。

2．备茶器——贮存茶叶的器具和置茶的器具

（1）茶罐：装茶叶的罐子，以陶瓷为佳，也有用锡制茶罐贮茶。不宜用塑料和玻璃罐子贮茶（塑料会有异味，玻璃会跑光，使茶叶氧化变色）。

（2）茶则：则者，准则也，也有称为茶荷，荷者，荷载也，系从茶叶罐中取茶叶放入壶盏内的器具，通常以竹子或优质木材制成，但不能用有香味的木材制作茶则。

（3）茶漏：圆形小漏斗，当用小茶壶泡茶时，将它放在壶口，茶叶从中漏进壶中，以免洒到壶外。

（4）茶匙：一种细长的小勺，帮助将茶则中的茶叶放入茶壶、茶盏，其尾端尖细，可用来清理壶嘴淤塞，是必备的茶具。一般用竹、骨、角制成。

3．泡茶器——泡茶过程中的主体器皿

（1）茶壶：泡茶时将茶叶放入壶中，再注入开水，将壶盖盖好即可。茶壶一般以陶瓷制成，壶之大小视饮茶人数而定，泡功夫茶多用小壶。

（2）茶盏：是一种瓷器盖碗茶杯，用它代替茶壶泡茶，再将茶汤倒入茶杯供客人饮用，但最多只供4人饮用，局限性较大，它可泡任何茶类，故有不少人采用。

4．盛茶器——装茶汤供人饮用的器具

（1）茶海：亦称茶盅，一种类似西方装牛奶的小罐子，一般用瓷器制成。为了使冲泡后的茶汤均匀，以及不使因宾客闲谈致使壶中茶汤浸泡过久而苦涩，先将壶中泡出的茶汤倒在茶海里，然后再分别倒入茶杯中供客人品尝。这是近年来港台茶艺界新创制的茶具。

（2）茶杯：装茶汤直接供客人饮用的器具。一般以白色瓷杯为好，也有用紫砂茶杯喝功夫茶的。茶杯有大小之分，小杯用来品饮乌龙茶等浓度较高的茶，大杯可泛用于绿茶、花茶和普洱茶等。

（3）杯托：用以垫托茶杯的器具，有用瓷器的，如盖碗茶杯等，也有用竹、木制成的。

（4）茶盘：用来端送茶杯的盘子，常用竹、木制成。

5．洁涤器——用于装茶渣、废水及揩抹溅溢茶水的器具

（1）茶池：一种扁腹的圆形罐子，上有一盖，盖上有孔，泡茶时将茶壶或茶盏置于上面，多余的水便可流入池中，多为瓷器制成。

（2）水盂：一种小型瓷缸，用来贮放废弃之水或茶渣，俗称“废水缸”。

（3）涤方：又称茶巾，以棉麻等纤维制成，用来揩抹溅溢茶水。

6．茶具的各部位名称

从上面介绍中可以看出，在所有茶具中，主要的是泡茶的器具，主要是茶壶和茶盏，它们的各个部位都有专门的名称术语，现分别介绍如下：

（1）茶壶。茶壶全身可分为壶盖、壶身、壶底3个部分。壶盖自上而下分为气孔、盖钮、盖唇、盖弓4部分。壶身分为壶唇、壶肩、壶腹、壶流、壶嘴、壶把6部分。壶底分为壶脚和壶底两部分。

（2）茶盏。茶盏全身可分为盖钮、盏盖、盏身、盏托和盏脚等部分。

第三节　泡茶用水

水，生命之源，亦是茶之基质。郑板桥写有一幅茶联：“从来名士能评水，自古高僧爱斗茶。”这幅茶联极生动地说明了“评水”是茶艺的一项基本功。

早在唐代，陆羽在《茶经》中对宜茶用水就做了明确的规定。他说：“其水用山水上、江水中、井水下。”明代的茶人张源在《茶录》中写道：“茶者，水之神也；水者，茶之体也。非真水莫显其神，非精茶曷窥其体。”许次纾在《茶疏》中提出：“精茗香，借水而发，无水不可论茶也。”张大复在《梅花草堂笔谈》中提出：“茶性必发于水。八分之茶，遇十分之水，茶亦十分矣；八分之水，试十分之茶，茶只八分耳。”以上论述均说明了在我国茶艺中精茶必配美水，才能给人至高的享受。

一、水之美的标准

最早提出美水标准的是宋徽宗赵佶，他在《大观茶论》中写道："水以清、轻、甘、冽为美。轻、甘乃水之自然，独为难得。"这位精通百艺、独不精于治国的亡国之君确是才子，他最先把"美"与"自然"的理念引入到鉴水之中，升华了品茗的文化内涵。后人在此基础上又增加了个"活"字，即"清、轻、甘、冽、活"五项指标俱全的水，才称得上宜茶美水。

（1）水质要清。水之清表现为："朗也、静也、澄水貌也。"水清则无杂、无色、透明、无沉淀物，最能显出茶的本色。故清明不淆之水称为"宜茶灵水"。

（2）水体要轻。明朝末年无名氏著的《茗芨》中论证说："各种水欲辨美恶，以一器更酌而称之，轻者为上。"清代乾隆皇帝很赏识这一理论，他无论到哪里出巡，都要命随从带上一个银斗，去称量各地名泉的比重，并以水的轻重，评出了名泉名次。北京玉泉山的玉泉水比重最轻，故被御封为"天下第一泉"。现代科学也证明了这一理论是正确的。水的比重越大，说明溶解的矿物质越多。有实验结果表明，当水中的低价铁超过 0.1ppm 时，茶汤发暗，滋味变淡；铝含量超过 0.2ppm 时，茶汤便有明显的苦涩味；钙离子达到 2ppm 时，茶汤带涩，而达到 4ppm 时，茶汤变苦；铅离子达到 1ppm 时，茶汤味涩而苦，且有毒性，所以水以轻为美。

（3）水味要甘。田艺蘅在《煮泉小品》中写道："甘，美也；香，芬也。""味美者曰甘泉，气芳者曰香泉。""泉惟甘香，故能养人。""凡水泉不甘，能损茶味。"所谓水甘，即水一入口，舌尖顷刻便会有甜滋滋的美妙感觉。咽下去后，喉中也有甜爽的回味，用这样的水泡茶自然会增茶之美味。

（4）水温要冽。冽即冷寒之意。明代茶人认为："泉不难于清，而难于寒。""冽则茶味独全。"因为寒冽之水多出于地层深处的泉脉之中，所受污染轻，泡出的茶汤滋味纯正。

（5）水源要活。"流水不腐，户枢不蠹。"现代科学证明了在流动的活水中细菌不易大量繁殖，同时活水有自然净化作用，在活水中氧气和二氧化碳等气体的含量较高，泡出的茶汤特别鲜爽可口。

二、水的分类

宜茶用水可分为天水、地水、再加工水 3 大类。再加工水即城市销售的"纯净水""蒸馏水"等，在此不另赘述。

1. 天水类

天水类包括了雨、雪、霜、露、雹等。在雨水中最宜于茶的有立春雨水。李时珍认为地气上升后成为云，天气使其下降便是雨。立春雨水中得到自然界春始生发万物之气，用于煎茶可补脾益气。在我国农历上芒种以后逢壬叫入梅，夏至以后逢庚叫出梅。这个时期下的雨统称为"梅雨"。李时珍认为梅雨是湿热空气被熏蒸后酿成的霏雨，用于煎茶可涤清肠胃的积垢，使人饮食有滋味，精神更爽朗。立冬后十日叫入液，到小雪时叫出液，这段时间所下的雨叫液雨，也叫药雨，用于煎茶能消除胸腹胀闷。

我国中医认为露是由阴气积聚而成的水液，是润泽的夜气。甘露更是“神灵之精、仁瑞之泽，其凝如脂，其甘如饴”（《本草纲目》），用草尖的露水煎茶可使人身体轻灵、皮肤润泽。用鲜花上的露水煎茶可美容养颜。

霜与雪宜取冬霜和腊雪，用冬霜的水煎茶可解酒热，用腊雪水煎茶可解热止渴。

李时珍认为冰雹味咸，性冷，有毒，故不宜饮用。在接收天水时一定要注意卫生，屋檐流水和不洁器皿上的天水皆不可用。

2．地水类

地水类包括了山水、泉水、溪水、江水、河水、湖水、池水、井水等。茶圣陆羽认为山水优于江水，江水优于井水。对于山水，陆羽主张“拣乳泉石池漫流者上”，即要取涓涓汩汩缓缓而流的泉水，而瀑布湍急的流水不可用于煎茶。对于江水，陆羽主张“取去人远者”，因为离人群远的地表水的污染程度较轻。对于井水，“取汲多者”，因为众人经常取用的井水，实际上是活的地下泉水。在地水类，茶人们最钟爱的是泉水。这不仅因为多数泉水都符合“清、轻、甘、冽、活”的标准，确实宜于烹茶，更主要的是泉水无论出自名山幽谷，还是平原城郊，都以其汩汩涓涓的风姿和淙淙潺潺的声响引人遐想。寻访名泉是中国茶道的迷人乐章。泉水可为茶艺平添几分野韵、几分幽玄、几分神秘、几分美感，所以在中国茶艺中十分注重泉水之美。

三、现代人对泡茶用水的选择

泡茶用水虽以泉水为佳，但溪水、江水与河水等长年流动之水，用来沏茶也并不逊色。宋代诗人杨万里曾写诗描绘船家用江水泡茶的情景，诗云：“江湖便是老生涯，佳处何妨且泊家，自汲淞江桥下水，垂虹亭上试新茶。”明代许次纾在《茶疏》中写道：“黄河之水，来自天上，浊者土色也，澄之既净，香味自发。”这就说明有些江河之水，尽管浑浊度高，但澄清之后，仍可饮用。通常靠近城镇之处，江（河）水易受污染，所以需要经过净化处理后才可泡茶饮用。

井水属地下水，是否适宜泡茶，不可一概而论。有些井水，水质甘美，是泡茶好水，如北京故宫博物院文华殿东传心殿内的“大庖井”，曾经是皇宫里的重要饮水来源。一般说，深层地下水有耐水层的保护，污染少，水质洁净；浅层地下水易被地面污染，水质较差。城市里的井水，受污染多，多咸味，不宜泡茶；而农村井水，受污染少，水质好，适宜泡茶。湖南长沙市内著名的“白沙井”，水是从砂岩中涌出的清泉，水质好，而且终年长流不息，取之泡茶，香味俱佳。

雨水和雪水，古人誉为“天泉”。雨水一般比较洁净，但因季节不同而有很大差异。秋季，天高气爽，尘埃较少，雨水清冽，泡茶滋味爽口回甘；梅雨季节，和风细雨，有利于微生物滋长，泡茶水质较差；夏季雷阵雨，常伴飞沙走石，水质不净，泡茶茶汤浑浊，不宜饮用。用雪水泡茶，一向就被重视，如唐代大诗人白居易《晚起》诗中的“融雪煎香茗”，元代诗人谢宗可《雪煎茶》诗中的“夜扫寒英煮绿尘”，都是描写用雪水泡茶。

在选择泡茶用水时，还必须了解水的硬度和茶汤品质的关系。天然水可分硬水和软水两种：凡含有较多量的钙、镁离子的水称为硬水；不含或只含少量钙、镁离子的水称为软水。如果水的硬性是由含有碳酸钙或碳酸氢镁引起的，这种水称暂时硬水。暂时硬水通过煮沸，所含碳酸氢盐就分解，生成不溶性的碳酸盐而沉淀。这样，硬水就变为软水了。

自来水，一般都是经过人工净化、消毒处理过的江河湖水。凡达到我国卫生部制定的饮用水卫生标准的自来水，都适于泡茶。但有时自来水中用过量氯化物消毒，气味很重，用它泡茶，会严重影响品质。为了消除氯气，可将自来水贮存在缸中，静置一昼夜，待氯气自然遗失，再用来煮沸泡茶，效果大不一样。所以，经过处理后的自来水也是比较理想的泡茶用水。

处理泡茶用水有几个方法：

（1）过滤法。购置理想的滤水器，将自来水经过过滤后，再来冲泡茶叶。

（2）澄清法。将水先盛在陶缸，或无异味、干净的容器中，经过一昼夜的澄净和挥发，水质就较理想，可以冲泡茶叶。

（3）煮沸法。自来水煮开后，将壶盖打开，让水中的消毒药物的味道挥发掉，保留下没异味的水质，再用以泡茶较为理想。

总之，泡茶用水在茶艺中是一个重要项目，它不仅要合于物质之理、自然之理，还包含着中国茶人对大自然的热爱和高雅的审美情趣。

四、天下名水排名

在关于品定泡茶之水质的问题上，我国传统的茶人似可分成两派：

一派认为不必评等第排品次，只要分辨水质美恶即可，可称为“美恶派”。宋徽宗及其《大观茶论》即可称之为“美恶派”。明代田艺蘅著的《煮泉小品》将天下之水分为8类，即源泉、石流、清寒、甘香、灵水、异泉、江水、井水，并分门别类地加以阐述，但却不排第一、第二之类的等次。另外，钱椿年、顾元庆《茶谱》，孙大绶《茶谱外传》，张源《茶录》，高谦《遵生八笺》以及历代大部分茶书作者、茶学家也都不强调品水排次第。俞樾《茶香室三钞》中说：“张又新本非端人，而名泉乃经其品定，不足为荣，反足为辱耳。”

另一派则是“等次派”。明初朱元璋的儿子朱权就继承“等次派”的衣钵，其《茶谱》中水的排名为：“青城山老人村杞泉水，第一；钟山八功德水，第二；洪崖丹潭水，第三；竹根泉水，第四。”这种排法恐为历代品水者中最为标新立异的了。明代张谦德《茶经》宣称，虽然自己无法一一品尝天下之水，但“据已尝者言之，定以惠山寺石泉为第一”。他把惠泉由传统的第二升之为第一了。

关于茶与水的学术论争，从唐代起一直延续到清代。通过不同学术见解的争鸣探求，引发出了不少关于名茶名水的真知灼见，使人们对饮茶用水的品质有了更高的追求，并拓宽了对茶文化研究的视角范围，这在我国茶学史上显然是很有意义的。

第四节 茶艺的基本操作技法

行茶是指正确的泡茶方法。在日常生活中，虽然人人都泡茶、喝茶，但要泡好茶、喝好茶并非易事。

泡茶可以因时、因地、因人的不同而有不同的泡茶方法。泡好一壶茶有3大要素：第一是茶叶的用量，第二是泡茶用水温，第三是浸泡的时间。

一、茶叶的用量

泡茶的时候，茶叶的用量可以依个人喜好的浓度、沏泡什么样的茶而定。如果是紧结的半球形或球形茶叶，约放壶的1/2或1/3；如果是外形疏松的茶叶，用量可增多。另外茶叶的用量取决于茶壶的大小。人多用大壶，人少用小壶。小壶的用茶量，以放半壶茶叶为标准，第一泡45秒即可倒出来，第二泡要加15秒，以此类推。也就是第二泡以后要逐渐增加时间，这样每泡的茶汤浓度才能够相同。目前公认的冲泡标准公式是用3克茶叶冲150毫升的开水，浸泡5分钟。依据这个标准加以变化即可。还有一点要特别注意，当茶泡到您喜欢的浓度后，要一次就把茶汤全倒出来，否则一直泡着，原本可以泡三次的茶叶浓缩在一次茶汤里，茶汤浓度太大了。

另外，用茶量的多少，还要因人而异。如果饮茶人是老茶客，或是体力劳动者，一般可以适当加大用茶量，泡上杯浓香的茶汤；如果饮茶者是脑力劳动者，或无嗜茶习惯的人，可适当少放一些茶叶，泡上杯清香而醇和的茶汤。一般情况下，泡上杯浓淡适中的茶汤即可。

二、水的温度

一般说来，泡茶水温的高低，与茶叶种类及制茶原料密切相关：较粗老原料加工而成的茶叶，宜用沸水直接冲泡；用细嫩原料加工而成的茶叶，宜用降温以后的沸水冲泡。具体说来，对用粗老原料加工而成的砖茶，打碎以后用100℃的沸水冲泡，也很难将茶汁浸泡出来。所以，喝砖茶时，须先将打碎的砖茶放入容器，加入一定数量的水，再经煎煮，方能饮用。各种乌龙茶因采用新梢快要成熟时的茶叶加工，采用95℃的沸水直接冲泡，也会觉得温度偏低。为此，一些比较讲究喝乌龙茶的茶客，常常将茶具烫热后再泡茶。大宗红茶、绿茶和花茶的采制原料适中，可用90℃左右的开水冲泡。至于采摘比较细嫩的高档红茶、绿茶，特别是一些细嫩名茶，如洞庭碧螺春、西湖龙井、南京雨花茶、君山银针等，如果用沸腾的开水泡茶，会使茶叶泡熟变色，茶叶中高含量的维生素等对人体有益的营养成分遭到破坏，从而使名茶的清香和鲜爽味降低，叶底泛黄，这样就无法体现名茶的品质了。所以，在冲泡细嫩名优茶时，一般不用刚烧沸的开水，而是用温度70～80℃的开水冲泡。这样可使茶汤清澈明亮，香气纯而不钝，滋味鲜而不熟，叶底明而不暗，饮之可口，视之幼嫩，使人获得精神和物质上的享受。

如何判断水的温度？可先用温度计和计时器来测量温度，等掌握之后，就可凭经验来断定了。当然所有的泡茶用水都得煮开，以自然降温的方式达到控温的效果。

三、浸泡的时间

人们对茶叶内所含有的有效成分能够利用到多少，与茶叶浸泡时间的长短关系很大。根据研究测定，茶叶经沸水冲泡后，首先从茶叶中浸出维生素、氨基酸、咖啡碱等物质，一般浸泡到 3 分钟时，上述物质在茶汤中已有较高的含量。由于这些物质的存在，使茶汤喝起来有鲜爽醇和之感，但不足的是缺少茶汤应有的刺激味。随着茶叶浸泡时间的延长，茶叶中茶多酚类物质陆续被浸出，一般当茶叶浸泡到 5 分钟时，茶汤中的多酚类物质已相当高了。这时的茶汤，喝起来鲜爽味减弱，苦涩味等相对增加。因此，要泡上一杯既有鲜爽之感，又有醇厚之味的茶，对一般普通等级红茶、绿茶来说，经浸泡三四分钟后饮用，就能获得最佳的味感。

茶叶中各种物质在沸水中浸出的快慢，还与茶叶的老嫩和加工方式有关。一般说来，细嫩的茶叶比粗老的茶叶，茶汁容易浸出，浸泡时间宜短些；反之，则要长些。松散型的茶叶比紧压型的茶叶的茶汁容易浸出，浸泡时间宜短些；反之，则要长些。碎末型的茶叶比完整型的茶叶的茶汁容易浸出，浸泡时间宜短些；反之，则要长些。与普通茶叶相比，高级细嫩名茶不但用茶量可适当减少，还应采用茶具小、水量少、浸泡时间短、泡后不加盖等方法来泡茶；对于注重香气的茶叶（如乌龙茶、各种花茶），泡茶时，为了不使花香散失，不但需要加盖，而且冲泡时间不宜长，通常二三分钟即可；紧压茶（如各种砖茶）不重香气，只求滋味，所以一般采用煎煮方法烹茶，甚至采用长时间炖茶，以适应边疆民族随时取饮的习惯。红茶中的红碎茶多用来调制奶茶，绿茶中的颗粒绿茶多用来制成袋泡茶，它们在加工过程中经充分揉捻切细，一经沸水冲泡，茶汁几尽，因此浸泡时间宜短，而且一般只能冲泡一次。白茶冲泡时，要求沸水的温度在 70℃左右，一般在四五分钟后，浮在水面的茶叶才开始徐徐下沉，这时，品茶者应以欣赏为主，观茶形，察沉浮，从不同的茶姿、颜色中使自己的身心得到愉悦，一般到 10 分钟，方可品饮茶汤。否则，不但影响了品茶艺术享受，而且饮起来淡而无味，这是因为白茶加工未经揉捻，细胞未曾破碎，所以茶汁很难浸出，以致浸泡时间相对延长，同时只能重泡一次。

茶叶冲泡的次数，应根据茶叶种类和饮茶方式而定。例如，各种袋泡茶和红碎茶，由于这类茶中的内含成分很容易被沸水浸出，一般都是冲泡一次就将茶渣滤去，不再重泡。而条形绿茶如眉茶、花茶以及乌龙茶，茶汁浸出较慢，所以通常可浸泡二三次。据试验测定，这类茶第一次冲泡后，其茶汤中的水浸出物大约可占茶叶可溶物的 55%左右，第二次一般为 30%左右，第三次一般为 10%，第四次只有 1%～3%。就茶叶的主要营养成分而言，茶叶中的维生素 C 和氨基酸，经第一次冲泡后，已有 80%左右被浸出；第二次冲泡后，95%

以上被浸出。因此，就茶叶的营养成分和药效作用而言，一般大宗茶类，以三次冲泡为限。从茶叶的香气和滋味而言，一般是第一泡茶香味鲜爽，第二泡茶浓而不鲜，第三泡茶香尽味淡，第四泡茶缺少滋味，至于第五泡、第六泡已无多少品饮价值了。通常花茶可连续冲泡二三次，乌龙茶可连续冲泡四五次，白茶只能冲泡一两次。

四、行茶的程序

泡茶的程序和礼仪是茶艺形式部分很重要的表现，这部分也称为“行茶法”。行茶法分为 3 个阶段：准备阶段、操作阶段、结束阶段。

准备阶段是指在客人来临前的所有准备工作，根据各种情况决定准备工作的多少，但必须准备到能使操作工作顺利进行为止。操作阶段是指整个泡茶过程。结束阶段是指操作完成后的收拾工作。

不同的茶类有不同的冲泡方法。由于不同的冲泡方法，礼仪也有所不同，也就是说，在众多的茶叶花色、品种中，由于每种茶的特点不同，或重香，或重味，或重形，或重色，或兼而有之，这就要求泡茶有不同的侧重点，并采取相应的方法，以发挥茶叶本身的特点。但不论泡茶技艺如何变化，要冲泡任何一种茶，除了备茶、选水、烧水、配具之外，以下泡茶程序是需要共同遵守的。

1．清具

用热水冲淋茶壶，包括壶嘴、壶盖，同时烫淋茶杯。随即将茶壶、茶杯沥干。其目的是提高茶具温度，使茶叶冲泡后温度相对稳定，不使温度过快下降，这对较粗老茶叶的冲泡尤为重要。

2．置茶

按茶壶或茶杯的大小，用茶则置一定数量的茶叶入壶（杯）。如果用盖碗泡茶，那么泡好后可直接饮用，也可将茶汤倒入杯中饮用。

3．冲泡

置茶入壶（杯）后，按照茶与水的比例，将开水冲入壶中。冲水时除乌龙冲水须溢出壶口、壶嘴外，通常以冲水八分满为宜。如果使用玻璃杯或白瓷杯冲泡注重欣赏的细嫩名茶时，冲水也以七八分满为度。冲水时，在民间常用“凤凰三点头”之法，即将水壶下倾上提 3 次，其意一是表示主人向宾客点头，欢迎致意，二是可使茶叶和茶水上下翻动，使茶汤浓度一致。

4．奉茶

奉茶时，主人要面带笑容，最好用茶盘托着送给客人。如果直接用茶杯奉茶，放置于客人处，手指并拢伸出，以示敬意。从客人侧面奉茶，若左侧奉茶，则用左手端杯，右手做请用茶姿势；若右侧奉茶，则用右手端杯，左手做请用茶姿势。这时客人可用右手除拇指外其余四指并拢弯曲，轻轻敲打桌面，或微微点头，以表谢意。

5．赏茶

如果饮的是高级名茶，那么茶叶一经冲泡后，不可急于饮茶，应先观色察形，接着端杯闻香，再啜汤赏味。赏味时，应让茶汤从舌尖沿舌两侧流以舌根，再回到舌头，如此反复二三次，以留下茶汤清香甘甜的回味。

6．续水

一般当已饮去2/3（杯）的茶汤时，就应续水入壶（杯）。一旦到茶水全部饮尽时再续水，那么续水后的茶汤就会淡而无味了。续水通常二三次就够了。如果还想继续饮茶，那么应该重新冲泡。

总之，泡茶时茶叶的用量、水的温度、浸泡的时间、行茶的方法要正确掌握。这样才能泡好一壶（杯）茶，从中得到美的享受。

第五节 茶艺的服务礼仪

在进行茶艺服务时，扎实的专业基础知识是关键，但完美的礼节礼仪也必不可少。就像红花和绿叶一样，后者可以使前者锦上添花。

一、茶艺服务的基本礼仪

1．仪表美

人是万物之灵，人是社会的核心，所以人文主义者认为人的美是自然美的最高形态，人的美是社会美的核心。费尔巴哈曾经这样说过："世界上没有什么比人更美丽，更伟大。"车尔尼雪夫斯基也认为："人是地球上最美的物类。"在茶艺诸要素中茶由人制、境由人创、水由人鉴、茶具器皿由人选择组合、茶程序由人编排演示，人是茶艺最根本的要素，同时也是最美的要素。茶艺审美从一开始，人们就特别注意演示者的仪表美。仪表美是形体美、服饰美与发型美的有机综合美。

（1）形体美。就形体美而言，王柯平教授概括总结了十条具体的标准（《旅游美学纲要》，旅游教育出版社出版）：

1）骨骼发育正常，关节不显得粗大凸起。

2）肌肉发达均匀，皮下脂肪适当。

3）五官端正，与头部配合协调。

4）双肩对称，男性要求宽阔，女性要求圆润。

5）脊柱正视垂直，侧视曲度正常。

6）胸部隆起，男性正面与反面看上去略呈V形。女性胸部丰满而不下垂，侧视应有明显的曲线。

7）腰细而结实，微呈圆柱形，腹部扁平。

8）臀部圆满适度，富有弹性。

9）腿部要长，大腿线条柔和，小腿腓部突出，足弓要高，脚位要正。

10）双手视性别而定。男性的手以浑厚有力见称，女性的手以纤巧结实为宜。

毫无疑问，王柯平教授概括总结的这十个条件是构成人形体美的基本条件，在茶艺馆和茶艺学校招工、招生时可以作为参考。

茶艺表演是淡雅的事物，脸部的化妆不要太浓，也不要喷味道强烈的香水，否则茶香易被破坏，也会破坏品茶时的感觉。为客人表演时，可化淡妆。

平时要注意面部护理、保养，保持清新健康的肤色。在为客人泡茶时面部表情要平和放松，面带微笑。

另外，从事茶艺工作对于手和牙齿有较高的要求。手是人的第二张脸。作为茶艺人员，首先要有一双纤细、柔嫩的手，平时注意适时的保养，随时保持清洁、干净。因为在泡茶的过程中，客人的目光始终停留在你的手上，看泡茶的全过程，因此，服务人员的手极为重要。手上不要带饰物，因为如果佩戴太“出色”的首饰，会有喧宾夺主的感觉，显得不够高雅，而且体积太大的戒指、手链也容易敲击到茶具，发出不协调的声音。手指甲不要涂上颜色，否则会给人一种夸张的感觉。保持干净，不留长指甲。茶艺操作过程中，手部担任主角的地位，主泡者双手操作一切，拿茶壶或其他茶具，如果手没洗干净，很可能污染茶叶与茶具。在茶艺比赛的时候，常听到评审老师提到哪位的杯子有化妆品的味道，哪个杯子有肥皂的味道，这都是洗手时没把清洁剂的味道彻底冲掉，或是泡茶之前以手托腮造成的。

正是因为在茶艺表演过程中最引人注目的就是脸和手，因此招工时对从业人员的手形、手相、皮肤、指甲都要认真观察，牙齿要整齐、洁白。一个人形体美的有些条件是随着成长发育定形后就不可再改变的，而有些则是可以通过形体训练来改善的。坚持科学的形体训练是保持形体美、改善形体美的有效途径。

（2）服饰美。俗话说：“三分长相，七分打扮。”服饰可反映出着装人的性格与审美趣味，并会影响到茶艺表演的效果。

首先，茶艺表演中的服饰应与所要表演的茶艺内容相配套。宫廷茶艺有宫廷茶艺的要求，民俗茶艺有民俗茶艺的格调。就一般的茶艺而言，表演者宜穿着具有民族特色的服装，而不宜“西化”。

其次，在泡茶的过程中，如果服装颜色、式样与茶具、环境不协调，这时候的“品茗环境”也是不优雅的。如果表演者非常细心，又有足够的精力，还会考虑到季节与场合的变化。

春天到来，穿着新鲜的淡色衣服；寒冷的冬天，穿着看起来温暖的深色衣服等，都是合适的选择。泡茶的服装不宜太鲜艳，要与环境、茶具相匹配，品茶需要一个安静的环境，平和的心态。如果泡茶者服装颜色太鲜艳，会破坏那种和谐、优雅的气氛，使人有浮动不安的感觉。另外，服装式样以中式为宜。袖口不宜过宽，否则，会沾到茶具上或是给人一种不卫生的感觉。服装要经常清洗，保持整洁。

另外，在正式的表演场合，表演者不可戴手表，不宜佩戴过多的装饰品，不可涂抹有香味的化妆品，不可浓妆艳抹，不可涂有色指甲油。如果有条件，女性表演者戴一个玉手镯能平添不少风韵。

（3）发型美。发型美是构成仪表美的三要素之一，同时又是比较容易被忽视的一个要素。近年来各式各样的烫发、染色、先锋派、前卫派、抽象派，“个性化”的发型已屡见不鲜，这是社会开放的必然结果，对此笔者没有异议。但是就茶表演而言，发型的“个性化”不可以与所表演的内容相冲突。发型设计必须结合茶艺的内容，服装的款式，表演者的年龄、身材、脸型、头型、发质等因素，尽可能取得整体和谐美的效果。同时，作为茶艺人员，主持茶艺的操作，头发应梳洗干净、整齐，而且避免头部向前倾时，头发会散落到前面来，这样会影响操作，挡住视线。泡茶时，如果有头发掉落到茶具或操作台上，客人会感觉很不卫生。而且发型要根据自己的脸型，要适合自己的气质，给人一种舒适、整洁、大方的感觉。如果是短发，要求在低头时，头发不要落下挡住视线；如果是长发，泡茶时要将头发束起，否则将会影响操作。

2．风度美

风度美包括仪态美、姿态美、神韵美三部分。一个人的风度是在长期的社会生活实践和一定的文化氛围中逐渐形成的，是个人性格、气质、情趣、素养、精神世界和生活习惯的综合外在表现，是社交活动中的无声语言。一般而言，不同阶层、不同职业的人会有不同的风度。例如，学者有学者的风度，军人有军人的风度，演员有演员的风度，茶人自有茶人的风度。

（1）仪态美

茶艺表演者的仪态美主要表现在礼仪周全、举止端庄。中国是礼仪之邦，茶艺更是十分注重礼节。在茶事活动中所常用的礼节有5种：

1）鞠躬礼：鞠躬是中国的传统礼仪，即弯腰行礼。一般用在茶艺表演者迎宾、送客或开始表演时。鞠躬礼有全礼与半礼之分。行全礼应两手在身体两侧自然下垂，弯腰90°。行半礼弯腰45°即可。

2）伸手礼：伸手礼是在茶事活动中常用的特殊礼节。行伸手礼时五指自然并拢，手心向上，左手或右手从胸前自然向左或向右前伸。伸手礼主要在请客人帮助传递茶杯或其他物品时用，一般同时讲“谢谢”或“请”。

3）注目礼和点头礼：注目礼即眼睛庄重而专注地看着对方。点头礼即点头致意。这两个礼节一般在向客人敬茶或奉上某物品时联合应用。

4）叩手礼：叩手礼即以手指轻轻叩击茶桌来行礼。相传清代乾隆皇帝微服私访江南时，有一次乾隆皇帝装扮成仆人，而太监周日清装扮成主人到茶馆去喝茶。乾隆为周日清斟茶、奉茶，周日清诚惶诚恐，想跪下谢主隆恩又怕暴露身份引起不测，在情急之下周日清急中生智，马上将右手的食指与中指并拢，指关节弯曲，在桌面上作跪拜状轻轻叩击，以后这一礼节便在民间广为流传。目前，按照不成文的习俗，长辈或上级给晚辈或下级斟茶时，下级和晚辈必须用双手指作跪拜状叩击桌面二三下；晚辈或下级为长辈或上级斟茶时，长辈或上级只需单指叩击桌面二三下表示谢谢。

茶桌上还有其他一些礼节。例如，斟茶时只能斟到七分满，谓之曰“酒满敬人，茶满欺人”。当茶杯排为一个圆圈时，斟茶一定要逆时针方向巡壶，不可顺时针方向巡壶，因为逆时针巡壶的姿势表示欢迎客人来，顺时针方向则好像是赶客人去，对这一礼节，你可拿起茶壶一试即会产生同感。

另外，不同民族还有不同的茶礼和忌讳。例如，蒙古族敬茶时，客人应躬身双手接茶，不可单手接茶；土族人最忌讳用有裂缝或有缺口的茶碗上茶；藏族同胞最忌讳把茶具倒扣放置，因为只有死人用过的茶碗才倒扣着放；生活在西北地区的少数民族一般都忌讳高斟茶，特别是忌讳在斟茶时冲起满杯的泡沫，因为这样会使他们联想到沙漠、草原上的牲口尿尿，认为高斟茶是对他们人格的污辱；在广东，客人用盖碗（三才杯）品茶时，如果不是客人自己揭开杯盖要求续水，茶艺馆的工作人员不可以主动去为客人揭盖添水。各地的茶礼、茶俗很多，我们应当尽可能多学习一些，以免犯忌。

（2）姿态美

1）站姿。优美而典雅的站姿，是体现茶艺服务人员自身素养的一个方面。基础站姿的基本要求是：站立时直立站好，从正面看，两脚脚跟相靠，脚尖开度在45～60度；身体重心线应在两脚中间向上穿过脊柱及头部，双腿并拢直立，挺胸，收腹，双肩平正，自然放松，双手自然交叉于腹前，双目平视前方，嘴微闭，面带笑容。

2）坐姿。由于茶艺工作内容所决定，茶艺人员在工作中经常要为客人沏泡各种茶，有时需要坐着进行，因此工作人员良好的坐姿也显得尤为重要。

正确的坐姿是：做茶时，挺胸、收腹、头正肩平，肩部不能因为操作动作的改变而左右倾斜，双腿并拢。不操作时，双手平放在操作台上，面部表情轻松愉悦，自始至终面带微笑。

3）走姿。人的正确走姿是一种动态的美，茶艺人员在工作时经常处于行走的状态中。每个服务员由于诸多方面的原因，在生活中形成了各种各样的行走姿态，或多或少地影响了人体的动态美感。因此，要通过对工作人员的正规训练，使他们掌握正确优美的走姿，并运用到工作中去。

走姿的基本方法和要求是：上身正直，目光平视，面带微笑；肩部放松，手臂自然前后摆动，手指自然弯曲；行走时身体重心稍向前倾，腹部和臀部要向上提，由大腿带动小腿向前迈进；行走线迹为直线。

步速和步幅也是行走姿态的重要方面。由于茶艺馆工作的性质所决定，服务员在行走时要保持一定的步速，不要过急，否则会给客人不安静或急躁的感觉。步幅是每一步前后脚之间的距离，以20～30厘米为宜，一般不要求步幅过大，否则会给客人带来不舒服的感觉。

4）优雅的举止。对于茶艺人员来讲，在为客人泡茶过程中的一举一动尤为重要，就拿手的动作来说，如果左手趴在桌上，右手泡茶，看起来人显得很懒散；右手泡茶，左手不停地动，给人一种紧张的感觉；一手泡茶，一手下垂在身旁，从对方看来，就像缺了一只手，不用的手应自然放在操作台上。

在放置茶叶时，为了看清茶叶放了多少，把头低下来往壶内看显得不够安详；有时担心泡过头，眼睛盯着计时器看时间，也是不好的动作；弯着身体埋头苦干，显得不够开朗，待客不够亲切。泡茶时，身体尽量不要倾斜，不给人失重的感觉。

一个人的个性很容易从泡茶的过程中表露出来，可以借着姿态动作的修正，潜移默化一个人的心情。

开始练习泡茶的时候，一个动作一个动作地做出来，只求正确，打好基础；慢慢地，各项动作会变得纯熟。做茶时注意两件事：第一，将各项动作组合的韵律感表现出来；第二，将泡茶的动作融进与客人的交流中。

（3）神韵美

神韵美是一个人的神情和风韵的综合反映，主要表现在眼神和脸部表情，即有些文学作品中所描写的眉目传神、顾盼生辉或一笑百媚生、倾国倾城。

如果一个人仅有形象美，而没有神韵美，这个人的美仍然显得呆板，没有活力，没有感染力，只有“巧笑倩兮，美目盼兮”才能真正动人。

茶人的神韵美应特别注意“巧笑倩兮，美目盼兮”，以“巧笑”使人感到亲切，感到温暖，感到愉悦，通过眉目传神、顾盼生辉来打动人心，给人以活生生的美的享受。有了神韵美的配合，便可化仪表美为“媚”。一个人仪表美仅仅是静态的美，仅仅是外观形象好看。而“媚”则是动态的，是妩媚可爱动人。古代美学家李渔说：“媚态之在人身，犹火之有焰，灯之有光，珠贝金银之有宝色。是无形之物，非有形之物也。惟其是物非物，无形似有形；是以名为尤物。”（《笠翁偶集》卷十三）李渔所说的虽然有点神乎其神，玄而又玄，但却值得每一个追求神韵美的茶人去深思。

3．语言美

俗话说：“好话一句三春暖，恶语一句三伏寒。”这句话形象而生动地概括了语言美在社交中的作用。茶室是现代文明社会中高雅的社交场所，它要求茶人在人际交往中要谈吐文雅，语调轻柔，语气亲切，态度诚恳，讲究语言艺术。

茶艺中的语言美包含了语言规范和语言艺术两个层次。

（1）语言规范。语言规范是语言美的最基本要求。在茶室中的语言规范可归纳为：待客有“五声”，待客时宜用“敬语”，杜绝“四语”。“五声”是指宾客到来时有问候声，落座后有招呼声，得到协助和表扬时有致谢声，麻烦宾客或工作中有失误时有致歉声，宾客离开时有道别声。“敬语”包含尊敬语、谦让语和郑重语。其最大特点是彬彬有礼、热情庄重，使听者消除生疏感，产生亲切感。

要杜绝的“四语”为：不尊重宾客的蔑视语，缺乏耐心的烦躁语，不文明的口头语，自以为是或刁难他人的斗气语。

（2）语言艺术。“话有三说，巧说为妙”。美学家朱光潜先生曾说：“话说得好就会如实地达意，使听者感受到舒适，发生美的感受。这样的说话就成了艺术。”可见，语言艺术一是要“达意”，二是要“舒适”。

口头语言之美若辅以身体语言之美，如手势、眼神、脸部表情的配合则更能让人感受到情真意切。

茶礼语言的标准示例如下：

① 迎送语：您好！欢迎光临。

② 让位语：请问先生（小姐）几位？

③ 指路语：诸位这边走。

④ 询问语：请问先生喜欢坐包厢还是大厅？

⑤ 建议语：这儿的位子很好，靠窗，可以从这儿看到室外的景色。这是我们茶馆的菜单，请随意挑选。

⑥ 征求语：对不起，我现在可以知道你们喜欢喝哪种茶吗？

⑦ 推荐语：我向你们推荐安溪的铁观音，您看好吗？

⑧ 谦意语：对不起，让你们久等了，我为你们准备好了铁观音，请慢用。/对不起，打扰一下，加点水好吗？/对不起，先生，有您的电话，请到那边去接。

⑨ 问候语：你们好，我为大家冲泡铁观音好吗？

泡茶时，茶的味道尤为重要，但泡茶人得体的服装、整齐的发型、娇好的面容、优美的动作和亲切的语言也会给人一种赏心悦目的感觉，使品茶真正成为一种享受。

二、实用茶礼

1．会议接待茶礼

（1）小型会议接待茶礼。小型会议室一般可供 30 人以下的会议使用。小型会议室室内布置有两种形式，一种是设椭圆形的会议桌，另一种是不设会议桌，而设沙发和茶几。由于小型会议人数不多，客人用茶较随意，服务员可事先征求客人的意见准备袋茶、花茶、红茶、绿茶、乌龙茶等。当客人品饮茶水时，服务员还要依据不同品种的茶叶配备不同的茶具，如袋茶、花茶要配瓷茶杯；红茶、绿茶要配有盖的杯或碗；而乌龙茶则要配紫砂茶具等。

小型会议饮茶服务程序是：

① 服务员为客人沏茶之前，首先要洗手，并洗净茶杯，杯内不得存有茶垢。

② 要特别注意茶杯有无破损或裂纹，残破的茶杯要及时更换。

③ 不能用旧茶或剩茶待客，必须沏新茶。

④ 茶水不要沏得太浓或太淡，每一杯斟七成满即可。

⑤ 上茶时把茶杯放在杯托上，待客人坐定后一同敬给客人，杯把放在客人的右侧。如果客人饮用红茶，可准备好方糖，请客人自取。

⑥ 上茶时，注意站在客人右侧先给主宾上，再依次给其他客人上。

如果用茶水和点心一同招待客人，应先上点心。点心应给每人上一小盘，或几个人上一大盘。点心盘应事先摆放好。

（2）大、中型会议接待茶礼。中型会议室可供 30～100 人的会议使用；大型会议室可供 100 人以上的会议使用。由于人数较多，客人用茶的方式也比较简单，是由服务员事先将袋茶放入茶杯中，并将茶杯、茶碟摆放在桌子上，用暖壶冲水，如备有果品也要在会议开始之前摆在会议桌上，然后恭候与会者的到来。

大、中型会议饮茶服务程序是：

① 客人入座后，由服务员为客人倒水沏茶。

② 倒水时服务员应站在客人的右侧，左手拿壶，右手拿杯进行斟倒。

③ 圆桌会议，服务员要从主位开始按顺时针的顺序倒水，而长桌会议服务员就要按从里向外的顺序倒水。

④ 在开会的过程中，服务员要注意观察开会情况，适时续水。

（3）茶话会。茶话会是一种聚会形式。它既不像古代茶宴、茶会那样豪华隆重，也不像“茶道”要有一套严格的礼仪和规则，而是以清茶或茶点接待客人。它顺应中国人聚集在一起饮茶聊天的习惯，人们借茶引言，以茶助话，因此广泛地运用于各种社交场合。

在我国，大如商议国家大事、欢迎各国使节、庆祝全国性的重大节日，小如开展文化学术交流、良辰喜庆、开张营业等一般都采用茶话会的形式，特别是新春佳节，许多团体、单位都喜欢用茶话会的形式。清茶一杯，辞旧迎新。

茶话会质朴无华，机动灵活，形式简便。如果举办一个不超过一二十人的茶话会，只要用二三张圆桌，或用方桌拼成“一字形”“U 字形”进行；如果是几十人，甚至上百人的茶话会，可用圆桌分开围坐，或用方桌分层拼成“U 字形”进行；如果是在百人以上，大多是采用分桌围坐的方式进行。在茶话会上，应事先将茶叶、茶杯、茶壶分别放在铺有洁净白布的桌子上。根据茶话会的内容与季节的不同，在室内四周摆放一些盆花，桌上布置一些瓶花，以使人有幽雅、清心之感。另外，还可根据客人要求增加一些应季鲜果和精美糕点。

茶话会饮茶服务程序是：

① 服务员要根据茶话会的人数备齐茶杯、茶垫和茶壶，如一桌 10 人，茶壶应有两把，茶壶下面要放防热碟。

② 将暖瓶装满开水。茶话会前 5 分钟在茶杯放入茶叶，加上少许开水，把茶叶焖上，待客人到达后加水就可为客人斟倒。

③ 斟茶时要站在客人右侧，不要将茶水滴在餐台或客人身上，并告诉客人茶叶的名称。

④ 茶话会开始时，通常先由主人致一段简短的欢迎词，随即主宾之间、客人之间，随意品茗叙谊。

⑤ 在茶话会的整个过程中，要随时注意为客人续斟茶水，当发现壶内茶水过淡时要马上更换，重新冲泡。

2．餐厅接待茶礼

（1）早餐开茶服务。餐前饮茶的习惯流行于我国南方，特别是东南沿海一带。因此，早餐时的开茶服务成了餐前服务必不可少的程序。值台服务员为已落座的客人送上香巾后，向客人问茶。

早餐开茶服务程序是：

① 开餐前准备好各种茶叶。

② 根据客人对茶叶的喜好，介绍适宜的品种。

③ 为客人沏茶时，要注意卫生操作的要求，不允许用手抓茶叶，应用茶勺去取，并注意用量准确。

④ 沏好茶后，应逐一从客人的右侧斟倒。

⑤ 斟茶时，右手执壶，左手托壶下的垫盘，茶水不宜斟得过满，以八分满为准。

⑥ 斟完第一杯茶后，把壶放在餐台上，茶壶嘴不要朝向客人，客人人数超过 6 位时，应上两把茶壶。

⑦ 随时注意加满茶壶中的开水，并掌握茶水的浓淡。

（2）正餐服务接待茶礼。午餐、晚餐也称为正餐，客人用餐时间较长，食品、饮料更为丰富。在正式用餐之前，服务员要为客人上餐前茶。具体服务程序是：

① 服务员将茶沏好后，将杯放在茶碟里，斟至八成满，放在托盘中，从客人的右侧一一送上。

② 在高档餐厅里，上茶服务非常讲究，有专门负责茶水服务的茶博士。客人入座后，茶博士将装有各种茶叶的手推车推至餐桌旁，向客人介绍各种茶叶的名称，请客人点茶。客人点茶后，茶博士将茶叶放入盖碗中，当着客人的面用一把长嘴大铜壶将茶沏上后端送给客人。

手推车上一般装有十几种茶叶，如：绿茶中的毛尖、龙井；各式高级红茶，如四川红茶、祁门红茶；各式乌龙茶，如铁观音、水仙、武夷山岩茶。另外还有花茶、菊花茶、减肥茶等品种。茶博士用于沏茶的大铜壶也非常讲究，铜壶擦得通体光亮，一尘不染。

3. 客房接待茶礼

客人在房间饮茶多是没有服务员的时候，因此服务员需做好准备工作。

① 准备好干净、整洁的茶具。

② 准备好各种茶叶。

③ 准备好开水或电水壶。

④ 适时到房间为客人换水，随时为客人提供良好的服务。

4. 饭店内独立茶室的接待茶礼

为了满足饭店客人聊天、休憩、洽谈生意的需要，除了酒吧、咖啡厅外，有的饭店还为客人提供有中国传统特色及丰富文化色彩的茶室，使客人在休息的同时得到身心的满足。在古朴曲雅的氛围中，举止优雅的茶艺服务人员以及香浓的茗茶，会带给客人精神和物质的享受。

饭店茶室的服务很讲究，首先要求茶艺服务人员有良好的文化素质、丰富的茶叶知识，以及专业的泡茶技巧，其次要为客人营造一个良好的品茶氛围及准备上等的香茗。茶室服务程序是：

① 按茶单的茶叶品种准备好各种茶叶。

② 准备好泡茶用水。

③ 准备干净、整洁的各类茶具。

④ 客人入座后按茶单点茶。

⑤ 客人点不同的茶，茶艺人员要用不同的茶具及不同的沏泡方法进行沏泡及讲解。

饭店中的茶室与外面独立经营的茶艺馆有相同之处，也有所不同，因此茶艺人员要根据客人不同的需求进行有针对性的服务。

第六节 茶艺师的素质要求

一、茶艺人员仪容仪表的要求

作为服务人员，茶艺师应该时刻注意自己的仪容仪表。有关方面我们已经在第五节详细论述。

二、茶艺师的基本素质要求

一名优秀的茶艺师，首先要具有扎实的基础知识，既要了解茶的相关知识，又要理解茶艺的概念，熟练掌握各种操作手法。同时，为了更好地体现茶叶的灵性，展示茶艺之美，演绎茶文化的丰富内涵，在进行茶艺服务时还要体现出“礼、雅、柔、美、静”的基本要求。

1. 礼

在服务过程中，要注意礼貌、礼仪、礼节，以礼待人，以礼待茶，以礼待器，以礼待己。

2. 雅

茶乃大雅之物，尤其在茶艺馆这样的氛围中，服务人员的语言、动作、表情、姿势、手势等要符合雅的要求，努力做到言谈文雅，举止优雅，尽可能地与茶叶、茶艺、茶艺馆的环境相协调，给顾客一种高雅的享受。

3. 柔

茶艺师在服务时，动作要柔和，讲话时语调要轻柔、温和，展现出一种柔和之美。

4. 美

美主要体现在茶美、器美、境美、人美等方面。茶美，要求茶叶的品质要好，货真价实，并且要通过高超的茶艺把茶叶的各种美感表现出来。器美，要求茶具的选择要与冲泡的茶叶、客人的心理、品茗环境相适应。境美，要求茶室的布置、装饰要协调、清新、干净、整洁，台面、茶具应干净、整洁且无破损等。茶、器、境的美，还要通过人美来带动和升华。人美体现在服装、言谈举止、礼仪礼节、品德、职业道德、服务技能和技巧等方面。

5. 静

静主要体现在境静、器静、心静等方面。茶艺馆最忌喧闹、喧哗、嘈杂之声，音乐要柔和，交谈声音不能太大。茶艺员在使用茶具时，动作要娴熟、自如、柔和，轻拿轻放，尽可能不使其发出声音，做到动中有静，静中有动，高低起伏，错落有致。心静，就是要求心态平和，心平气和。茶艺师的心态在泡茶时能够表现出来，并传递给顾客。如果心态不好，就会影响服务质量，引起客人的不满。因此，茶艺师应学会及时调整自己的心态。

三、茶艺馆服务中的特定要求

1. 茶艺师的人格魅力

一位推销大师说得好：推销自己比推销商品更重要。作为茶艺师，老板并不在乎你今天让客人消费了多少，他更在乎的是客人能否回头再来。一些有远见的茶馆老板，非常留意有多少高层次、高品位的客人是因你而来的。茶艺师吸引贵客靠的是自己的人格魅力，那么，如何做好自己，实现个性化服务呢？

（1）微笑。茶艺师的脸上永远只能有一种表情，那就是微笑。有魅力的微笑，是发自内心的得体的微笑，这对体现茶艺师的素养十分重要。茶艺师每天可以对着镜子练习微笑，但真诚的微笑发自内心，只有把客人当成了心中的“上帝”，微笑才会光彩照人。

（2）语言。茶艺师用语应该是轻声细语。但对不同的客人，茶艺师应主动调整语言表达的速度，对善于言谈的客人，可以加快语速，或随声附和，或点头示意；对不喜欢言语的客人，可以放慢语速，增加一些微笑和身体语言，如手势、点头。总之，与客人步调一致，你才会受到欢迎。

（3）交流。茶艺师讲茶艺不要讲得太满，从头到尾都是自己在说，这会使气氛紧张，应该给客人留出空间，引导客人参与进来，除了让客人品茶外，还要让客人开口说话。引出客人话题的方法很多，如赞美客人，评价客人的服饰、气色、优点等，这样可以迅速缩短你和客人之间的距离。

（4）功夫。这是茶艺师的专业，知茶懂茶、知识面广、表演得体等是优秀茶艺师的先决条件。

2. 茶艺师的慧眼

茶艺师应该有一双洞察力极强的慧眼。客人进入茶室后，从第一眼看到客人开始，60 秒内，优秀的茶艺师应该能判断出客人的性格类型、大概的社会地位、来茶馆的目的等。这很重要，它决定了服务的方式和服务质量。内向型和外向型的客人不一样，来休闲的和来谈商务的客人不一样，高层次的和一般的客人不一样。为此，茶艺师应多学一些交际方面的知识。

3. 全程服务

一些茶馆要求对客人提倡全程服务，即从客人走进茶馆直到离开茶馆，茶艺师应跟踪服务。从迎客、入室、落座、点茶、茶艺表演、闲聊、送客，茶艺师都应伴随客人左右，除非客人有自己的事（如洽谈商务、自娱等）。

这里要特别强调的一点是“送客”。送客是茶馆服务的最后一个环节，是茶艺师留给客人“最后的恋情”，是茶艺师赢得回头客的最后一个绝活，是全程化服务的重要一步。

怎样做好这一环节，建议从以下几点着手：

（1）话不要太多。如果客人有意提问，三句足够了：

“今天您还满意吧？”

“希望您对我们的服务提出宝贵意见。”

“欢迎您下次再来。”

（2）保持微笑，直到客人离去为止。茶艺师的微笑永远要真诚，发自内心。优秀的茶艺师在送客时微笑得更为生动，微笑中包含着一种与客人依依不舍的“恋情”，要让客人隐隐约约有这种神会，那就是服务到家了。

（3）引领客人到大门口。茶艺师应该把客人送出茶馆，并躬身相送。在引路中可以提醒客人注意安全，或有意识提醒客人关注茶馆的环境、饰物等，以便让客人留下更深的印象。

四、茶艺师的考核标准

（一）茶艺师级别

1．初级茶艺师（具备以下条件之一者）

（1）经本职业初级正规培训达到规定标准学时数，并取得毕（结）业证书。

（2）在本职业连续见习工作 2 年以上。

2．中级茶艺师（具备以下条件之一者）

（1）取得本职业初级资格证书后，连续从事本职业工作 2 年以上，经职业中级正规培训达到规定标准学时数，并取得毕（结）业证书。

（2）取得本职业初级资格证书后，连续从事本职业工作 3 年以上。

（3）连续从事本职业工作 4 年以上。

（4）取得经劳动保障行政部门审核认定的，以中级技能为培养目标的中等以上职业学校本职业毕业证书。

3．高级茶艺师（具备以下条件之一者）

（1）取得本职业中级职业资格证书后，连续从事本职业工作 3 年以上，经本职业高级正规培训达到规定标准学时数，并取得毕（结）业证书。

（2）取得本职业中级职业资格证后，连续从事本职业工作 5 年以上。

（3）取得高级技工学校或经劳动保障行政部门审核认定的，以高级技能为培养目标的高等职业学校本职业毕业证书。

（4）取得本职业中级职业资格证书的大专以上本专业或相关专业毕业生，连续从事本职业工作2年以上。

4. 茶艺技师（具备以下条件之一者）

（1）取得本职业高级职业资格证书后，连续从事本职业工作5年以上，经本职业技师正规培训达到规定标准学时数，并取得毕（结）业证书。

（2）取得本职业高级职业资格证书后，连续从事本职业工作7年以上。

（3）高级技工学校本专业毕业生，连续从事本职业工作满5年。

5. 高级茶艺技师（具备以下条件之一者）

（1）取得本职业技师职业资格证书后，连续从事本职业工作4年以上，经本职业高级技师正规培训达到规定学时数，并取得毕（结）业证书。

（2）取得本职业技师资格证书后，连续从事职业工作5年以上。

（二）基本要求

1. 职业道德

（1）职业道德的基本知识

（2）职业守则

热爱专业，忠于职守

遵纪守法，文明经营

礼貌待客，热情服务

真诚守信，一丝不苟

钻研业务，精益求精。

2. 基础知识

（1）茶文化基本知识

中国用茶的源流

饮茶方法的演变

茶文化的精神

中外饮茶风俗

（2）茶叶知识

茶树基本知识

茶叶种类

名茶及其产地

茶叶品质鉴别知识

茶叶保管方法

（3）茶具知识

茶具的种类及产地

瓷器茶具
紫砂茶具
其他茶具
（4）品茗用水知识
品茗与用水的关系
品茗用水的分类
品茗用水的选择
（5）茶艺基本知识
品饮要义
冲泡技巧
茶点选配
（6）科学饮茶
茶叶主要成分
科学饮茶常识
（7）食品与茶叶营养卫生
食品与茶叶卫生基础知识
饮食业食品卫生制度
（8）法律法规知识
《劳动法》常识
《食品卫生法》常识
《消费者权益保障法》常识
《公共场所卫生管理条例》常识
劳动安全基本知识

思考与练习

1. 什么是茶艺?
2. 茶艺如何分类?
3. 茶艺的意义是什么?
4. 简述紫砂壶的演变。
5. 泡茶用水的标准是什么?
6. 简述茶礼的语言标准。
7. 茶艺师的基本礼仪要求是什么?
8. 茶艺师的姿态要求是什么?
9. 茶艺师的基本素质要求是什么?

第五章

茶的冲泡技艺

第一节　泡茶技法概述

不同的茶叶，有不同的泡法，就是同一种茶叶，因原料老嫩不同，其泡法也不相同。但是不管何种泡法，都有几个环节是要共同做到的，其程序是大体相同的。

一、泡茶

（1）备器：将泡茶的器具及装茶的罐子放在茶几或茶桌上。

（2）煮水：一般是先将烧好的开水装在水壶里，然后放在茗炉上（酒精炉）继续烹煮。也可将电炉放在几桌上，放上水壶直接烧水。如果条件不具备，也可将刚烧开的水装在热水瓶中备用，但在茶艺馆中一般不采用此种方法。

（3）备茶：从茶叶罐中将适量的茶叶倒在茶则里备用，如是高级名茶，可让品茗者先欣赏一下茶叶的外形和闻香。

（4）烫壶（杯）：先用开水注入茶壶、茶盏，接着烫杯，以提高壶、盏、杯的温度，同时也可使茶具洁净。

（5）置茶：将茶则里的茶叶通过茶漏倒入壶（盏）中，如壶口较小，可使用茶匙将茶则里的茶叶拨入壶中，不能用手直接抓取茶叶。

（6）初泡：将烧好的开水注入壶中，浸泡数秒钟即将茶汤倒入茶海，然后分注茶杯中，再将杯中茶汤倒入水盂。初泡也叫做“温润泡”。如果是用紫砂壶，则将茶汤倒在壶的外壁，一来可保温，二来时间长了可使茶壶颜色、光泽变得古朴厚润，称为“润壶”。

（7）正泡：将开水再次注入壶中，加盖 30～60 秒钟，即可倾茶汤入杯分敬客人。通常在壶中注水八分满为度，但如果是乌龙茶，则需冲水溢出盖沿外，加盖后还要在壶外淋浇开水，以提高壶温，使茶的香味更加浓郁。

（8）分茶：将壶（盏）中茶汤倾入茶杯，亦以八分满为度。各杯分量、浓淡要求均匀。然后端至客人面前，供其品尝。

二、行茶程序

最常用的行茶程序是“三段式行茶法”，即准备阶段，操作阶段，完成阶段。准备阶段是在客人来临前，也就是操作阶段之前的所有准备工作，要视情况决定准备工作的多少，但必须准备到能使操作工作顺利进行为止；操作阶段是有次序、分步骤进行冲泡的过程；完成阶段是操作完成后的收拾工作。

1．准备阶段

充分的准备工作是整个茶艺表演圆满成功的基础，准备阶段包括选择空间、整理环境、备妥道具、营造气氛等工作，都是在准备阶段要做的事项。其实，品茗环境的整个设计都属于准备阶段的工作。在这个阶段中需要准备好的工作具体有以下几项：

（1）茶桌的要求。立体式和坐体式茶艺桌的高度是 68～70cm，长度是 88cm，宽度是 60cm。席地式茶艺茶桌的高度是 48cm，长度是 88cm，宽度是 60cm。

（2）茶椅的要求。茶椅分有靠背或无靠背两种，一般视情况而定。茶椅座面的高度是 40～42cm。

（3）茶巾的大小。一种茶巾是用来铺放在茶桌中间，上面摆放茶具，长 60cm，宽 48cm；另一种茶巾是擦拭茶具及茶汁的小方茶巾。

（4）茶具的定位摆放。茶桌可前后左右各三等分共计九格。从最左边到右边，从后到前，第一排依序是第一格、第二格、第三格；二排为第四格、第五格、第六格；最前第三排为第七格、第八格、第九格。第一格置煮水器，第二格、第五格置主泡器，第三格置辅助器。

（5）器具的色彩、样式要与品茗环境搭配。品茗环境是整体氛围的营造，随着季节、时序、场所、茶叶的不同，以及茶具的区别，各有不同的设计和营造，要互相协调，合宜搭配。

（6）个人仪容、仪表。茶艺人员个人仪容、仪表非常重要。要化淡妆，不可浓妆艳抹，不涂指甲油，不喷香水，不佩戴饰物。注意手的卫生，要干净、整洁。头发要梳好，如果是长发要束到后面，不要让头发垂下来。服装以中式为宜，保持洁净。

2．操作阶段

根据沏泡不同的茶叶，使用不同的茶具及采用不同的行茶法。

3．完成阶段

品茗或茶会后，清理茶具是很重要的工作。整理收拾完毕，茶艺表演才算圆满结束。

清理茶具的主要程序是：

（1）以茶匙去除茶壶或茶杯内的茶渣，清理茶具、桌面，将所有残余渣末、汤水整理干净，倒入水盂内。

（2）收拾茶具，按准备阶段定位摆好。

（3）检查桌面、地面，不能留下污渍痕迹。

第二节　功夫茶的冲泡技艺

功夫茶有潮汕功夫茶、台湾功夫茶、安溪功夫茶、武夷山功夫茶、福建功夫茶、还有其他泡法，如八马“三才”泡法、冷茶泡法、茶酒泡法，它们的冲泡技艺各有不同，下面以潮汕冲泡技艺和安溪冲泡技艺为例进行介绍。

一、潮汕功夫茶

潮汕功夫茶

中国功夫茶茶艺按照地区民俗可分为潮汕、台湾、闽南和武夷山等四大流派。至于为什么把乌龙茶茶艺称为“功夫茶”也有不同的说法，有的说是因为乌龙茶的制作工序复杂，制茶时极费工夫；有的说是因为乌龙茶须细啜慢饮，冲泡时也颇费工夫；有的说乌龙茶最难泡出水平，泡茶最讲究，要有“真功夫”。在四大流派中潮汕功夫茶最古香古色，堪称中国茶道的“活化石”。

1．基本理念

据《清朝野史观·清代述异·卷十二》载：“中国讲求烹茶，以闽之汀、漳、泉三府，粤之潮州府功夫茶为最。”潮州位于韩江下游，气候炎热，潮州人饮茶量之大、烹茗技艺之精久负盛名，我国很多有关喝茶的故事和传说，都来自古老的潮州。潮州人品茶不仅讲技艺，而且重理念。广东省潮州市韩愈纪念馆的曾楚楠先生在《潮州工夫茶刍探》(《中国茶文化》专号第 6 期）中说：“日本茶道有‘和、敬、精、乐’。而且它不应称‘四规’，而是‘四趣’”。笔者认为曾先生总结得相当准确。潮州功夫茶的要义正是尊和敬之茶德，求精乐之茶趣。

2．择器

传统的潮汕功夫茶必须“四宝”齐备：一是“玉书碨”，是闽南人、广东人、台湾人对陶制水壶的叫法，以潮安枫溪所产的最为著名，这种碨一般为扁形，能容水四两，有极好的耐冷热急变性能，水一烧开，在蒸汽推动下，小壶盖会自动掀动，发出“卟、卟、卟”的响声，十分有趣。二是潮汕炉，一般为红泥烧制的小火炉。三是孟臣壶，以宜兴出产的紫砂壶最为名贵。惠孟臣是清代制壶名匠，善制小壶，所以后人把精美的紫砂小壶称为孟臣壶。四是若琛杯，即精细的白色瓷杯，以景德镇的产品为佳。

3．基本程序

潮汕功夫茶茶艺多有师承或在家庭中代代相传，形成了不同的风格，在此仅介绍最基本的程序：

（1）列器备茶

（2）煮水候汤

（3）烫壶温盅

（4）烫杯洗杯

（5）干壶置茶

（6）烘茶冲点

（7）刮顶淋眉

（8）摇壶低斟

（9）品香审韵

（10）涤器撤器

4．解说词

（1）列器备茶

列器即有序地将整套茶具陈列到茶桌上，整套的功夫茶茶具除了“四宝”之外，还应当有一个倾倒洗壶、洗杯余水的茶池。一个盛放茶杯的杯盘，一个盛放茶壶的壶盘和一个储备茶汤的茶盅及几条茶巾。

备茶即指选择待客用茶。泡功夫茶必须选用乌龙茶。如果想要喝出地地道道的潮州风情，最好能选用潮州产的凤凰单枞或潮州市饶平县产的岭头单枞。

（2）煮水候汤

列器备茶后，泡茶者宜静气凝神端坐。右边大腿上放一块包壶用巾，左边大腿上放一块擦杯白巾，然后点火煮水候汤。

（3）烫壶温盅

将开水冲入空茶壶（孟臣壶）中，待其表面水分蒸发后再把茶壶中的水注入茶盅（公道杯）内。茶盅里的热水不要马上倒掉，应留着温盅洗杯。

（4）烫杯洗杯

用茶盅里的热水把茶杯当着客人的面再洗一次，以示尊敬。

（5）干壶置茶

泡潮州式功夫茶用干温润法，即将茶放在干热的茶壶中烘温。干壶时先持壶把，口朝下在右腿的茶巾上拍打，水滴尽后再放松手腕轻轻甩壶到壶干为止。潮式置茶是以手抓茶放进茶壶，靠手的感觉来判断茶的干燥程度，以定烘茶的时间长短。置茶多少应视客人而定，一般要置到壶的七八分满。

（6）烘茶冲点

烘茶不是用火烤茶，而是用沸水烧淋茶壶，靠水温来烘茶。烘茶能使茶的陈味、霉味散尽，香气上扬且有新鲜感。烘茶后把茶壶提起，用力摇动，使壶内的茶均匀升温，然后放进壶盘中冲入开水。高冲水是潮汕功夫茶的要诀之一，通过高冲水使茶叶在壶内旋转，有利于滋味迅速溢出。

（7）刮顶淋眉

高冲水时必然会冲起一层白色的泡沫，用壶盖轻轻刮去泡沫称之为“刮顶”，刮顶后盖好壶盖，再向壶上浇淋开水称之为“淋眉”。淋眉是进一步加温，这样能充分逼出茶香。

（8）摇壶低斟

淋眉后把壶置于桌面的茶巾上，按住气孔，快速左右摇晃。第一泡一般摇 4～6 下，以后各泡顺序递减 1～2 下，意在使每一泡的茶汤浸出物均等。潮州人称斟茶为“洒茶”，潮州式功夫茶讲究将茶水低斟到各个小茶杯中去。倒茶时壶中的茶汤一定要倒干净，防止浸坏了茶。亦可从孟臣壶中先将茶水倒入公道杯，然后再向小茶杯中“洒茶”。

（9）品香审韵

将泡好的茶敬奉给客人后即可品香审韵。品潮州茶端起茶杯须先闻香，所谓：“未尝甘露味，先闻圣妙香。”“品”字三个口，一般品茶也分成三品。潮州泡法允许茶汤入口时苦，但却绝不可涩。上等的茶汤入口一碰舌尖，当会感觉到有一股茶气往喉头扩散开来，过喉后感觉到爽快异常，后韵延绵不绝，回甘强烈而明显，这种好茶潮州人称之为“有肉”的茶，因此在潮州品茶称为“吃茶”。老茶客“吃茶”一般口中“嗒！嗒！”有声，并连声赞好，以示谢意。

潮州人泡茶不鼓励泡完一壶茶立刻再泡第二壶，说是不可“重水”。一般在品了头道茶后可上一些有特色的点心，同时重新煮水，边吃点心边等水开后再泡第二泡。

（10）涤器撤器

潮州式泡茶以三泡为止，其要求是三泡水的茶汤浓淡必须一致，所以主泡人在整个泡茶过程中注意力应高度集中，绝不可分神。品完三泡茶后，客人可尽杯谢茶，主人亦可涤器撤器了。

二、安溪功夫茶

福建省安溪县属于泉州市管辖，是我国乌龙茶最主要的产区，素有“中国乌龙茶都”之称，这里出产的四大名茶铁观音、黄金桂、本山、毛蟹等都品质超凡，蜚声中外。在安溪，不但有独到的乌龙茶栽培采制技术，而且品饮艺术十分讲究。早在清代，安溪的乌龙茶冲泡方法就已相当考究，近年来，在我国茶文化复兴的热潮中，安溪的一些有识之士通过不断精益求精的探索，创编了独具一格的安溪功夫茶茶艺。

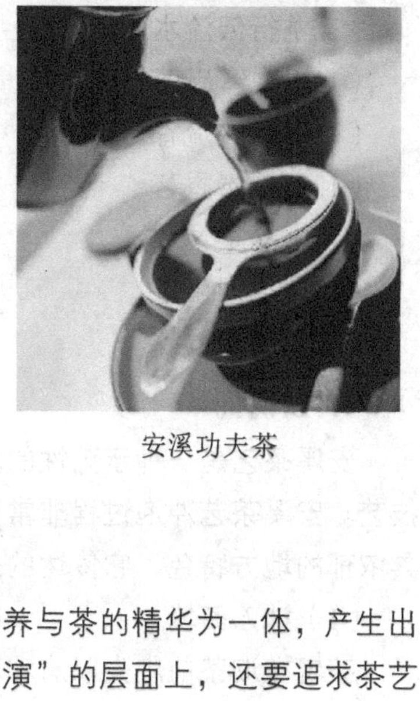

安溪功夫茶

1. 基本理念

安溪茶艺流程，每一个环节，每一个动作，都融自身修养与茶的精华为一体，产生出一种以物质为载体的精神现象，在冲泡过程中不停留在“表演”的层面上，还要追求茶艺的精神理念，即尊重茶与人、人与自然之间的和谐关系，主张人际和谐，强调环保意识。

茶艺之本：（纯）茶性之纯正，茶主之纯心，化茶友之净纯。

茶艺之韵：（雅）沏茶之细致，动作之优美，茶局之优雅，展茶艺之礼。

茶艺之德：（礼）感恩于自然，敬重于茶农，诚待于茶客，联茶友之友谊。

茶艺之道：（和）人与人之和谐，人与茶、人与自然之和谐，系心灵之挚爱。

作为茶人所追求的精神理念是纯、雅、礼、和，总的归纳为“和谐关系”，使人摆脱烦琐、拘谨、无形的虚意，因此安溪茶艺的展现是面对大众，面对生活，面对大自然，是茶主与茶客直接对话，沟通情感，是品饮艺术的最高境界。

2．茶具选择

安溪茶艺选择茶具因地制宜，遵循民间习俗，采用的有陶质炭炉、水壶、瓷质圆层盘（托盘）、盖碗（三才杯）、小瓷杯（白玉杯）、茶罐、竹制茶道具和茶巾等。

3．基本程序

以下是一套可用于舞台表演的茶艺，共十六道程序。

（1）神入茶境

（2）茶具展示

（3）烹煮泉水

（4）沐霖瓯杯

（5）观音入宫

（6）悬壶高冲

（7）春风拂面

（8）瓯里酝香

（9）三龙护鼎

（10）行云流水

（11）观音出海

（12）点水流香

（13）敬奉香茗

（14）鉴赏汤色

（15）喜闻幽香

（16）品啜甘霖

4．解说词

安溪茶艺是一种示范性的表演，是要让品茶人了解乌龙茶，特别是名茶铁观音的沏茶技艺。安溪茶艺冲泡过程非常讲究，是一门融传统技艺与现代风韵为一体的品茶艺术，极具浓郁的地方特色，它传达的是纯、雅、礼、和的茶道精神理念。

（1）神入茶境

茶者在沏茶前应先以清水净手，端正仪容，以平静、愉悦的心情进入茶境，备好茶具，聆听中国传统音乐，以古琴、萧来帮助自己的心灵安静下来。

（2）茶具展示

茶匙、茶斗、茶夹是竹器工艺制成的，安溪盛产竹子，这是民间传统惯用的茶具。茶匙、茶斗是装茶用的，茶夹是夹杯、洗杯用的。

炉、壶、瓯杯以及托盘，号称“茶房四宝”，这主要是遵循本地传统加工而成。安溪茶乡有历史悠久的古窑址，在五代十国就有陶器工艺。“茶房四宝”不仅为泡茶专用，而且有较高的收藏欣赏价值。用白瓷盖瓯泡茶，对于放茶叶、闻香气、冲开水、倒茶渣等都很方便。

（3）烹煮泉水

沏茶择水最为关键，水质不好，会直接影响茶的色、香味，只有水好，茶味才美。冲泡安溪铁观音，烹煮的水温需达到100℃，这样最能体现铁观音独特的韵味。

（4）沐霖瓯杯

“沐霖瓯杯”也称“热壶烫杯”。先洗盖瓯，再洗茶杯，这不但能保持瓯杯有一定的温度，还讲究卫生，起到消毒作用。

（5）观音入宫

右手拿起茶斗把茶叶装入，左手拿起茶匙把铁观音装入瓯杯，美其名曰 “观音入宫”。

（6）悬壶高冲

提起水壶，对准瓯杯，先低后高冲入，使茶叶随着水流旋转而充分舒展。

（7）春风拂面

左手提起瓯盖，轻轻地在瓯面上绕一圈，把浮在瓯面上的泡沫刮起，然后右手提起水壶把瓯盖冲净，这叫“春风拂面”。

（8）瓯里酝香

中国茶叶有6大类，其中红茶是全发酵，绿茶是不发酵，乌龙茶是半发酵。铁观音是乌龙茶中的极品，其生长环境得天独厚，采制技艺十分精湛，素有“绿叶红镶边，七泡有余香”之美称，具有防癌、美容、抗衰老、降血脂等特殊功效。茶叶下瓯冲泡，须等待一至两分钟，这样才能充分释放出独特的香韵。冲泡时间太短，色香味显示不出来，太久则会“熟汤失味”。

（9）三龙护鼎

斟茶时，把右手的拇指、中指夹住瓯杯的边沿，食指按在瓯盖的顶端，提起盖瓯，把茶水倒出，三个指称为三条龙，盖瓯称为鼎，这叫“三龙护鼎”。

（10）行云流水

提起盖瓯，沿托盘上边绕一圈，把瓯底的水刮掉，这样可防止瓯外的水滴入杯中。

（11）观音出海

“观音出海”，民间称为“关公巡城”，就是把茶水依次巡回均匀地斟入各茶杯里，斟茶时应低行。

（12）点水流香

“点水流香”，在民间称为“韩信点兵”，就是斟茶到最后瓯底最浓部分，要均匀地一点一点滴注到各茶杯里，达到浓淡均匀，香醇一致。

（13）敬奉香茗

双手端起茶盘彬彬有礼地向各位嘉宾、朋友敬奉香茗。

（14）鉴赏汤色

品饮铁观音，首先要观其色，就是观赏茶汤的颜色。名优铁观音汤色为清澈、金黄、明亮，让人赏心悦目。

（15）喜闻幽香

这就是闻其香，闻闻铁观音的香气，那天然馥郁的兰香、桂花香，清香四溢，让您心旷神怡。

（16）品啜甘霖

这叫品其味，品啜铁观音的韵味，有一种特殊的感受，呷上一口含在嘴里，慢慢送入喉中，顿时会觉得满口生津，齿颊流香，六根开窍清风生，飘飘欲仙最怡人。安溪有句俗话：“谁人寻得观音韵，不愧是个品茶人。”希望各位嘉宾通过品茶，能成为铁观音的知己。

第三节　绿茶的冲泡技艺

茶是我国历史最悠久、品种最多、产量最高、消费面最广的一种饮品。苏东坡曾写诗赞美茶：“戏作小诗君勿笑，从来佳茗似佳人。”如果用“佳”来比喻茶，乌龙茶好比是风情万种、风韵迷人的大牌明星；红茶好比温顺妩媚、温柔体贴的东方女性；而绿茶则是清丽脱俗、清纯可爱、风韵天成的春妆处子。

一、绿茶的冲泡要领

名优绿茶都是由细嫩的茶芽精制而成，一般都具有“色绿、香幽、味醇、形美”等 4 个特点，正确的冲泡方法是让这 4 大特点淋漓尽致地显示出来，使人得到审美的充分享受。要达到这一目的就应当掌握好器皿选择、水温调控、投茶方式和冲泡技巧等 4 个环节。

1. 器皿选择

冲泡细嫩的名贵绿茶应首选晶莹剔透的高档玻璃杯，这样不仅可以增添视觉美感，而且便于观赏茶的汤色和茶芽在汤水中的舒展、浮沉、游动等变化，人们称之为欣赏“茶舞”。隔杯对着阳光或灯光还可以看到汤中有细细的茸毫沉浮游动，闪闪发光，星斑点点，如梦似幻，越是细嫩的好茶，茸毫越多，人们称之为“湿看汤相”。

2. 水温调控

自古以来，茶人对泡茶的水质和水温都十分讲究。因为水温若过高，茶芽会被闷熟，泡出的茶汤黄浊，滋味较苦，维生素也易被大量破坏，即俗话说的造成“熟汤失味”。相反，若水温过低，茶叶中的有效物质又不能充分溶出，使茶汤香薄味淡，甚至造成茶浮于水面沉不下去，饮用不便。一般地说，越是名贵的细嫩绿茶，所用的泡茶水温就越低。特级碧螺春等宜用 75～80℃的水。其他细嫩名茶宜用 80～85℃的水，中低档绿茶可用 95～100℃的沸水冲泡。

3. 投茶方式

投茶的方式有 3 种：先置茶入杯中，然后一次性冲水称之为下投法；置茶于杯中，先冲入 90℃的开水至杯容量的 1/3，稍停 3 分钟，待干茶吸收水分舒展开时再冲水至满，称之为中投法；先将 85～90℃的开水冲入杯中，然后投茶称之为上投法。冲泡特级龙井、碧螺春、庐山云雾、蒙顶甘露、高桥银峰、苍山雪绿等条形的、紧结重实的细嫩名茶时可用上投法或中投法；冲泡虽很细嫩但条形松展的名茶如六安瓜片、黄山毛峰、太平猴魁、舒城兰花等宜用中投法；冲泡普通绿茶宜用下投法。

4. 冲泡技巧

冲泡技巧主要有 3 个方面。一是冲水时应高悬壶、斜冲水，使水流紧贴杯壁斜冲而下，在杯中形成旋涡，带动茶叶旋转。二是冲水后加不加盖要看茶、看水、看天气。茶嫩、水热、暑天可不加杯盖；反之应加盖闷茶。冲泡有些名茶可加盖一分钟左右，然后即掀盖，边闻香，边等待茶叶内的有效成分继续慢慢浸出，不可盖得时间过久以免闷坏了茶。三是续水要及时。头一泡冲出的茶称为“一开茶”或“头水茶”。饮到杯中尚余 1/3 水量时即应再加入开水，称之为续水。续水若太迟（等一开茶喝光了再加水），则二开茶的茶汤必定寡淡无味。

一般地说，只要我们能掌握好上述 4 个环节，就一定会把茶性发挥到极致，冲泡出色正、香高、味醇的好茶来。

二、冲泡方法（也称玻璃杯法）

（1）准备：用大、中、小茶盘 3 只，大盘放置 100 毫升容量的无花纹玻璃杯具（有托），纵向搁置在最左边，中间放置中盘，内放茶样罐、赏茶盘、茶巾及茶巾盘、茶荷（茶则）和茶匙，小盘中放置开水壶，横放在右侧。

（2）出场：随音乐节奏缓步行走，主泡和助泡一起行鞠躬礼，主泡坐下，助泡站于主泡右侧。

（3）备具：主泡双手将茶样罐捧出置于中盘前方，将茶巾盘放于盘后方靠右处，将茶荷及茶匙取出放于盘后方靠左处。

（4）赏茶：开启茶样罐，用茶匙拨出少许茶样于赏茶盘中，助泡行走到主泡左侧，接过赏茶盘，端给来宾欣赏，然后助泡退至后场。

（5）置茶：主泡将左侧纵放的玻璃杯盘端起，横放在自己胸前桌上，右手虎口朝下握住杯左侧，左手虎口侧向挡住玻璃杯右侧，同时转动手腕，将倒放的茶杯翻成杯口朝上。将茶罐打开，用茶匙将茶叶拨入茶荷中，按每杯 2 克的量计算总量，若一茶荷放不下，可以分次完成，最后将茶样拨入茶杯中。

（6）浸润泡：双手将茶巾盘中的茶巾拿起，搁放在左手手指部位，右手提开水壶（开水温度约 80℃）。左手指部垫毛巾处托住壶底，右手手腕回转使壶嘴的水沿杯壁冲入杯中，水量为茶杯容量的 1/4～1/3，使茶叶吸水膨胀，便于内含物析出，约 20～60 秒。

（7）冲泡：拿壶的方法同上，用“凤凰三点头”法冲水入杯内至总容量的七成左右，意为“七分茶，三分情”。经过 3 次高冲低斟，使杯内茶叶上下翻动，杯中上下茶汤浓度均匀。

（8）奉茶：当主泡冲泡完毕，助泡上场，走到主泡左侧，主泡将茶盘交于助泡，助泡后退两步，主泡起身，领头走到客席，双手端杯托一一奉给客人，并行伸手礼，助泡要密切配合。

（9）品尝：待茶叶舒展后，宾客右手虎口张开拿杯，女性左手托茶杯底，男性可单手持杯，先闻香，再观色，后啜饮。

（10）收具：奉茶完毕，主泡仍领头走回泡茶台，将桌上泡茶用具全收至大盘中，由助泡端盘，共行鞠躬礼，退至后场。

三、龙井茶冲泡技艺

1. 器皿选择

玻璃杯 4 只，白瓷壶一把，电随手泡一套，锡茶叶罐一个，茶道具一套，脱胎漆器茶盘一个，陶茶池一个，香炉一个，香一支，茶巾一条，特级狮峰龙井 12 克。

2. 基本程序

（1）点香——焚香除妄念

（2）洗杯——冰心去凡尘

（3）凉汤——玉壶养太和

（4）投茶——清宫迎佳人

（5）润茶——甘露润莲心

（6）冲水——凤凰三点头

（7）泡茶——碧玉沉清江

（8）奉茶——观音捧玉瓶

（9）赏茶——春波展旗枪

（10）闻茶——慧心悟茶香

（11）品茶——淡中品至味

（12）谢茶——自斟乐无穷

3. 解说词

“上有天堂，下有苏杭”，西湖龙井是素有人间天堂之称的杭州市的名贵特产，清代嗜茶皇帝乾隆品饮了龙井茶之后，曾写诗赞美说：“龙井新茶龙井泉，一家风味称烹煎。寸芽生自烂石上，时节焙成谷雨前。何必凤团夸御茗，聊因雀舌润心莲。”今天就请各位过把瘾，品一品润如莲心的龙井茶，并欣赏龙井茶茶艺。

第一道：焚香除妄念

俗话说：“泡茶可修身养性，品茶如品味人生。”古今品茶都讲究首先要平心静气。“焚香除妄念”即通过点燃这炷香来营造一个祥和肃穆的气氛，并达到驱除妄念、心平气和的目的。

第二道：冰心去凡尘

茶是至清至洁、天涵地育的灵物。泡茶要求所用的器皿也必需至清至洁。这道程序是当着各位嘉宾的面，把本来就是干净的玻璃杯再烫洗一遍，以示对嘉宾的尊敬。

第三道：玉壶养太和

今天我们冲泡的狮峰龙井茶芽极细嫩，若直接用开水冲泡，会烫熟了茶芽造成熟汤失味，所以我们把开水先注入瓷壶中养一会儿，待水温降到 80℃左右时再用来冲茶。用这样不温不火、恰到好处的水泡出的茶才色香味俱美。

第四道：清宫迎佳人

苏东坡有诗云：“戏作小诗君勿笑，从来佳茗似佳人。”他把优质茶比喻成让人一见倾心的绝代佳人。“清宫迎佳人”即用茶匙把茶叶投入到冰清玉洁的玻璃杯中。

第五道：甘露润莲心

向杯中注入约 1/3 容量的热水，起到润茶的作用。

第六道：凤凰三点头

冲泡龙井也讲究高冲水。在冲水时使水壶有节奏地三起三落而水流不间断，这种冲水的技法称为“凤凰三点头”。

第七道：碧玉沉清江

冲水后龙井茶吸收了水分，逐渐舒展开来并慢慢沉入杯底。我们称之为“碧玉沉清江”。

第八道：观音捧玉瓶

佛教故事中传说大慈大悲的观音菩萨常捧着一个白玉瓶，净瓶中的甘露可消灾祛病，救苦救难。这道程序是向客人奉茶，意在祝福好人一生平安。

第九道：春波展旗枪

杯中的热水如春波荡漾，在热水的浸泡下，龙井茶的茶芽慢慢地舒展开来，尖尖的茶芽如枪，展开的叶片如旗。一芽一叶的称为“旗枪”，一芽两叶的称为“雀舌”，展开的茶芽簇立在杯底，在清碧澄静的水中或上下浮沉，或左右晃动，栩栩如生，宛如春兰初绽，又似有生命的绿色精灵在舞蹈，所以有的茶人称这个特色程序为“杯中看茶舞”，十分生动有趣。

第十道：慧心悟茶香

龙井茶有四绝：色绿、形美、香郁、味醇。所以我们品饮龙井要一看、二闻、三品味。刚才我们看了杯中茶舞之后，现在来闻一闻茶香。龙井茶的香郁如兰而胜于兰，闻茶香时，乾隆皇帝形容说是"古梅对我吹幽芬"。来，让我们细细地再闻一闻，看看能不能找到这种茶袭人的感觉。

第十一道：淡中品至味

品饮龙井也极有讲究，清代茶人陆次之说："龙井茶，真者甘香而不冽，啜之淡然，似乎无味，饮过之后，觉有一种太和之气，弥沦于齿颊之间，此无味之味，乃至味也。"请各位慢慢啜，细细品，让龙井茶的太和之气沁入我们的肺腑，使我们益寿延年。让龙井茶的"无味"启迪我们的灵性，使我们对生活有更深刻的感悟。

第十二道：自斟乐无穷

品茶之乐，乐在闲适，乐在怡然自得。在品了头道茶之后，我们茶艺表演就告一段落了，接下来请各位自斟自酌，通过亲自动手，从茶事活动中去感受修身养性，品味人生的无穷乐趣。

第四节 红茶的冲泡技艺

红茶

红茶是世界上消费量最大的一种茶类，最早创制于福建省崇安（今武夷山市）。清代光绪元年（公元 1875 年），安徽人余干臣从福建罢官回原籍经商，把红茶的加工工艺带到了安徽至德（今东至县），在尧渡街设立茶庄，依照"闽红"试制红茶并取得了成功，1876 年在祁门扩大生产，随后江西、湖南、台湾等地也都大力发展红茶的生产。到 19 世纪 80 年代，我国的红茶成为对外出口的重要产品，在国际市场上曾占统治地位。后来红茶的制法传到了印度和斯里兰卡等国，我国红茶在国际市场上的垄断地位逐步被印度和斯里兰卡所打破。

一、红茶的冲泡要领

红茶的特性是茶性温和，滋味醇厚，具有极好的兼容性，酸如柠檬，甜如蜜糖，烈如白酒，润如奶酪，辛如肉桂，清如菊花，它都能与之相互融合，相得益彰，调制出美味饮品。所以红茶的要领不仅注重清饮，更注重于调饮。

1．清饮法

在红茶中不加任何其他物品，保持红茶的真香和本味的饮法称为清饮法。按茶汤的加工方法可分为冲泡法和煮饮法。其中以冲泡法为好，既方便又卫生。冲泡时可用杯，亦可用壶，投茶量因人而异。红茶宜用下投法，即先投茶后冲入沸水，冲泡 3 分钟左右即可饮用。清饮时，静品默赏红茶的真香和本味，味浓香永，最容易体会到黄庭坚品茶时感受到的“恰似灯下故人，万里归来对影，口不能言，心下快活自省”这一绝妙境界。

2．调饮法

在红茶中加入辅料，以佐汤味的饮法称之为调饮法。调饮红茶可用的辅料极为丰富，调出的饮品多姿多彩，风味各异，深受现代各层次消费者的青睐。

二、红茶的冲泡技艺

1．祝福茶茶艺

果味红茶的冲泡辅料有小金橘、橄榄、松子、核桃仁、红枣、龙眼、荔枝、杏仁等。下面以小金橘和桂花为例，介绍民间的祝福茶茶艺。

祝福茶茶艺源于福建省浦城县的民间习俗，在正月头，每逢有贵客上门，浦城县的群众都会以桂花、金橘泡茶待客，后人根据这一民俗加工整理后，创编了祝福茶茶艺。

1）用品：水晶碗一只，脱胎漆器托盘一个，白瓷茶壶一把，大银勺一把，小银勺 4 把，三才杯 4 只，正山小种红茶 6 克（其他优质红茶亦可），糖、桂花、小金橘少许。

2）基本程序：

预泡红茶——玉壶春潮连海平

投入配料——丹桂金橘报福音

冲茶搅拌——红雨随心翻作浪

分茶敬茶——一点一滴总关情

3）解说词：

我国有民谣曰：“桂花开放幸福来。”桂花代表着幸福，金橘的橘和吉谐音，所以金橘代表着吉祥如意。

第一道，玉壶弄潮连海平：将红茶按照规定程序冲泡好。

第二道，丹桂金橘报福音：把糖、桂花和小金橘等配料投放到水晶玻璃碗中，称之为“丹桂金橘报福音”。

第三道，红雨随心翻作浪：当我们把预泡好的红茶汤冲入水晶玻璃碗时，清亮艳红的茶水和丹桂、金橘一齐在水晶碗中翻腾，这道程序称之为“红雨随心翻作浪”。

第四道，一点一滴总关情：把调制好的茶汤用大银勺分别舀到三才杯中并敬奉给客人，称之为“一点一滴总关情”。

最后是祝福茶祝福语。客人接过茶杯后，应请客人在品茶之前先数一数杯中的小金橘有几粒。小金橘只有黄豆粒那么大，在水晶碗里浮动在茶汤中，舀的时候每一杯中的小金橘可能不一样多，所以笔编了一套说法：舀到一粒，代表一定高升或一生平安；二粒为双喜临门；三粒为三星高照；四粒为四季发财或事事如意；五粒为五福齐享；六粒为六六大顺；七粒为七耀当头，即金、木、水、火、土五颗星再加上日、月，前程一片光明；八粒为逢八大发；九粒为鸿运长久；十粒为十全十美。万一有的客人杯中一粒小金橘都没有，茶艺小姐也有个说法，说是让他留点遗憾，希望他下次再来。或是说一粒都没有即是“无”，代表无限美好。总之，无论客人杯中有没有舀到小金橘，也无论舀到几粒小金橘，都会得到一句祝福吉言，这正是我国传统民风民俗在茶艺中的表现。

喝了这样的甜茶，希望客人留下甜蜜的回忆，带走主人的衷心祝福，所以称之为“祝福茶”。另外，桂花养颜顺气，小金橘生津止咳化痰，所以“祝福茶”还是极佳的美容茶。

2．其他几种常用红茶的冲泡方法

（1）饴糖红茶

1）配料：饴糖、红茶。

2）制法：取饴糖 15～25 克、红茶 1～1.5 克，放入杯中，用沸水冲泡，即可饮用。

3）特点：为民间流传的健身药茶，有滋补强壮、健胃润肺之功能。每日一剂，日服二三次。

（2）红糖蜜茶

1）配料：红茶、蜂蜜、红糖。

2）制法：将红茶 10 克和红糖适量放入杯中，用沸水冲泡，加盖焖 10 分钟，加蜂蜜适量，调匀，即可饮用。

3）特点：有益气健脾、和胃止痛之功能，可治疗胃、十二指肠球部溃疡引起的胃脘隐痛。

（3）黄酒茶

1）配料：白酒、绿茶。

2）制法：取绿茶 100 克，用适量水煎煮 20 分钟，去掉茶渣，加入白酒 25 毫升，搅匀，即可饮用。

3）特点：有清热解毒、凉血止痢之功能，可治疗细菌性痢疾。日服 2 次，每次 5 毫升。

（4）甘草姜茶

1）配料：炙甘草、干姜、红茶。

2）制法：取炙甘草 3 克、干姜 4 克、红茶 2 克，放于杯中，用沸水冲泡，加盖焖 5 分钟，即可饮用。

炙甘草的制法为，取甘草片，加入少量用凉开水稀释过的炼蜜抖匀，稍焖，再用文火炒至表面呈老黄色、不粘手时，取出放凉，即成。炙甘草，有较强的温胃、补中益气的功能。

3）特点：可治疗慢性胃炎、慢性结肠炎、消化不良、胃寒呕吐、慢性支气管炎、高血脂等。宜饭后饮，每日三次。

（5）桃仁葱姜茶

1）配料：核桃仁、葱白、生姜、红茶。

2）制法：将核桃仁 5 克、葱白 25 克、生姜 25 克共同捣烂，置于砂钵中，加入红茶 15 克，水煮约 5 分钟，即成。

3）特点：有通阳发表之功能，可治疗风寒感冒。宜温饮。每日一剂。

（6）桂花茶

1）配料：桂花、红茶。

2）制法：取干桂花 2～5 克，加红茶 1 克，用水煎煮，即可饮用。

3）特点：有散瘀止痛、凉血止痢之功能，可治疗牙痛、经闭腹痛、咳嗽痰多、痢疾、口臭。宜温饮。每日一剂。

（7）玫瑰月季花茶

1）配料：玫瑰花、月季花、红茶。

2）制法：将玫瑰花 9 克、月季花 9 克、红茶 3 克研成细末，拌匀，放入杯中，用沸水冲泡，合盖焖 10 分钟，即可饮用。

3）特点：在妇女行经前数日开始饮服，连饮几天可治疗痛经。宜温饮。

（8）月季花茶

1）配料：月季花、红糖、红茶。

2）制法：取月季花 5 克、红糖 25 克、红茶 1 克，用水煎煮，沸后 5 分钟，即可饮用。

3）特点：可治疗跌打损伤、血瘀肿痛、月经不调、痛经。宜饭后饮，每日一剂，日服三次。

（9）菖蒲红茶

1）配料：石菖蒲、生姜、红茶。

2）制法：先将石菖蒲 5～10 克炒热，加生姜 6 片，拌匀炒干，再加入红茶 0.5～1 克，放入杯中，用沸水冲泡，或用水煎煮，即可饮用。

3）特点：石菖蒲，有开窍宁神、化湿和胃之功能。干姜，有温中回阳、温肺化饮之功能。菖蒲红茶，为健身药茶，可健胃和中、化湿辟虫。每日一剂。

（10）黄豆红茶

1）配料：黄豆、红茶、食盐。

2）制法：取黄豆 25～30 克，用水煮熟，以其热汁冲泡红茶 1～3 克、食盐 0.5 克，即可饮用。

3）特点：为健身药茶，可健脾除湿、强壮补血。每日一剂。

（11）糯米红茶

1）配料：糯米、红茶。

2）制法：先将糯米 50～100 克，煮成稀粥，再加红茶 2 克，即可饮用。

3）特点：为健身药茶，可健脾固胃。每日一剂。宜温服。

（12）荔枝红茶

1）配料：荔枝肉、红茶。

2）制法：取荔枝干肉 25 克（或鲜品 50 克）、红茶 1～1.5 克，放入杯中，用沸水冲泡，或用水煎煮，即可饮用。

3）特点：为健身药茶，可健胃、助消化、止渴生津，还有美容驻颜之效。每日一剂。

（13）大枣红茶

1）配料：大枣、生姜、红茶、蜂蜜。

2）制法：取大枣 25～30 克、生姜 10 克（切片，炒干），加上蜂蜜适量、红茶 0.5～1.5 克，放入杯中，用沸水冲泡，即可饮用。

3）特点：为健身药茶，有健脾补血、和胃、助消化之功效。每日一剂。

（14）枸杞红茶

1）配料：枸杞子、红茶。

2）制法：先把枸杞子 5～10 克用盐炒热，去盐，再用水煎煮，沸后加红茶 0.5～1.5 克，即可饮用。

3）特点：常服枸杞红茶，可益肝明目，润肺补肾，养血。感冒发热者忌服。干咳者，去红茶，用绿茶，麦冬 5～10 克。肺心病、口干渴者，可加北五味子 0.5 克。

三、英式红茶

1. 介绍

英国人的日常生活中少不了红茶。没有它，生活变得索然无味。饮茶已经成为当地人的生活习惯，红茶在英国人的生活中扮演着极为重要的角色。

现在许多年轻人已经开始喜爱咖啡，但饮红茶的人依旧占大多数。

大部分的英国人平均一天要喝七八次红茶。早晨起床，先喝杯早茶，然后，早餐搭配红茶，之后在上午 11 点左右再来一杯午前茶。这种午前茶称之为 eleven's。在牛津字典里的解释为："早上 11 点左右的便餐。"虽然说的是便餐，但还是以红茶为主。英国人的工作时间比亚洲平均快一小时。也就是说，他们 11 点休息时间相当于亚洲的上午 10 点钟。而午餐大约在下午 1 点开始。

当然，在正式晚餐中还是少不了茶。虽然一整天下来，会在晚上浅酌些小酒，但是大多数的人还是钟爱奶茶。因此，英国人一天总会喝上七八次的红茶。

在英国，所谓的红茶，一般都是指奶茶。即使是清晨或早餐饮用的种类，几乎都是奶茶。

红茶的原产地在中国，它的优雅印象以及各种饮用方式，在英国能经常看到。英国人在当初开始饮用红茶之际，应该也会感觉到，红茶这种饮料所带来的异国情调及神秘感吧！所以，红茶始终保持着一股秘不可测的精神。18 世纪英国贵族之间所饮用的红茶，除了那股神秘感之外，更有一种莫名的贵族气质掺杂其中。

如果将茶以图画来比喻之，那么东洋茶则是名副其实的水墨画；而英国红茶，若不是色彩艳丽的油画，那么就是生动活泼的水彩画了。

2．用具

瓷器	茶杯与托盘	茶壶
滤杓	广口奶精瓶	砂糖壶
茶铃	茶巾	保温棉罩
茶叶罐	茶叶滤球	热水壶
托盘		

3．冲泡方法

冲泡红茶的水温为 90 度左右。浸泡时间根据茶叶等级、形态、大小有所不同。OP（整片形态）约 5 分钟，BOP（碎片形态）约 3 分钟，BOPF（细碎形态）约 2 分钟。另外，一杯茶的茶叶使用量，一般是整片形态 5 克，碎片形态 3 克，细碎形态 2 克。

第一道：往将要盛放牛奶的杯中注入开水，把杯子烫热。倒掉开水，将温度与室温相同的牛奶倒入牛奶杯里，利用杯子余热温热牛奶，如此就不会出现牛奶煮沸时所结的一层薄膜。

第二道：茶壶和茶杯中也注入开水，把茶具温热，至少在放入红茶茶叶时，可以防止温度下降。

第三道：加上附加调料（蜂蜜、柠檬等）。

第四道：加上装饰物，可饮用。

四、功夫红茶冲泡技法

功夫红茶是在小种红茶的基础上发展起来的优质红茶，全国有 12 个省（区）均有批量生产，著名的有祁门功夫茶、滇红功夫茶、宁红功夫茶、宜红功夫茶、川红功夫茶、闽红功夫茶、湖红功夫茶、越红功夫茶。

功夫红茶

1．功夫红茶的种类

（1）祁门功夫

祁门功夫红茶属小叶种红茶，由安徽人氏余干臣始创于清光绪二年（公元 1876 年），主产于安徽省祁门县，与其毗邻的石台、东至、黟县及贵池等县也有少量生产。祁门功夫红茶习惯上简称为“祁红”。祁红条索紧秀，锋苗好，色泽乌润泛灰光，俗称“宝光”，内质香气浓郁高长，似蜜糖香，又蕴藏有兰花香，汤色红艳，滋味醇厚，回味隽永，叶底嫩软红亮。国外行家把“祁红”与印度大吉岭红茶、斯里兰卡乌伐的季节茶，并列为世界三大高香茶。“祁红”分为1～7级，高档茶以一芽二叶的茶青为原料，一般的茶以一芽三叶及相应嫩度的对夹为原料。“祁红”曾于1938年在巴拿马万国商品博览会上荣获金质奖，于1978年在比利时布鲁塞尔举办的第26届世界优质食品评选上再次获国际金奖，于1985年获国家优质品金奖，于1986年被评为中国名茶。

（2）滇红功夫

滇红功夫属大叶种红茶，始创于1938年，习惯上简称“滇红”。滇红主产于滇西的临沧、保山、德宏、大理，以及滇南的西双版纳和景洪等地。滇红外形条索紧结，肥硕雄壮，干茶色泽乌润，金毫特显，内质汤色艳亮，香气鲜郁高长，滋味浓厚鲜爽，富有刺激性，叶底红匀嫩亮。据说英国女王曾将滇红置于玻璃器皿之中，作为观赏之物。云南凤庆茶厂的“一级滇红”在1985年被评为国家优质产品，1986年被评为全国名茶。1989年昌宁县的“滇红功夫一级茶”被评为全国名茶。

（3）宁红功夫

宁红功夫主产于江西省修水县，武宁、铜鼓次之，始创于清代道光末年（公元1815年），到光绪年间出口量曾高达30万箱（每箱25千克），主要销往欧洲。“宁红”中的名品“太子茶”于1919年在上海出口价每磅卖到24块银元。“宁红”外形条索紧结圆直，锋苗挺秀，色乌略红，内质香高持久似祁红，滋味醇厚甜和，汤色红亮，叶底红匀。高级宁红，金毫显露，条形紧细秀硕，叶底红嫩。1985年修水茶厂的“宁红金毫”获国家优质产品银质奖。

（4）川红功夫

川红功夫简称“川红”，始创于20世纪50年代，主产于四川省宜宾，筠连、高县、珙县次之。“川红”外形条索肥壮圆紧，显金毫，色泽乌黑油润，内质香气清鲜带橘糖香，滋味醇厚鲜爽，汤色浓亮，叶底厚软红匀，是我国功夫茶中的后起之秀。其中的珍品“早白尖”在国际上享有很高声誉，1985年在葡萄牙里斯本举办的第24届世界优质食品评选大会上，四川“峨眉”牌早白尖功夫红茶获金奖，1986年在日内瓦举办的第25届世界优质食品评选大会上，该品牌的“川红”再次获得金奖。

2．祁门功夫红茶冲泡技艺

（1）用具

祁门功夫红茶的冲泡用具包括：瓷质茶壶，茶杯（以青花瓷、白瓷茶具为好），赏茶盘或茶荷，茶巾，茶匙，奉茶盘，热水壶及风炉（电炉或酒精炉皆可）。

茶具在表演台上摆放好后，即可进行祁门功夫红茶的表演。

（2）基本程序

“宝光”初现

清泉初沸

温热壶盏

“王子”入宫

悬壶高冲

分杯敬客

喜闻幽香

观赏汤色

品味鲜爽

再赏余韵

三品得趣

收杯谢客

（3）解说词

1）“宝光”初现：祁门功夫红茶条索紧秀，锋苗好，色泽并非人们常说的红色，而是乌黑润泽。国际通用红茶的名称为 Black Tea，即因干红茶具有的乌黑色泽而来。欣赏其色被称为“宝光”初现。

2）清泉初沸：热水壶中用来冲泡的泉水经加热至微沸，壶中上浮的水泡仿佛是“蟹眼”已生。

3）温热壶盏：用初沸之水，注入瓷壶及杯中，为壶、杯升温。

4）“王子”入宫：用茶匙将茶荷或赏茶盘中的红茶轻轻拨入壶中。祁门功夫红茶因被誉为“王子茶”，故曰“王子”入宫。

5）悬壶高冲：这是冲泡红茶的关键。冲泡红茶的水温要在 100℃，刚才初沸的水，此时已是“蟹眼已过鱼眼生”，正好用于冲泡。高冲可以让茶叶在水的激荡下充分浸润，以利于色、香、味的充分发挥。

6）分杯敬客：用循环斟茶法将壶中之茶均匀地注入每一杯中，使所有杯中之茶的色、味一致。

7）喜闻幽香：一杯茶到手，先要闻香。祁门功夫红茶茶香浓郁高长，有“茶中英豪”“群芳最”之誉，香气甜润中蕴藏着一股兰花之香。

8）观赏汤色：红茶的红色，表现在冲泡好的茶汤中。祁门功夫红茶的汤色红艳，杯沿有一道明显的“金圈”。茶汤的明亮度和颜色，表明红茶的发酵程度和茶汤的鲜爽度。

9）品味鲜爽：闻香观色后即可缓啜品饮。祁门功夫红茶以鲜爽、浓醇为主，与红碎茶刺激性口感有所不同。其滋味醇厚，回味绵长。

10）再赏余韵：一泡之后，可再冲泡第二泡茶。

11）三品得趣：红茶通常可冲泡 3 次，3 次的口感各不相同，细饮慢品，徐徐体味茶之真味，方得茶真趣。

12）收杯谢客：感谢来宾的光临，愿所有的爱茶人都像这红茶一样，相互交融，相得益彰。

第五节 花茶的冲泡技艺

一、花茶

花茶是用茶叶和香花进行拼和窨制，使茶叶吸收花香而制成的香茶，又称为窨花茶、熏花茶或香片。生产花茶的茶坯主要是绿茶中的烘青，也有少量的炒青或其他茶类。用于窨茶的香花主要是茉莉花、白兰花、柚子花、桂花、玫瑰花、米兰花、珠兰花等，其中产量最多的是茉莉花茶。

花茶

1. 花茶的生产工艺

有关花茶生产的最早文字记载，始见于宋代，明代有所发展，到了清代开始大量生产商品花茶。清咸丰年间（公元 1851—1861 年），福州已成为花茶的生产中心，1939 年起，苏州也发展成为我国花茶生产的另一中心。

花茶窨制的基本原理是利用茶叶对气味的吸收特性和鲜花开放时的吐香特性，将茶坯和香花拌和，在静止状态下茶坯缓慢吸收花香，然后剔除花朵，将茶叶烘干即成了融花香与茶韵为一体的花茶。

花茶的窨制工艺有茶坯处理、鲜花维护、拌和窨花、通花散热、收堆续窨、出花分离、湿坯复火、转窨或提花等工序。

（1）茶坯处理

这是指用复火干燥的办法使窨花的茶坯的水分降到 4%左右，以使茶叶达到最佳的吸香性。

（2）鲜花维护

各类鲜花在采收、运输、收购过程中，要严防挤压受损和发热。进厂后要选择阴凉干净的地方及时薄摊散热，去除表面水分。有的还要保湿（如白兰花），有的要折枝（如珠兰花），有的要过筛分去枝叶、花柄、杂质（如桂花），有的要筛花、凉花（如茉莉花），这道程序是为了使鲜花能保持良好的状态，以利于窨制时吐香。

（3）拌和窨花

按所生产花茶的级别，对茶、花的重量进行配比。配比后要求迅速而轻快地将茶叶与香花混合均匀，并做堆窨。

（4）通花散热

窨制时由于鲜花的呼吸作用，窨堆的温度会上升并产生发酵味，所以需散堆薄摊，翻动散热，防止鲜花闷死。通过通花散热，使花朵得到新鲜空气，有利于鲜花恢复生机，继续吐香，并可调整茶叶与鲜花的接触面，使茶坯均匀吸香。

（5）收堆续窨

通花散热后，当温度降到一定程度即应根据不同香花的特性和气温的高低，再将茶叶与花聚拢收堆继续窨制。

（6）出花（又称起花）分离

窨到一定的时间后将茶叶与香花分离。筛出的茶叶因吸收了鲜花的水分称为湿坯，应及时摊凉，复火干燥，防止湿闷产生不良气味。筛出的花渣要及时摊凉，以便用于压窨或复火干燥。

（7）湿坯复火

对出花后的湿坯进行烘干称为复火，目的是降低水分，保持良好香气，防止茶叶变质，为转窨或提花创造吸香条件。

（8）转窨或提花

高档花茶为了增加花香浓度，需窨多次，每次窨制工艺基本相同，把窨制后复过火的茶坯再拿去窨花称为转窨或再窨。把窨好的茶坯，再加少量优质鲜花复窨一次，出花后不再复火，经摊凉后即可匀堆装箱，称提花。提花的目的是为了提高成品茶香气的鲜灵度。

只窨一次的花茶称一窨花茶或单窨花茶，复窨一次的称为双窨花茶，依次类推，特种茉莉花茶有的可达到六窨一提或七窨一提。

2. 花茶的命名

普通花茶一般以所用的香花来命名，如茉莉花茶、白兰花茶、珠兰花茶、桂花茶、玫瑰花茶、米兰花茶、栀子花茶等。也有把花名和茶名联在一起称呼的，如茉莉烘青、茉莉毛峰、茉莉银针、茉莉大方、桂花铁观音、桂花红茶、玫瑰红茶等。

3. 花茶的冲泡要领

花茶融茶之韵与花之香为一体，所以冲泡花茶的基本要领是使茶尽展神韵，使花的香不散失。要做到这一点，首先要先鉴赏花茶茶坯的品种及质地。用乌龙茶为茶坯窨制的花茶，宜采用乌龙茶的泡法。用红茶为茶坯窨制的花茶，主要是玫瑰红茶，玫瑰的花香甜蜜而浓郁，它与红茶的蜜糖香味或桂圆香味相配伍，两种香相互交融、相得益彰，闻之使人精神愉悦，饮之令人齿颊留芳，品饮玫瑰红茶实在是一种艺术享受，宜用精巧的三才杯（盖碗）来冲泡。一般的花茶多以烘青绿茶为茶坯，在冲泡时应根据茶坯的细嫩程度及条型来选择杯具及冲泡方法。高档茶坯宜用玻璃杯，用 80～90℃的开水冲泡。中档的茶坯可选用瓷杯，用 100℃的开水冲泡。低档茶或茶末（北方叫高末）一般宜选用瓷壶，用 100℃开水冲泡后，再斟到茶杯里饮用。

二、花茶的冲泡技艺

1. 茉莉花茶茶艺

（1）用具

三才杯若干只

白瓷茶壶一把
木制托盘一个
开水壶 2 把（或随手泡一套）
青花茶荷一个
茶道具一套
茶巾一条
花茶每人 2～3 克

（2）基本程序

烫杯—— 春江水暖鸭先知
赏茶—— 香花绿叶相扶持
投茶—— 落英缤纷玉杯里
冲水—— 春潮带雨晚来急
闷茶—— 三才化育甘露美
敬茶—— 一盏香茗奉知己
闻香—— 杯里清香浮清趣
品茶—— 舌端甘苦入心底
回味—— 茶味人生细品悟
谢茶—— 饮罢两腋清风起

（3）解说词

花茶是诗一般的茶，她融茶之韵与花之香于一体，通过“引花香，增茶味”，使花香茶味珠联璧合，相得益彰。从花茶中，我们可以品出春天的气息。

花茶是诗一般的茶，所以在冲泡和品饮花茶时也要求有诗一样美的程序。今天为大家表演的花茶茶艺共有十道程序。

第一道程序“烫杯”

我们称之为“春江水暖鸭先知”。“竹外桃花三两枝，春江水暖鸭先知”是苏东坡的一句名诗。苏东坡不仅是一个多才多艺的大文豪，还是一个至情至性的茶人。借助苏东坡的这句诗描述烫杯，请各位嘉宾充分发挥自己的想象力，看一看在茶盘中经过开水烫洗之后，冒着热气的、洁白如玉的茶杯，像不像一只只在春江中游泳的小鸭子？

第二道程序“赏茶”

我们称之为“香花绿叶相扶持”。赏茶也称为“目品”。“目品”是花茶三品（目品、鼻品、口品）中的头一品，目的是观察鉴赏花茶茶坯的质量，主要观察茶坯的品种、工艺、细嫩程度及保管质量。今天请大家品的是特级茉莉花茶，这种花茶的茶坯多为优质绿茶，茶坯色绿质嫩，在茶中还混合有少量的茉莉花干，花干的色泽白净明亮，这称为“锦上添花”。在用肉眼观察了茶坯之后，还要闻花茶的香气。通过上述鉴赏，我们一定会感到好的花茶确实是“香花绿叶相扶持”，极富诗意，令人心醉。

第三道程序“投茶”

我们称之为“落英缤纷玉杯里”。“落英缤纷”是晋代文学家陶渊明先生在《桃花源记》一文中描述的美景。当我们用茶匙把花茶从茶荷中拨进洁白如玉的茶杯时，花干和茶叶飘然而下，恰似“落英缤纷”。

第四道程序“冲水”

我们称之为“春潮带雨晚来急”。冲泡花茶也讲究“高冲水”。冲泡特级茉莉花茶时，要用 90℃左右的开水。热水从壶中直泻而下，注入杯中，杯中的花茶随水浪上下翻滚，恰似“春潮带雨晚来急”。

第五道程序“闷茶”

我们称之为“三才化育甘露美”。冲泡花茶一般要用三才杯，茶杯的盖代表“天”，杯托代表“地”，中间的杯代表“人”。茶人们认为茶是“天涵之，地载之，人育之”的灵物。闷茶的过程象征着“天、地、人”三才合一，共同化育出茶的精华。

第六道程序“敬茶”

我们称之为“一盏香茗奉知己”。敬茶时应双手捧杯，举杯齐眉，注目嘉宾并行点头礼，然后从右到左，依次一杯一杯地将沏好的茶敬奉给客人，最后一杯留给自己。

第七道程序“闻香”

我们称之为“杯里清香浮清趣”。闻香也称为“鼻品”，这是三品花茶的第二品，品花茶讲究“未尝甘露味，先闻圣妙香”。闻香时三才杯的“天、地、人”不可分离，应用左手端起杯托，右手轻轻地将杯盖掀开一条缝，从缝隙中去闻香。闻香时主要看 3 项指标：一闻香气的鲜灵度，二闻香气的浓郁度，三闻香气的纯度。细心地闻优质花茶的茶香，是一种精神享受。你一定会感悟到在“天、地、人”之间，有一股新鲜、浓郁、纯正、清和的花香伴随着清悠高雅的茶香，氤氲上升，沁人心脾，使人陶醉。

第八道程序“品茶”

我们称之为“舌端甘苦入心底”。品茶是指三品花茶的最后一品——口品。在品茶时依然是三才杯的“天、地、人”不分离，依然是用左手托杯，右手将杯盖的前沿下压，后沿翘起，然后从开缝中品。品茶时应小口喝入茶汤，使茶汤在口腔中稍事停留，这时轻轻用口吸气，使茶汤在舌面流动，以使茶汤充分与味蕾接触，有利于更精细地品悟出茶韵。然后闭紧嘴巴，用鼻腔呼气，使茶香直贯脑门，只有这样才能充分领略花茶所独有的“味轻醍醐，香薄兰芷”的花香与茶韵。

第九道程序“回味”

我们称之为“茶味人生细品悟”。茶人们认为一杯茶中有人生百味，有的人“啜苦可励志”，有的人“咽甘思报国”。无论茶是苦涩、甘鲜，还是平和、醇厚，从一杯茶中茶人们都会有颇多的感悟和联想，所以品茶重在回味。

第十道程序“谢茶”

我们称之为“饮罢两腋清风起”。唐代诗人卢仝在他传颂千古的《走笔谢孟柬议寄新茶》一诗中写出了品茶的绝妙感受。他写道：“一碗喉吻润，二碗破孤闷。三碗搜枯肠，惟有文字五千卷。四碗发轻汗，平生不平事，尽向毛孔散。五碗肌骨轻，六碗通仙灵，七碗吃不得也，唯觉两腋习习清风生。”茶是祛襟涤滞，致清导和，使人神清气爽、延年益寿的灵物，让我们共同干了这头道茶后，再请各位嘉宾慢慢自斟自品，去寻找卢仝七碗茶后“两腋习习清风生”的绝妙感受。好，请让我以茶代酒，祝大家多福多寿，长健长乐。

2．北京盖碗茶（以花茶为主要用茶）**茶艺**

北京人爱喝花茶，他们称之为“香片”，以下这套花茶茶艺是由北京著名的茶文化专家滕军博士与陆尧、张荷共同创编的，这套茶艺文质并生，故推荐给读者。

（1）恭迎宾客

各位来宾，大家好！

东方奉茶礼北京盖碗茶表演现在开始。

中国是文明古国，是礼仪之邦，又是茶的原产地和茶文化发祥地。茶陪伴中华民族走过了5000年的历程。“一杯春露暂留客，两腋清风几欲仙。”客来敬茶是中华民族的优良传统。今天，我们用北京盖碗茶为大家敬上一式东方奉茶礼。祝愿大家度过一段愉快的时光。

（2）呈展茶旗

（3）敬宣茶德

中国茶文化集哲学、伦理、历史、文学、艺术为一体，是东方艺术宝库中的奇葩。已故中国当代茶学泰斗庄晚芳教授将茶德归纳为4项：

廉——谦俭育德。茶可以益智明思，促使人们修身养性，冷静从事。所以，茶历来是清廉、勤政、俭约、奋进的象征。

美——美真康乐。饮茶给人们带来的味美、汤美、形美、具美、情美、境美，是物质与精神的极大享受。

和——和谐相处。同饮香茗，共话友谊，能使人类在和煦的阳光下共享亲情。

敬——敬爱为人。客来敬茶的清风美俗，造就了炎黄子孙尊老爱幼、热爱和平的民族性格。

（4）精选香茗

中国茶按发酵程度可分为不发酵茶、半发酵茶和全发酵茶。北方人喜爱的花茶属于绿茶的再加工茶，又称香片。窨制花茶常用茉莉花、兰花、桂花等。窨制茉莉花茶要在三伏天进行。因为三伏天的茉莉花香气最浓。好花茶要窨制多次，今天，我们准备了茉莉毛峰、茉莉珍螺、茉莉春毫、牡丹绣球四样香片，供嘉宾选用。

一会儿，将为大家冲泡的是由嘉宾×××刚选定的茉莉珍螺茶。

（5）理火烹泉

（6）鉴赏甘霖

好茶要用好水来泡，这是爱茶人的古训。现代生活中，用泉水、矿泉水、纯净水等泡茶效果较好。古都北京有不少名泉，如延庆的珍珠泉、卧佛寺的水源头、八大处的龙泉等。今天，为来宾汲取的是大觉寺的龙潭水。该水硬度只有3度，碳酸钙含量低。用这种软水泡茶，可使茶中的有效成分充分浸出，茶汤明亮透彻，滋味鲜活干爽。

（7）摆盏备具

自西周起，茶具就从食器中分离出来，成为我国器皿中的佼佼者。这也从侧面证明了中华民族自古以来对茶的崇敬。饮茶文化推动了中国陶瓷业的发展，精美的陶瓷茶具又升华了中国饮茶文化。陶瓷和茶成为代表美丽东方的一对孪生姐妹，享誉全球。

选用茶具要因茶而异。沏泡花茶用盖碗，加碗盖有利于保持香气和清洁。茶碗呈喇叭形状，碗底浅可使饮茶人及时尝到碗根处的浓酽茶汤。碗托可以护手，又可保温，还可以显示出古都茶文化的考究与尊严。盖、碗、托三位一体，象征天、地、人不可分离。

（8）流云拂月

有了好茶、好水和适宜的茶具，还要讲究冲泡技艺。温盏是泡茶的重要步骤，它可以给茶碗升温，有利于茶汁的迅速浸出。

（9）五行投茶

北京盖碗茶讲究香醇浓酽，每碗可放干茶3克。投茶时，可遵照五行学说按木、火、土、金、水五个方位一一投入，不违背茶的圣洁物性，以祈求茶带给人类更多的福祉。

（10）云龙泻瀑

泡茶的水温因茶而异。冲泡花茶要用沸水。先注水少许，温润茶芽，然后悬壶高冲，使茶叶在杯中上下翻腾，加速其溶解。

（11）初奉香茗

现在，为来宾奉上茉莉珍螺茶，请品尝。

千里不同风，百里不同俗。中国是一个多民族的大家庭，饮茶习俗众多又各有千秋。江浙一带，喜欢以绿茶待客；广东、福建、台湾则喜用乌龙茶、普洱茶待客。比较有民族特点的，还有内蒙古的奶茶、云南的三道茶、湖南的擂茶等。真是五彩纷呈，美不胜收。

（12）陶然沁芳

在饮用盖碗茶时，用左手托住盏托，右手拿起碗盖轻轻拂动茶汤表面，使茶汤上下均匀。待香气充分发挥后，开始闻香、观色，然后缓啜三口。三口方知味，三番才动心。之后，便可随意细品了。

（13）百味凝春

在品饮之间佐以茶食，能更好地体会茶的韵味。今天，我们准备了自制的茶点，雅号“凝春”，请来宾品尝。

（14）重酌酽香

茶要趁热连饮。当客人杯中尚余1/3左右的茶汤时，主人就应及时添注热水。

（15）泉入龙潭

（16）品评江山

对茶的品味因人而异。评茶方法有眼观、鼻嗅、口尝。花茶以形整、色翠、香气浓酽为好。

（17）即兴颂章

茶能清诗思，助诗兴。几千年来，古人留下几千首茶诗，今人的茶诗也日见增多。茶诗中比较有代表性的是唐代卢仝的《七碗茶歌》：“一碗喉吻润，两碗破孤闷。三碗搜枯肠，惟有文字五千卷。四碗发轻汗，平生不平事，尽向毛孔散。五碗肌骨轻，六碗通仙灵。七碗吃不得也，唯觉两腋习习清风生。”

（18）书画会赏

茶圣陆羽也有一著名的茶诗《六羡歌》，抄录于今天这幅《陆羽品茗图》上。此画出自陆羽故里湖北天门志清先生之手。也许是因为陆羽 24 岁离家后就再也没有回去过的缘故吧。天门人民心中的陆羽如同画中所绘—— 永远是年轻的。

（19）尽杯谢茶

（20）叶嘉酬宾

（21）洁具收盏

（22）茶仓归一

道家认为：万物的一生一来都遵循着“道”的循环规律。中国茶人自唐代开始提出了“茶道”的概念。古今茶人把温盏、投茶、沏泡、品饮、收杯、洁具、复归，看做是一次与大自然亲近融合的历程，是茶道精神的体现。

为了向来宾表示谢意，我们将今天品尝的茶叶赠送一些给来宾代表。

（23）再宣茶德

（24）致谢话别

感谢各位的光临！期待能再次以茶相会。祝中国茶文化事业蓬勃发展，再度辉煌。

第六节 调配茶的冲泡技艺

茶的调配技艺源于英国的奶茶冲泡技法，是近年来在各地盛行的一种饮茶新时尚。它与传统的中国饮茶的差异在于：它不像中国传统饮茶那样讲究茶的冲泡技艺，而是讲究茶与其他饮品的搭配混合，强调调配技艺在整个饮茶服务过程中的重要地位。

调配茶可分为热饮和冷饮两大类，有奶茶、柠檬红茶、冰红茶、泡沫红茶、水果茶等多种形式。

1. 奶茶的基本调配技艺

奶茶的调配技艺极为简单，冲泡时只需要注意依据宾客需要选择全脂或低脂牛奶即可，同时注意掌握好茶水与牛奶的比例。

（1）原料：袋装红茶、新鲜牛奶、方糖或袋糖。

（2）用具：敞口瓷制茶杯、茶碟。

（3）调制过程：先泡茶水——选择杯子——倒鲜奶——倒入茶水即成。

2．冰红茶的基本调配技艺

（1）原料：冲泡好的热红茶、糖浆或砂糖、冰块。

（2）用具：冰桶、玻璃茶壶、调酒匙。

（3）调制过程：

1）首先将适量的糖浆或砂糖加入玻璃茶壶中。

2）将冲泡好的热红茶倒入玻璃茶壶中。

3）使用调酒匙搅拌茶水直至糖完全溶解于茶水中。

4）将茶壶放于装有冰块的冰桶内，继续搅拌，使茶水均匀冷却。

3．泡沫红茶的基本调配技艺

泡沫红茶的调配技艺源于台湾的一种红茶调配技艺，其制作方法比较简单，但非常流行。类似品种有珍珠奶茶等。

（1）原料：基本冰红茶（一杯量）、糖、冰块。

（2）用具：调酒壶、玻璃茶杯（平底高杯）。

（3）调制过程：

1）在调酒壶中加入适量的冰块。

2）依据个人口味加入适量的糖。

3）将基本冰红茶倒入调酒壶中。

4）用力摇荡均匀，使之迅速混合冷却。

5）打开壶盖，将茶汤倒入玻璃茶杯中。

6）去除滤冰器，将泡沫和冰块一并倒入玻璃茶杯中。

另外，水果茶则是将各种具有较好色、香、味的水果或具有一定滋补、养颜作用的干果与红茶有机地结合于一体，从而冲泡出一壶色、香、味俱全的好茶来。水果茶的品种有很多，如苹果茶、水蜜桃茶、草莓茶、菠萝茶、莲子茶、芦荟茶、枣茶等。

第七节　日本茶道

一、日本茶道简介

茶道，是以饮茶为契机，高度艺术化的综合性的文化活动方式，是物质与精神的精美结合，是天、地、人三才合一，是艺术技艺与文化思想的兼融。茶道是通过身体语言，在特定的环境中，使用特殊的茶叶和饮用水完成煮水、备茶、洁器、煎茶、奉茶、品饮一系列过程，借此来营造一种宁静、高雅、恬淡、悠长、友好之文化氛围。

茶道的内容非常丰富，它几乎把东方文化的所有内容都囊括在一个小小的茶室里。在思想方面，它兼融道教、儒教等；在形式方面，它包括建筑、庭园、书画、雕刻、礼仪、插花、漆器、陶器、竹器、烹饪、缝纫等内容。茶道被称为是应用化了的哲学，艺术化了的生活。

日本茶道有以个特点：佛禅意境，过程严密，家元传承，文化内涵丰富。

1）日本茶道文化的形成，得益于赴中国的学问僧，在日本本土的立足也首先在寺院之内。因而佛禅思想在日本茶道中尤显突出。在茶室布置上、茶具制作上表现出质朴简约，他们用新伐原木盖茶室以突出对自然主义的接近，一改中国宫廷之奢侈豪华。西方传教士称日本茶道是一种宗教——在家佛教，茶道被视为佛教的表现形式。就茶道审美而言，日本茶道更为精细，并以禅宗的眼光去欣赏。现代日本茶道以“和敬清寂”为其统帅表征，也透出禅意佛法。

2）日本茶道过程极为严密。茶室要求极严，四张榻榻米，邀五位客人；六张榻榻米，邀八位客人；八张榻榻米，邀十位客人。

茶道过程极为严格，主客的对话、客人出入路线、茶器摆入、点茶动作、揩净茶炉的方向、旋转茶碗的方向和回数、茶具规格、茶食、茶点的搭配等都有极为严格的规定，马虎不得，否则就会有伤大雅。

日本茶道的精密严格还表现在茶事过程与茶道思想天衣无缝的结合。“和敬清寂”被视为日本茶道思想的中心理念，不仅表现为茶道所营造的气氛和文化特质，而且还表现为以此理念来规范茶道进程的一点一滴。不仅被运用于人与人之间的关系，也适用于“事物人境”。茶人们要以“和敬清寂”之心，对待“事物人境”。“事”指点茶、插花、扫除等百般事项。“物”指茶碗、茶刷、茶釜等诸器物。“人”指主人、客人等各种身份的人。“境”指内露地、外露地、茶室等各种环境。人们在添炭、点茶、喝茶时要保持主体与客体的一致，即茶人自己与茶、炭的一体性。如果其中有隔阂便称不上是达到真正的“和”。再有，主人与客人之间的配合，客人与客人之间的配合，茶具之间色彩、形状、位置摆放的搭配等，都必须达到大和之美。但“和”并不能没有节度，茶事上还要贯穿“敬”，要明确各种事物所分担的责任，相互承认，发挥其作用，做到上下有别，有礼有节。这似乎与我国的“君子和而不同”相近。例如，同形状、同色彩的茶道具不能同时使用，而应交叉使用，以此来互相提携。有了“和”“敬”还不够，还要“清”“寂”。茶事中一切都须清洁，一尘不染。

3）家元制度的建立是日本茶道自 14 世纪以来长盛不衰的重要原因之一。由于茶道文化十分复杂，点茶技法不易掌握，因而学习茶道非一二年的工夫所能完成，需要长年修行。一般茶人从少年到老年都在学习茶道，而点茶技法是由各流派的家元（即最高领袖）来传授。除了家元，他人不得做任何改动。有的技法家元只传给自己的儿子和亲近的人，有的技法只有家元才有资格进行表演。

家元代代相传。其下还有掌管外联、财务等的专门负责人。

虽然家元制造成的门户之见不可避免，但其间的技法较量、理论辩说无疑使日本茶道文化光彩照人。

4）日本茶道最显著的特点还在于其包罗万象的文化内涵。首先是佛教文化的浸染至深。茶禅一味，一期一会，都体现了佛教的无常思想。其次，茶室布设、茶具制作又形成了专门的学问。另外，进行茶道学习，还必须深造茶道美学。

由于日本明治维新前的文化主要受中国文化的影响，又由于茶道、佛教连同中国文化一同传至日本，将一同而来的文化兼融并蓄，并集中于茶道文化中，因而使茶道文化成为打开日本文化的钥匙，闪耀着中华文明的光辉，也洋溢着日本人智慧之花的芬芳。

二、日本茶点心和茶食

1．茶点心

茶道尊崇自然，追求与大自然的同化。当季节变换时，茶道艺术的内容也要随之变化。利休创造出与节令相吻合的茶道艺术形式，成为茶人的日常课题。其中的茶点心、茶食、茶花给茶人们提供了用武之地。日本茶道中使用的末茶，味道比较苦，所以在品茶之前要吃一点甜的东西，以便使客人更好地享受茶的美味。其中喝薄茶之前要吃一种薄茶点心，喝浓茶之前要吃一种浓茶点心。

茶点心与一般点心不同的是，它不仅要求营养价值高、味道好、外形美，而且要求色彩与形状朴素淡雅，入口易化，尺寸小，最大的茶点心也不过鸡蛋那么大。江户果子司铃木越后的后裔，第十代铃木宗康提出茶点心要使 5 种感官达到满足。第一是视觉。当点心端出后，点心的外形、色彩以及容器的艺术风格要给人以美感。人们从点心的外形上可以感觉季节的变换。第二是触觉。人们通过手拿、口嚼、舌头的触动，可以感觉到茶点心的柔软、易化，使人感到亲切和陶醉。第三是味觉。茶点心要求尊重原材料本身的味道，不主张加过多的配料，主要原材料为江米粉、米粉、小豆、砂糖、山芋等。要选用新鲜的原料，使客人们感受到每一种原料的香味。第四是嗅觉。随季节的变换，茶点心有时还用树叶之类做外皮。如樱花开放时，将樱树叶用于点心；端午节时将槲树叶用于点心等，都可以使人们嗅到一种大自然的清新气息。第五是听觉。人们在吃完茶点心之后，要向主人提问：“请问今日茶点名称？”“初雁。”人们听了主人的介绍，对已吃进肚里的点心产生一种美妙的回味。

茶点心的品种很多，有几百上千种。如果根据制作的方法进行分类的话，浓茶点心中主要有江米面豆包、米粉豆包、小豆羊羹、葛冻等。浓茶点心大都有豆馅。这种点心是当日做当日吃，不能久放。薄茶点心中主要有干糖粉点心、饴糖点心和煎饼（一种日式脆饼干）等。

将大自然的风物引进茶室，将饮食艺术化是茶道的一大特色。茶点心是和式点心的精华，它引导着和式点心的潮流。以上记述的都是经过几代人锤炼出的名作。反过来说，一种名点心的形状、色彩、尺寸是经历数代人而确定下来的。茶点都由手工制作。要做一名独立门户的点心师要经过10年以上的修行生活。

2．茶食

日本人把茶事中吃的饭叫“怀石”，可译作“茶食”。“怀石”是说禅僧深夜坐禅时，为抗住腹中的饥饿感，将小石头烧热，包上毛巾揣在怀里。茶道中的茶食是为不使浓茶刺激客人的胃粘膜，在喝茶之前端出的少量食物。茶食以“和敬清寂”为宗旨，以向客人提供最高质量的服务为目标。不论春夏秋冬，是热菜就要趁热端上，是凉菜就要冰凉之后送上去。任何一道菜都有其色香味的最佳时机，要不失时机地送到客人的面前。茶道不提倡用与时节不和的山珍海味，反对用昂贵稀有的材料。茶食尊崇自然，强调季节性。收匣子的时候就要用匣子，收山芋时就要用山芋。茶食还富有包容性。在设计菜谱时要注意既要有山货又要有海味，还要有原野的东西。制定菜谱时要以客人为本位，要考虑到客人的爱好、修养、对茶道的了解程度、年龄、出生地等，不能把自己喜爱的菜强加于客人。茶食的色彩比较素雅，反对浓重的装饰，崇尚简素余情。茶食用的餐具有陶器、瓷器、漆器、玻璃器皿等，形状的种类也很多，要根据茶食进展的情况精心选用，使茶食的进行不失节奏感。茶食在制作过程中尽量少用调料，以尊重材料本身的味道为本；也不提倡对材料的过分加工，能生食的材料就吃生的，不能生食的就稍煮一下或烤一下。主人为客人做茶食时要诚心诚意，集中精力，不作声响。茶食的主要内容为一汤三菜，即大酱汤、凉拌菜、炖菜、烤鱼。除此之外还有米饭、八寸（一种下酒菜）、咸菜、追加菜、劝酒菜等。

1）大酱汤。先将海带、鲤鱼屑放进锅里略煮一下，箅出汤汁，然后放入大酱。冬季用白色的酱，夏季用红色的酱，春季与秋季用红白两掺酱。为了保持汤碗内的艺术造型，茶食中的大酱汤不用零碎的材料，而是选用一整块的材料，如一块煮萝卜、一块南瓜，或是一个山芋等。配上一种菜，再滴上一些芥末，就大功告成了。酱汤的量要少，碗中的材料要略高出汤面。

2）凉拌菜的日文原是“向付”，意思是“放在对面的菜”，因它被放在食案中离客人远的一侧而得名。凉拌菜的主要内容是生鱼。将生鱼腌上一夜之后，根据它的新鲜程度，将鱼切成丝、片或块。用淡色酱油和柚汁、柠檬汁做点浇汁浇在上面，再放上一团辣根末就完成了。摆进容器时要放得自然，不造作。和中国菜的摆法相比，茶食是容器大、分量少。拿凉拌菜来说，菜只占容器可容量的1/5左右。

3）炖菜是茶食的主菜。炖菜的汤汁与内容是分别制作的，这可能是为了创造出炖菜的艺术造型。汤汁是用新鲜的材料熬制而成的，付以真心，反对过分装饰。炖菜还要求将盖碗先用温水泡一下，然后擦干，放进鱼肉等料，倒入热汤汁，再加上小片煮好的青叶菜，最后放上一小条橘子皮之类的东西，随即盖上碗盖，送给客人。当客人打开碗盖时，一股橘香随着热气飘进鼻孔，一幅由汤汁、鱼丸子、菜叶等组成的画面映入眼帘，再尝一尝那美味，真是一种美的享受。

4）烤鱼是一汤三菜中的第三个菜。要采用与季节相符的鱼。将鱼刺挑干净，切成小段。

夏季抹上盐烤，冬季蘸上酱油烤，使之呈酱红色，春秋取其中，即既用盐又用酱油。容器要用温水泡后擦干，数量为一位客人一块，摆置时要注意摆得让每一位客人好夹。按照日本的饮食习惯，将主人端上的菜吃光是客人的礼节，所以端上去的菜分量太多的话会让客人为难，反倒失礼。

5）米饭是日本人的主食，但茶食中的米饭要求做得十分雅致。在前一天要先将米中的小石子、不整的米粒、颗粒小的米粒仔细挑净。做米饭之前要将米泡上两小时，客人到齐后点火煮饭。这样可以为客人端上刚煮好的米饭，饭碗要先用温水泡，然后擦。第一次盛饭要盛成"一"字。"一"字要横放在客人的面前。

6）八寸是茶食中最富有艺术性的杰作。因容器是长八寸的正方形，由此得名。八寸用于茶事中表示主客交心的交杯酒仪式，所以制作特别讲究，量极少。每一位客人只吃一个小虾、一颗蚕豆。八寸的材料要求十分严格，禁止同形、同味、同色。要求二者的关系为：山珍与海味，植物与动物，直线与曲线，绿与红，煮的与烤的，一方摆得整齐，一方摆得随便。在摆放的位置上要求更严，要将八寸横竖分别划两条线，将两种菜分别放在右上交叉处和左下交叉处，但如果这样端端正正地放在两个交叉点上会使人感到死板，在此基础上稍错开一点，整个八寸的感觉便活起来了。这种微妙的距离感是日本美的基础与精华，是日本人艺术素养所特有的，来源于日本人尊重余白、余情的信念。

7）咸菜是茶食中的收尾菜。客人要用筷子夹住咸菜将自己用过的食具擦干净。一顿饭的最后吃一点咸菜，也是日本的饮食习惯。日本咸菜的种类很多，但每一次只允许拿上两种，其中一种必须是腌萝卜。因为这种咸菜很适合擦碗。

思考与练习

1. 什么叫茶艺?
2. 茶艺的内容是什么?
3. 冲泡绿茶的基本技法是什么?
4. 冲泡红茶的基本技法是什么?
5. 冲泡花茶的基本技法是什么?
6. 冲泡功夫茶的基本技法是什么?
7. 请编排功夫茶的行茶程序。
8. 请编排绿茶的行茶程序。
9. 请编排花茶的行茶技法。
10. 请编排红茶的行茶技法。

第六章

茶艺馆服务

第一节　茶艺馆简介

一、茶馆简史

茶馆又叫茶楼、茶肆、茶坊、茶寮、茶室等，它是以营业为目的、供客人饮茶的场所。

最早的茶馆始于东晋，当时是以茶摊形式出现的。南北朝时出现了供客人喝茶住宿的茶寮。唐代经济繁荣，商业发达，为适应经济活动的需要，从京城长安、洛阳到四川、山东、河南等地的大中城市，都再现了茶肆。

据史学家们的研究，东晋是原始型茶馆的发轫阶段，南北朝时形成初级型的茶寮，唐代是茶馆的正式形成期。宋、元、明、清和民国时期，茶馆日趋成熟，在大中小城市乃至乡镇，都有广泛的立足之地，成为中国社会生活的重要内容和一大景观。

20 世纪 80 年代至 90 年代，随着茶文化的不断弘扬，各地茶馆的文化气氛显得更为浓郁，在陶冶时代风尚、增强人们情感交流、丰富社会文化生活等方面显示出无穷的魅力。

二、茶艺馆分类

（一）早期茶馆

早期由于每个地区的文化背景不同，都有代表各地区文化特征的茶馆。四川茶馆以综合性的茶馆见长；苏、杭茶馆以幽雅著称；广东茶楼主要是与“食”相结合；北京茶馆则集各地之大成，以种类繁多、功用齐全、文化内涵丰富为特点。

历史上的茶馆很多，有大茶馆、清茶馆、书茶馆、野茶馆、茶摊、茶棚等。近代又有音乐茶室、茶轩、茶亭等。这些场所主要给人们提供休闲、联络、洽商、议事的方便。到茶馆来的人有文人墨客、商旅庶民和青年学子，他们来自各行各业，选择合乎自己口味的茶馆，形成了不同的茶馆文化。

1．书茶馆

在书茶馆里以听评书为主要内容，饮茶只是媒介。这些书茶馆在开书以前是卖清茶，供过往行人歇息、解渴；开书以后，饮茶便与听书结合，不再单独接待一般茶客。顾客一边听书，一边品茶，以茶提神助兴，听书才是主要目的。

茶客中既有在职官员、失意政客、商店经理、账房先生和纳福的老太太，也有一般劳苦大众。听书交费，不称“茶钱”，而叫“书钱”，正说明书是主题，茶是佐兴。著名的书茶馆一般都布置讲究，有藤桌、藤椅，墙上挂字画，营造听书的气氛。茶馆预先请下说书先生，一部大书可以说上两三个月。收入三七开，茶馆三成，先生七成。先生是文化人，茶馆老板十分敬重。评书的内容有史书、公案书、神怪书，也有才子佳人的故事，内容雅俗共赏。书茶馆直接把茶与文学相联系，既给人以历史知识，又达到了休闲娱乐的目的。

2．清茶馆、棋茶馆

这类茶馆是专卖清茶的，以饮茶为主要目的。一般是方桌木椅，陈设雅洁简练，春、夏、秋三季茶客较多，在门外或院内搭上凉棚，前棚坐散客，室内是常客，院内有雅座。茶馆门前或棚架檐头挂有木板招牌，刻有“毛尖”“雨前”“雀舌”“大方”等名目，表明卖的是上好名茶。每日清晨五时许便挑火开门营业。这些时候来的茶客大都是悠闲的老人。中午以后，在清茶馆喝茶的老人早已回家休息，又换了一批新茶客，主要是商人、牙行、小贩，他们来此谈生意，讨论事情。

专供茶客下棋的棋茶馆，设备较简陋，但也朴素清洁，以圆木或方桩埋于地下，上绘棋盘，或以木板搭成棋案，两侧放长凳。茶客边饮茶，边对弈，以茶助弈兴。喝着并不贵的“花茶”或盖碗茶，把棋盘暂做人生搏击的战场，暂时忘却生活的烦忧，茶也就被赞为“忘忧君”了。

3．野茶馆和季节性茶棚

野茶馆就是设在野外的茶馆，大都设在风景秀丽的郊外。环境幽僻的瓜棚豆架下、葡萄园、池塘边，是春季踏青、夏季观荷、秋季看红叶、冬天赏雪之时，品茶雅叙的好去处。这些茶馆往往也会选址在甜美山泉水之处，那里风景好、水质好，更能吸引茶客。另有在公园、凉亭内搭设的季节性茶棚，来此饮茶，可以使平日生活在喧闹城市中的人们获得一时的清静，调节生活节奏，获得暂时的休息，增添许多生活情趣。

4．大茶馆

大茶馆是一种多功能的饮茶场所，一方面可以品茶，品尝其他食物，另一方面也是文人交往、同学聚会、洽谈生意的地方。从老舍先生的名剧《茶馆》中，人们可以了解到大茶馆的模型。

大茶馆的布置十分讲究。入门为“头柜”，负责外卖和条桌账目；过了条桌即“二柜”，管理“腰栓账目”；最后称“后柜”，管理后堂及雅座。三层柜台各有界地，接待不同来客。大茶馆的茶具讲究，大都是盖碗，一则卫生，二则保温。喝盖碗茶讲礼仪，喝茶不露口，碗盖打开，首先用于拨茶，饮时则用于遮口。在这种茶馆饮茶，可以终日长饮，中午回家吃饭，下午回来还可接着喝，堂官会把客人的茶具、茶座妥为照应。

大茶馆集饮茶、饮食、社交、娱乐于一身，所以较其他种类茶馆规模大，影响也深远。直到现在，北京、成都、重庆、扬州等地，仍然存在这种类型的茶馆。茶在大茶馆里确实仅仅是种媒介，它的社会功能远远超过了物质本身的功能。

（二）现代茶艺馆

茶艺馆是现代茶艺产生后的新生事物，对弘扬中国传统的茶文化、促进茶叶的消费、提高社会休闲生活的品质等方面发挥了积极作用，已形成了一个新兴行业，吸引着越来越多的经营者和顾客。影响所及，已扩大到全国各地和海外华人社会。茶艺馆成为小型文化交流中心，丰富了人们的文化生活，提供了幽雅、舒适的休闲场所。在这里人们可以轻松地聊天、悠闲地阅览，还可以下棋和听曲，举办各类茶事活动。茶艺馆通常讲究雅致，气氛悠闲，富有文化气息，凡是到茶艺馆来的人都会感受到宁静、安逸的氛围，有超凡脱俗之感。在紧张而又充满竞争的现代社会里，茶艺馆是难得的休闲养性的好地方。

吴裕泰茶馆

现代茶艺馆与过去各种茶馆最大的差别是，把饮茶从日常生活的一部分开发成富有文化气息的品饮艺术，从饮茶艺术中体现中国人的传统精神和传统品德。在茶艺馆饮茶不仅有益于身心健康，更是一种艺术的享受。

1. 现代茶艺馆的特点

（1）茶艺馆的环境设计以清爽、柔和、宁静为主题。

（2）强调品饮茶时应有高雅的举止和规矩，一般有这样的一些告示，“为了不影响别人，请您放低交谈的声音”“请勿躺卧”“服装不整请勿入内”，等。

（3）除了提供各种茶叶任由客人选择外，茶具设备也很多，个人用盖碗、多人用小壶泡、功夫茶等一应俱全；配器齐全，煮水器、水盂、茶巾、茶则、茶匙、杯托等全套提供。

（4）茶艺馆也有茶具、茶叶、茶书籍等出售。

（5）有的提供代客养壶、寄存茶叶服务，举办茶艺讲座、教学，培训茶艺人员等茶文化活动。

2. 现代茶艺馆的分类

（1）文化型茶艺馆。将文学、艺术等功能结合在一起，经常举办各种讲座、座谈会，推广茶文化。馆内可供交谈、聚会、休闲品茗，并兼营字画、书籍或艺术品等，富有浓厚的文化气息，类似于文化交流中心，具有创造文化、发扬文化的理念和功能。

（2）商业型茶艺馆。配合季节、庆典举办各种促销活动，以企业管理方式，经营茶叶、茶具及饮品等，服务周到，一切以创造利润为主，因此价格较高。

（3）混合型茶艺馆。以品茗为主，但也以商业经营来创造利润。因此，冰茶、葡萄酒、餐点等利润较大的项目也在经营范围内，类似于茶餐厅。

（4）自我肯定型茶艺馆。以经营者自己的经营理念来运作，充分发挥茶艺馆的特色，不在乎别人怎么评论与认定，我行我素，是一种“个性”茶艺馆。

（5）一窝蜂型茶艺馆。以贩卖茶叶、茶具为主，也设座提供品茶，市场流行什么就跟进什么，没有经营理念和茶艺的素养。

（6）综合型茶艺馆。以多元化的形式来经营，形成产业化的模式，这也是茶艺馆的发展方向。

无论哪一种形态，哪一种经营方式，在茶艺文化蓬勃发展的时期，茶艺馆都是一个新兴的行业，为了求得社会的肯定和人们的喜爱，首先应以茶艺为主要内容，加强服务；其次是以文化型的茶艺馆为中心，使茶艺事业成为高尚的文化休闲事业；第三是建立正确的经营理念，避免以低俗手段招徕客户，以低级产品蒙骗消费者，让茶艺馆步向纯朴幽雅的境界。

三、茶艺馆简介

（一）北京茶馆

现今北京的茶艺馆大致有3类。

第一类是传统风格的茶馆，如老舍茶馆、湖广会馆茶楼、天桥乐茶园等，以八仙桌椅、盖碗花茶为特征，充分体现茶俗与世俗结合，以及京风京味的地方特色。其中以老舍茶馆最具代表性。老舍先生的名著《茶馆》真实地反映出旧时北京茶馆在几十年间的兴衰。现今，老舍茶馆雕梁画栋、玉雕石栏、花格木窗，壁上挂着名人字画，顶上吊着华丽的宫灯，加上整套晚清风格的桌椅，环境典雅，充分显示了我国传统京味茶馆的韵味。茶馆的一侧走廊里设有雅座，中间堂口设有36张红木八仙桌，正前方设有小舞台。茶馆服务员男着长衫，女穿旗袍，在茶馆里提壶续水，端茶送点心，忙个不停。每天，茶馆里有北京琴书、京韵大鼓、口技、民乐、快板等表演。进老舍茶馆品茶的，有集体包场的，也有散客。茶客除来自全国各地的，还有不少外宾，前来领略中国的茶馆风情。

老舍茶馆

第二类茶馆是属于现代风格的，如五福茶艺馆，以本色桌椅、小壶小碗、轻发酵乌龙茶为特征，以休闲、商务活动、培训为主要功能。以其在西坝河光熙门的分店为例，上下三层，装饰精美雅致。一楼专门展示各种名茶和各类茶具；二楼设有风格迥异的包房，其中有充满佛教气氛的禅茶室，有中西合璧的商务会晤茶室，有宫灯高挂、红木桌椅、古色古香的中式传统茶室；三楼设散座，也设有两间包房，适合朋友聚会、情侣密谈，环境舒适而幽静。

第三类是综合风格的茶馆，如明慧茶院、百草园茶艺馆、小小茶艺馆等，其装饰风格更是丰富多彩。

（二）天津茶园

天津茶馆，当地居民习惯称做“茶园”。在商业繁华的市区，约有数十家档次高低不同的茶园，天津人十分青睐这种大众化的休闲娱乐场所。

天津的茶园，很像旧时的戏园子。茶园大门上虽然高挂“茶”字招牌，但在茶园里，茶水却不唱“主角”。津门茶园与众不同之处在于：茶园里的茶水只赠不卖。来茶园的茶客也并非专门来品茶的，而是主要为看戏而来的，是在观看戏曲、曲艺时顺便品茗而已。

天津茶园的价格比较适合于工薪阶层。除了某些档次较高的茶园因开办费用太高，其收费也相应高一些外，普通茶座也就在 4～20 元之间。当然茶园不能只靠低价位来吸引茶客，更主要的是靠高水平的演出来招徕客人。茶园的节目基本上能做到常演常新，这是因为天津素有“戏剧之乡”“曲艺之乡”的美誉，历来就拥有一大批高水平的戏剧、曲艺演员，加之天津又有得天独厚的地理优势，离首都北京较近，可以经常邀请北京的一些著名演员前来演出。许多在全国知名度很高的演员，都曾经先后被请到天津茶园献艺。

天津茶园多为私营，每个茶园都有自己专门演出的剧种，分别有京剧、评剧、河北梆子等，各自的特色十分鲜明。天津茶园异常热闹，上座率普遍都在八成以上，每逢节假日则场场爆满。

天津茶园不仅吸引了众多的天津人，越来越多的河北人和北京人也慕名前来消闲娱乐。

（三）扬州茶社

扬州是一座具有 2400 多年的历史名城，饮茶历史悠久。扬州人早、中、晚都爱饮茶。早茶讲究浓香，可以润喉醒目，午茶喝的是热茶，便于进食爽身，夜茶以清淡为主，便于酣然入梦。

以茶会友是扬州茶俗中增进人们之间友谊、加强了解的最普遍的形式。除了在家中饮茶之外，各处茶馆也是品茗的好去处。

茶在扬州人的日常生活中也很富有情趣。长辈做寿，晚辈必送茶叶，谓之“寿茶”；砌房上梁，在房梁上悬挂一袋茶叶，谓之“发茶”；新娘子婚嫁进门，先后需吃“莲子茶”“枣子茶”“桂圆茶”，统而谓之“三道茶”；儿童入学，喝杯清茶，谓之“状元茶”。在扬州几乎已达到了“无茶不成事”的地步了。

扬州茶馆，大多称为“茶社”，旧时比较著名的有庆升茶社、香影廊茶社、富春茶社等。现今已负盛誉的有冶春园内的冶春茶社、富春花园茶社。此外，还有可供品茗尝点的绿扬村、瘦西湖湖心的凫庄茶社，都是绝妙的赏景品茗之处，而最负盛名的是位于得胜桥畔被誉为神仙之阁的富春茶社。

富春茶社原名富春花局。清光绪十一年（公元 1885 年）由庶民陈霭亭创办。他雇请花农，栽培四时花木，制作各种盆景应市，同时开辟茶座。盐商墨客、文人雅士常来此品茗、赏花、弈棋、吟诗，故门庭若市。1917 年陈霭亭去世，其子陈步云将花局改为茶社，先后又增设点心、菜肴供应。1921 年富春茶社自制出名茶魁龙珠，闻名遐迩。此茶采用自家花园种植的珠兰窨制，再将浙江西湖龙井，安徽魁针合而为一，取魁针之色，珠兰之香，龙井之味，集苏、浙、皖三省名茶于一壶，用古运河之水泡沏，浓郁而醇朴。

富春茶社历经百年，形成了花、茶、点、菜结合，色、香、味、形俱佳，闲、静、雅、适取胜的特色，名扬中外。当茶客在优雅的茶室中落座，热情的服务员就端上魁龙珠，而且每人一壶一杯，“主随客便”，茶客可以随意品茗饮用。茶色清澈，香气诱人，入口柔和，令人顿觉齿颊生香。不一会儿，点心被端上来了，其中有色泽淡黄、层次分明、甜润绵软的千层糕；荸荠鼓形，颈口有 32 道折纹，呈鲫鱼嘴状的三丁包；皮薄如纸、色似翡翠、甜味纯正、清香盈口的翡翠烧卖。此外，还有鲜肉包、素菜包、豆沙包，以及煮干丝、鸡丝面等点心供茶客选用。

富春茶社

魁龙珠留给茶客们的印象可以总结为三句话：头道茶珠兰香扑鼻；二道茶龙井味正浓；三道茶魁针色不减。

（四）江南茶馆

长江南岸，如苏州、无锡、常熟、常州、镇江、南京等地的茶馆俗称为江南茶馆。

旧时苏州人茶饮之盛，灿若繁星，可谓“处处桥头见茶肆，条条小巷有茶馆”。又因一些颇具规模的茶馆中设有书场，兼营小吃、面点，因而除了吸引苏州人外，还吸引了众多南来北往的外地商贾、游人。

苏州人善于品茶，休闲时间往往一壶在手，在茶馆中细酌慢饮。尤其是一些上了年纪的长者，更喜欢在茶馆中竟日消遣。他们在茶馆中或听书，或下棋，或高谈阔论，或俯首低语。茶悠悠地品，各种风味小吃细细地尝。苏州人戏谑地把这种整日在茶馆中品茗之举形容为像母鸡孵小鸡那样恋窝有趣，俗称“孵茶馆”，与北京人的“泡茶馆”有异曲同工之妙。

苏州是名茶碧螺春的故乡，茶文化源远流长。苏州附近的常熟也是名人辈出的鱼米之乡。“十里青山半入城”的虞山是江南名胜，山上出产虞山茶，因此常熟人自古以来就喜欢饮茶。无论是言子墓道附近的墨香茶社，还是读书台公园内的半山茶室；不论是虞山顶上的雏摩山庄内的“望海楼”茶室，还是齐梁古刹兴福寺东花园的露天茶座；不管是方塔公园的茶室，还是虞山公园的茶室，几乎到处可以见到当地的老茶客，或是前来观光游览的外地茶客。即使是青年人聚会，也喜欢在风光宜人的公园里品茗交谈。

江南水乡的茶馆，大多是依镇临水的建筑，木柱子竖在河里，阁楼建在水面上。临水的三面都设有大大的窗子，老茶客喝茶讲究的就是要享受这样面临水、背靠水、脚踏水的环境。有的茶馆是在小镇的桥堍上开设的。茶馆的建筑古朴雅致，小巧玲珑，多半是临水依岸的水榭式楼房，过去大多是砖木结构，乌瓦粉墙，颇有乡土气息。楼上装有雕花的格子窗，茶客可凭栏品茗，眺望小镇风光。

（五）上海茶馆

上海茶馆始于清朝同治初年。据记载，三茅阁桥临河而设的丽水台茶馆，其屋面临洋泾浜（今延安东路），高阁三层，楼宇轩敞。这大约是上海最早的规模颇大的一家茶馆。之后，南京路上又开了一洞天茶馆。

光绪二年（1876 年），粤人在广东路的棋盘街（今河南中路）北，开设了同芳茶居，兼售茶食糖果，一大清早供应有鱼粥，晌午时分有各色笼蒸的点心，夜里则有莲子羹、杏仁酪可卖。不久，在同芳茶居的对面，又开出了一家茶馆，名曰怡珍茶居，兼售烟酒。这两家茶馆当时处于上海闹市地段，属于早期上海茶馆中经营得比较有特色、有影响的店肆。

上海早期的茶馆还有南市的湖心亭茶室，以及也有轩、四美轩和春风得意楼等，都素享盛名。到后来，上海的茶馆由南市向北市发展。于是，云南路的鹤林春、广东路的松风阁、福州路的青莲阁以及九江路的天香阁、南京路的仝羽春、五云日升楼等茶馆纷纷面世。

20 世纪初，上海的茶馆由于受到欧洲国家和日本的社会风俗的熏染，曾发生过急骤的变化。随后，音乐茶座、公园露天茶室，应运而生，开创了一股新的社会风气。全国其他的大中城市也都相继仿效。

上海茶馆变化屡有起伏，盛衰嬗递，反映出时代和社会的变迁。

上海一直是近代茶馆的聚集地。上海人素有“孵茶馆”的习俗。人们在茶馆里不仅可以满足解渴休息的需求，还可以得到文化艺术的熏陶和享受。

作为上海茶馆的发祥地，南市老城厢在 20 世纪 50 年代以前就有 160 多家各类茶馆。大致分为老虎灶式茶馆、书场式茶馆、市场式茶馆、娱乐性茶馆 4 类。

因历史的原因，上海的茶馆也曾冷落过一段时日。

从 20 世纪 80 年代起，随着茶文化的普及，上海茶馆又渐渐兴盛起来。20 世纪 90 年代末，上海的各类茶馆、茶楼、茶艺馆及各街道、里弄、乡镇、公园的茶室，凡是可供茶客品茗的场所约有 5000 多处，其中上档次的如湖心亭茶楼、春风得意楼、宋园茶艺馆、汪怡记茶艺馆等有二三十家，而近几年内新崛起的泡沫红茶坊就有 170 多家。

上海茶馆的各项经营活动往往都是海滨都市茶文化的反映，有较强的时代气息，注重茶艺精神与茶艺艺术的融合，追求物趣以达雅韵，从而升华为一种人文精神。它立足于江南茶文化，又与多种文化现象诸如商业茶文化、名人茶文化、休闲茶文化、民族茶文化、外来茶文化相融合，从而形成自身的特点。

湖心亭茶楼十分重视名人效应。1986 年英国女王伊丽莎白二世，在当时上海市市长江泽民的陪同下登楼品茶。以后茶楼又接待了西哈努克亲王夫妇、马耳他总统、加拿大总督、瑞典首相、日本首相等诸多国家首脑，同时也吸引了国内外诸多名流。他们的到来为茶楼增色不少，许多茶客慕名而来，要在此品茶留影。

创始于 1880 年的汪怡记茶庄，现在在二楼开设了汪怡记茶艺馆。其装饰格调高雅，具有浓郁的世族气氛，桌椅、茶具富有传统的民族风格，成为集中国名茶的销售、品饮、批发和茶艺交流为一体的“茶叶世界”，深受中外茶客的青睐。

大境阁安溪乌龙茶艺馆是一家商业文化气息浓郁的茶馆。许多茶客是专程前来观赏乌龙茶的茶艺表演和品尝乌龙茶的风味。由于茶艺规范、茶叶质量好，既传播了乌龙茶的相关茶文化，又促进和推动了乌龙茶的销售。

湖心亭茶楼每年都要举办几场富有特色的茶会，如春天的龙井茶会，秋天的乌龙茶会，中秋的丝竹茶艺赏月晚会、新春赠春联茶会等，使茶馆文化得到弘扬。

每逢春节，上海人有“烧头香，喝元宝茶”的习俗。湖心亭茶楼、春风得意楼茶馆就从春节的除夕至正月十五推出“喝元宝茶”的项目，以满足茶客们的心理需求。

以名茶入馔，能烹制风味独特的名茶佳肴，这是饮食文化与茶文化的巧妙结合。近年来，上海又出现了一些专门为茶客提供茶肴的茶宴馆。比较著名的有天天旺酒家茶道馆、宏森茶宴馆。此外，为茶客提供茶肴及点心的还有宋园、茗缘、汪怡记、湖心亭等多家茶馆。

（六）杭州茶室

南宋时杭州城里的茶肆，不但很多，而且布置得相当考究。品级稍高的雅致茶肆，室内悬挂名人字画，摆放盆景和四时插花。据《梦粱录》记载，“汴京熟食店，张挂名画，所以勾引观者，流连食客；今杭城茶肆亦如之，插四时花，挂名人画，装点店面。”

浙江省是我国重要的产茶区之一。杭州西湖凤凰岭出产的龙井茶驰名中外。龙井茶叶有“狮、龙、云、虎”之别，即指狮峰、龙井、云栖、虎跑四地所产之茶，而其中尤以狮峰龙井为上品，具有色绿、香郁、形美、味甘的特色。自古以来，杭州人喜爱品茗就不言而喻了。

现代杭州的茶馆，大多称为“茶室”。凡是游览景点处，大多辟有茶室，供四方游人小憩、品茗、赏景。比较著名的茶室，除龙井、虎跑之外，还有灵隐茶室、花港茶室、小瀛洲茶室、平湖茶室、石屋茶室、玉泉茶室、云栖茶室以及双峰的茶人之家等。

在品茶的同时，还可以品尝一下杭州的一些茶点，如西湖藕粉羹、桂花鲜栗羹、幸福双、吴山酥油饼、猫耳朵以及奎元馆的虾爆鳝面。

（七）四川茶铺

迄今为止，四川人种茶、饮茶已有2000多年的历史。号称“天府之国”的四川是我国重点产茶区之一，“扬子江中水，蒙山顶上茶”，蒙顶茶是我国名茶中的一颗灿烂明珠。蒙顶茶产于四川邛崃山脉之中的蒙山。不仅蒙山产茶，其周围的天全、荥经、邛崃、大邑等县也盛产茶叶，遍布茶园。

四川人习惯于把茶馆称之为茶铺，走在大街上经常会有人以浓浓的川音说道：“走，坐茶铺子去。”四川人自古以来就把赏茶品茗作为人生一件乐事。有句俗语：中国最大的茶馆在四川，四川最大的茶馆在成都。

如今随着成都市区的扩展，成都的茶铺也跟着增至上千家。时代虽然变迁了，但成都茶铺依然保持着古老的传统，依然是一色的矮桌、竹靠椅，依然是由茶碗、茶盖、茶船“三件头”组成的盖碗茶具。人们品茶时用茶船托起茶碗，既可免于茶碗烫手，又可防止茶水溢出；茶盖盖住茶碗，既便于控制水温，保持茶味清香，又可用茶盖搅动茶水以加速与茶叶的融合；从茶盖与茶碗的缝隙中啜茶，还可以避免将茶叶吸入口中。

成都茶铺的堂倌，个个身怀掺茶的绝技。茶铺生意的好坏，往往取决于堂倌掺茶技艺是否娴熟。

（八）广州茶楼

广州人饮茶风气很盛，所谓饮茶还包括吃点心和聊天的意思。广州的茶馆可分为茶楼、茶居和茶室 3 种。茶楼规模较大，茶居和茶室较小，但数量很多。一天之内有早茶、午茶和晚茶 3 节，以早茶最为热闹。

据记载，在清代同治至光绪年间，广州的二厘馆茶楼已遍及全城，每位茶价仅二厘而已，深受当地劳动大众的欢迎。他们常常在早晨泡上一杯茶，选上两件点心，权作早餐。这种生活习惯，可以说为广东人所特有。

直到今天，广州人仍喜欢上茶楼吃早茶，俗称“一盅两件”，就是一盅茶，加两件点心。广州的茶楼，通常都备有各色的香茗和广式名点。茶有红茶、绿茶、乌龙茶、花茶；点心有叉烧包、虾饺、各类烧卖、各种酥饼；有的还供应鸡粥、皮蛋粥、牛肉粥、鱼生粥、猪肠粉、云吞等。广东、海南一带，经商成风，人们喜欢到茶楼谈生意，不入茶座的人很难进入生意圈。

茶楼的早茶，一般在清晨 6 点钟就开始了，上午 10 点左右收档。稍事整理后，午饭便开始了。下午 2 点一过，午饭结束，下午茶又开始了。午茶的内容和形式与早茶没有什么不同，热衷者也多为老广州人。似乎饮早茶的以老先生居多，饮午茶的则以老太太居多。午茶到下午 5 点便收档，接着便是一天中食肆最旺的晚餐。晚餐结束后，便是饮晚茶的时刻了，似乎以中青年居多。对于精力充沛的中青年来说，真正的夜生活这时才刚刚开始。尽管晚茶的内容相对比较简单，但对于劳累一天的人来说，可以饮至深夜的晚茶是很好的休闲和放松方式。

茶楼一般都是大厅，人声鼎沸。如果想图个清静，不妨去茶居或茶室。其规模小，环境却比较幽静，有的像咖啡室，也有其拿手的点心可供茶客品尝。

（九）香港茶楼

香港人一早上起来，漱洗完毕，就是饮茶。朋友见面，第一句话就是“饮茶了吗”，借以问候。香港离广州近，饮茶风俗与广州相同。

当你走在香港的街头，触目可见“茶”字。茶楼、茶寮、茶室、茶园、茶庄、茶行等。香港这个弹丸之地，茶叶商行就达 200 多家。

香港人所谓的“饮茶”，同广州人一样，不是单纯喝茶，而是辅以茶食点心，以茶送之。

走进茶楼入座后，服务员首先捧上的是一壶香茶，随后才是你所点的茶肴和点心。

香港人在茶楼宴饮，称之为请茶。还有用“茗”字的，如新春宴客，称为春茗。

在香港，无论是会友，还是谈生意，都喜欢约在茶楼“倾茶”。“倾”者，“聊天”也。所以香港的茶楼生意极好，经常客满。去晚了，只好到候餐厅去登记等候。

高级茶楼的服务员多为身着旗袍的妙龄姑娘。供应的茶品和点心也丰富多彩。香港居民对铁观音、水仙、普洱茶都非常熟悉。凡内地有的名茶，如碧螺春、西湖龙井、黄山毛峰、都匀毛尖、庐山云雾等，香港都有出售。茶客见茶壶中的茶水快用空了，只需把壶盖掀开，服务员就马上提着水壶前来。人们一边喝着茶，一边尝着点心，一边慢慢地叙谈，其乐融融。

凡是到香港去的客人，几乎都会在茶楼受到主人的热情款待。难怪有不少去过香港的内地人，回家后总会回忆起在香港茶楼时的热闹情景。

（十）澳门茶楼

每逢过节，澳门人都要全家团聚，围坐在一起喝茶。在装饰十分雅致的客厅里，安放一只大圆桌子，桌面上摆满了各式干点、糖果、水果、炒货。桌子中央放一壶清香扑鼻的乌龙茶，每人面前摆一只洁白如玉的茶杯，待茶杯里都斟满了茶水之后，家人一边喝茶吃着茶点，一边天南海北或论古说今地交谈，充满了节日的欢乐气氛。

澳门的餐饮业十分发达，中西佳肴兼备。有些餐馆在供应套餐的同时，在每张餐桌上都备有泡好的热茶，任凭食客自斟自饮，而不另外收费。

澳门专营的茶楼，每天清晨6点就茶客盈门，老少咸集，男女毕至，热闹非凡。年长者细啜品饮，孩童则津津有味地咀嚼着美点，年轻的情侣则喁喁细语。澳门人喜欢普洱茶、乌龙茶和红茶。一般茶楼都是壶盅式供茶，一壶香茗，人手一盅。在茶客品饮叙谈过程中，服务员会不时地前来续水，热气腾腾，情谊浓浓。

澳门茶楼门口都有卖报的。不少茶客喜欢一边品茶，一边看报。国际新闻、港澳动态、内地消息、各种广告，都可在品茶的同时浏览无遗。

澳门人工作节奏快，通常只有一个小时的午休时间。在这段时间内，除了用餐之外，所剩时间不多。但也有不少茶客，会利用这二三十分钟的时间，到就近的茶楼小坐，一杯红茶也能使自己放松调剂一下，以恢复精力，下午继续工作。

（十一）台湾茶馆

近20年来，台湾的饮茶风尚日盛，约有数百家上档次的茶楼、茶社和各类小茶馆。

台湾拥有茶园近四万公顷，茶叶种类180多种，主要是乌龙茶、绿茶和红茶。目前台湾的茶艺协会有15个；《茶与艺术》《壶中天地》等同类刊物4家。

台北的红泥壶茶苑、高雄的红楼梦茶艺馆、台南的乾隆茶坊、基隆的中原茶庄都是充满华夏茶艺雅趣的著名茶楼。以红泥壶茶苑为例，入门的左侧是各式名茶的展示，如台湾人最喜欢的冻顶乌龙、文山包种、高山茶，以及大陆的铁观音、龙井等，一应俱全。右侧是一间和室，棚式设计，取名“陆羽亭”，陈列各式茶壶千余把，有许晋侯的风卷葵壶、邵亨裕制的复古壶、顾景舟的石瓢壶等，真是应有尽有。

台湾茶馆有许多雅致的名称，如紫藤庐、潇湘馆、茶道坊、壶庐、静心园、楚留香、东坡居、仙境之家等，至亲好友相约进茶馆品茗谈心，今天在台湾人中已蔚然成风。

台湾茶艺家范增平先生曾多次到上海交流茶艺，并进行茶艺表演，让祖国古老的茶艺文化之花在大江南北、海峡两岸盛开。

四、茶艺馆环境与布局

品茗喝茶，除了要有好的茶叶、好的茶具、好的水、好的泡茶技艺之外，品茗环境的设计也是重要的一环。自古以来茶人就重视品茗环境，早期喝茶的地方叫做“围”，也就是在住家客厅的一角，以屏风围起来，加以适当的摆设作为喝茶的环境。后来生活条件好一点了，就腾出一个房间来，专门作为喝茶的地方，称作“茶间”。物质条件丰富之后，建一座幽雅的房子作为专门饮茶的地方，就叫做“茶室”。现代茶艺馆是为了品茗而设置的场所。

1. 茶艺馆主要类型

（1）庭院式茶艺馆。以中国江南园林建筑为蓝本，院内有小桥流水、亭台、楼阁、曲径花圃、拱门回廊，室内往往陈设民艺、木雕等，有一种返璞归真、回归大自然的感觉，让人在现代都市生活中得到真正的休闲清静。

（2）厅堂式茶艺馆。以传统的家居厅堂为蓝本，摆设古色古香的家具，张挂名人字画，陈列古董、工艺品等，布置典雅清幽。所用的茶桌、茶椅古朴讲究，或清式，或明式，也有采用八仙桌、长板凳等，反映了中国文人家居的厅堂陈设，营造出书香门第的氛围。

（3）乡土式茶艺馆。强调乡土的特色，追求乡土气息，尤其以农业社会时代的背景为布置的主调，竹木家具、马车、牛车、蓑衣、斗笠、石臼、花轿等，凡是能反映乡土气味的物件就是布置的材料，有的直接利用已经少人居住的古屋、古厝加以整修成茶艺馆，更有一番情趣。

（4）唐式茶艺馆。唐式茶艺馆的布置，也就是一般习惯说的“日本和式”茶艺馆，以拉门隔间，内置矮桌、坐垫，以木板或以榻榻米为主，入内往往需脱鞋，席地而坐，以灯帘、屏风或矮墙等做象征性的间隔，顶上大都以圆形灯笼为照明，有种浓厚的日本风味。

（5）综合式茶艺馆。这是一种古今设备结合、东西形式合璧多种形式融为一体的茶艺馆。以现代的科技设备创造传统的情境，以西方的实用主义结合东方的情调，这样的茶艺馆受到较多年轻朋友的欢迎。

2. 茶艺馆的布置要求

茶艺馆的布置和陈列要讲究情调。茶将人带到对人生沉思默想的境界，茶象征着纯洁，令人有飘飘欲仙之感。因此，品茶的厅堂陈设通常讲究古朴、雅致、简洁、气氛悠闲，富于文化气息，芬芳满室，清雅宜人。来到茶室，如进入宁静而安逸的境地，超凡脱俗，高雅闲适。在竞争激烈的社会环境中，茶艺馆是难得的好去处。

茶艺馆外观装修追求典雅别致，内部装潢和桌椅陈设力求幽静、雅致，四壁或柱上悬挂书画或雕刻，在适当的位置摆放盆景、插花以及古玩和工艺品，还可以摆设书籍、文房四宝以及乐器和音响，有的还点上几炷香以增添优雅和平静的气氛。

总结古今茶经，品茶环境追求一“幽”字，幽静雅致的环境是品茶的最佳选择。杂乱、喧闹、不洁之地，则领略不到茶的真情趣。

关于品茶场所，明代罗廪《茶解》有一段妙言，他说：“山堂夜坐，汲泉烹茗，至水火相战，如听松涛，倾泻入瓯，清芬满杯，银光潋滟，此时幽趣，固难与俗人言矣。”明代徐渭在《煎茶七类》中所记的品茶场所：“凉台净室，明窗曲几，僧寮道院，松风竹月，晏坐行吟，清谭把卷。”明代许次纾在《茶疏》中也提出许多幽雅的品茶环境，如小桥画舫，茂林修竹，荷亭避暑，小院焚香，清幽寺观，明窗净几，听歌闻曲，鼓琴看画，酒兰人散，轻阴微雨，洞房阿阁，夜深共语等。王复礼在《茶说》中写道：“花晨月夕，贤主喜宾，纵谈古今，品茶次第，天壤间更有何乐！”郑板桥在《寄弟墨书》中也说：“坐小阁上，烹龙凤茶，烧夹剪香，令友人吹笛，作《落梅花》一弄，真是人间仙境也。”

主张返璞归真者，可将茶室布置得充满田园乡土气息，力求雅致简洁，体现宁静、安逸、和谐的气氛。至于茶室的大小，可根据条件而定，大则厅堂，小则阳台、客厅一角都可以，“室雅何须大”，重要的是一“雅”字。

在品茶厅堂或茶室，悬挂与品茶场所和茶事相匹配的书画，不仅可升华品茶环境的美雅境界，还可为品茶助兴，引发话题和情趣。在中国历史上，好的茶人往往都是杰出的艺术家。唐代的众多饮茶人士，宋代的苏轼、苏辙、欧阳修、徽宗赵佶，元代的赵孟頫，明代的吴中四杰，清代的乾隆皇帝乃至近代的文学大家，都是既有很高的文化修养、艺术造诣，又懂茶理的人士。可见，中国人饮茶称为“茶艺”并非自我吹嘘、夸张之词，而确实在烹饮过程中贯彻了艺术思想和审美观点。因此，不能简单地把中国茶艺看做一种技法，而应全面理解其中的技艺与器物，韵味与精神。

品茗环境除了追求“净”“雅”“洁”之外，还很注意光线的柔和、空气的流通，摆设装潢以纸窗、竹床、石枕、名花、琪树等较为普遍，“居不可无竹，无竹使人俗”，竹器、竹木是茶艺馆应用最多的原材料。

茶艺馆在装潢、设计时除了将经营者的理念、审美观念贯彻其中外，还要注意无论哪种类型，都应必备以下主要装饰：①茶台，摆放所用的茶叶、茶具及用来收银；②陈列柜，也称百宝格，里面主要陈列一些与茶有关的物件。

第二节　茶艺馆服务程序

茶艺馆的优劣，在很大程度上来说，可以根据茶艺馆的管理及服务的程序化和标准化来衡量。

一、茶艺馆的组织结构图

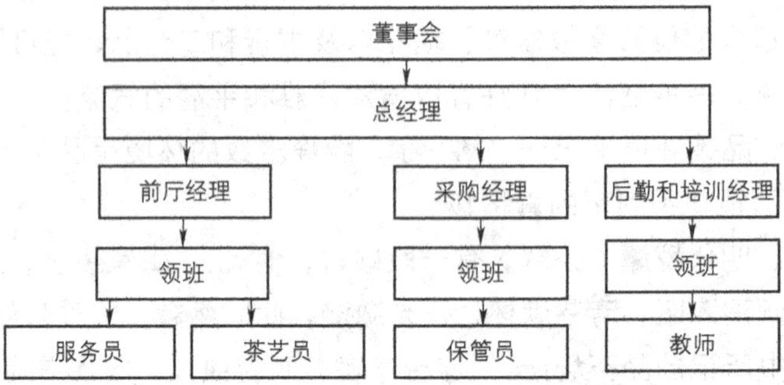

上面的结构多被大型茶艺馆所采用，上传下达，分工明细，善于管理。

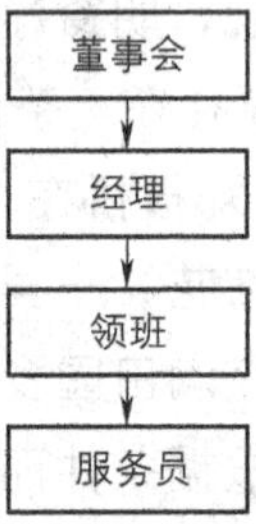

以上这种结构多用于中小型茶艺馆。

二、茶艺馆的服务程序

茶艺馆的服务质量如何，主要看茶艺馆的服务程序和服务标准是否完善和合理。茶艺馆一般有 4 大程序：茶客来店前的准备工作；茶客来店的迎宾工作；茶客到位的服务工作；茶客离店的收尾工作。

（一）茶客来店前的准备工作

1．物品准备工作

（1）茶叶是否准备好。

（2）茶叶的分设是否准备好。

（3）茶具是否准备好。

（4）茶具是否齐全。

（5）茶具的品种是否到位。

（6）茶书是否准备好。

（7）商品集中陈列是否准备好。

（8）商品的展示是否准备好。

（9）客人保存的茶具是否准备好。

（10）客人保存的茶叶是否准备好。

（11）茶单是否准备好等。

2. 卫生准备工作

（1）地面是否清洁。

（2）柜台是否清洁。

（3）茶具是否清洁。

（4）台中是否清洁。

（5）椅子是否清洁。

（6）墙面是否清洁。

（7）电话是否清洁。

（8）陈列台和展示台是否清洁。

（9）茶单是否清洁。

（10）垃圾箱是否清洁等。

3. 仪容仪表

（1）服装是否干净、整齐、统一。

（2）个人卫生是否清洁。

（3）手是否清洁。

（4）是否做到三勤，勤洗手，勤洗澡，勤理发。

（5）是否戴修饰物。

（6）是否勤换内衣。

（7）是否把工装穿出店外等。

4. 熟悉当日茶种

我们必须知道本茶艺馆所经营的茶的品种，特别是当日茶种。这是优质服务的基本要求。

（二）茶客来店的迎宾工作

1. 迎宾的姿态

（1）站姿：双脚并拢，身体挺直；头上顶，下颌微收，双眼平视，双肩放松。女性右手在上，双手虎口交握置于胸前；男性双脚微呈外八字分开，左手在上，双手虎口交握置于小腹部。

（2）行姿：以站姿为基础，切忌上身扭动摇摆，尽量循一条直线行走，向右转弯时右足先行，反之亦然。到达来宾面前为侧身状态，需转成正向面对；离开时应先退后两步再侧身转弯，切忌当着对方掉头就走，这样显得非常不礼貌。女性可以双手同“站姿”交握胸前，男性双臂下垂于身体两侧，随走动步伐摆动。

（3）坐姿：端坐椅子中央，双腿并拢；上身挺直，双肩放松；头正，下颌微敛，舌尖抵上颚；眼可平视或略垂视，面部表情自然；女性右手在上，双手虎口交握置于胸前或面前桌沿；男性双手分开如肩宽，半握拳轻搭于前方桌沿。全身放松，调匀呼吸，集中思想。

（4）跪姿：日本、韩国的茶侣习惯跪坐，在国际间茶文化交流或席地而坐举行的无我茶会多用到这一姿势。对于中国北方从小有盘腿坐大火炕的人不是太困难，而对于南方人而言，不进行针对性的强化训练，很容易动作失误，造成尴尬。跪姿分为跪坐、盘腿坐、单腿跪蹲。

① 跪坐，即日本的“正坐”。两腿并拢双膝跪在坐垫上，双足背相搭着地，臀部坐在双足上；挺腰放松双肩，头正下颌略敛，舌尖抵上颚；双手搭放于大腿上（女性右手在上，男性左手在上）。

② 盘腿坐，只限于男性。双腿向内屈伸相盘，双手分搭于两膝，其他姿势同跪姿。

③ 单腿跪蹲。左膝与着地的左脚呈直角相屈，右膝与右足尖同时点地；其姿势同跪坐。这一姿势常用于奉茶，如果桌面较高，可转换成单腿半蹲式，即左脚前跨膝微屈，右膝顶在左腿小腿肚处。

2. 礼仪动作

（1）鞠躬礼：分为站式、坐式和跪式3种，根据行礼的对象分成“真礼”（用于主客之间）、“行礼”（用于客人之间）与“草礼”（用于说话前后）。站式鞠躬与坐式鞠躬比较常用，其动作要领是：两手平贴大腿徐徐下滑，上半身平直弯腰，弯腰时吐气，直身时吸气，使人体背中线的督脉和脑中线的任脉进行小周天的气循环；弯腰到位后略作停顿，再慢慢直起上身；行礼的速度宜与他人保持一致，以免出现不谐调感。“真礼”要求上半身与地面呈90°角，“行礼”与“草礼”的弯腰程度较低。

在参加无我茶会时会用到跪式鞠躬礼。“真礼”以跪坐姿势为预备，背颈部保持平直，上半身向前倾斜，同时双手从膝上渐渐滑下，全手掌着地，两手指尖斜相对，身体倾至胸部与膝盖间只留一拳的空档（切忌低头不弯腰或弯腰不低头）；稍作停顿后慢慢直起上身，弯腰时吐气，直身时吸气。“行礼”时两手仅前半掌着地，“草礼”时仅手指第二指节以上着地即可。

（2）伸掌礼：这是习茶过程中使用频率最高的礼仪动作，表示“请”与“谢谢”，主客双方均可采用。两人面对面时，均伸右掌行礼对答；两人并坐（列）时，右侧一方伸右掌行礼，左侧一方伸左掌行礼。伸掌礼的姿势为：将手斜伸在所敬奉的物品旁边，四指自然并拢，虎口稍分开，手掌略向内凹，手心中要有含着一个小气团的感觉。手腕要储蓄用力，不至于让动作感觉轻浮。行伸掌礼的同时应欠身点头微笑，讲究一气呵成。

（3）寓意礼：在长期的茶事活动中，形成了一些寓意美好祝福的礼动作，在冲泡时不必使用语言，宾主双方就可进行沟通。最常见的有：

① 凤凰三点头。用手提水壶高冲低斟反复3次，寓意为向来宾鞠躬3次以示欢迎。高冲低斟是指右手提壶靠近茶杯（碗）口注水，再提腕使开水壶提升，此时水流如“酿泉泄出于两峰之间”，接着仍压腕将开水壶靠近茶杯（茶碗）口继续注水。如此反复3次，恰好注入所需水量即提腕断流收水。

② 双行内旋。在进行回转注水、斟茶、温杯、烫壶等动作时用到单手回旋，则右手必

须按逆时针方向，左手必须按顺时针方向动作，类似于招呼手势，寓意“来、来、来”，表示欢迎；反之则变成暗示“去、去、去”了。

③ 放置茶壶时壶嘴不能正对他人，否则表示请人赶快离开；斟茶时只七分满即可，暗寓“七分茶三分情”之意，俗云“茶满欺客”，另外也便于握杯啜饮。

3．迎宾的语言

要用敬语迎送茶客。

（三）茶客到位的服务工作

（1）拉椅让位。

（2）问茶客要饮用什么茶。

（3）请茶客看演示。

（4）服务时的专业手法。服务时的专业手法有以下几种：

1）取用器物手法。

① 捧取法：以女性坐姿为例。搭于胸前或前言桌沿的双手慢慢向两侧平移至肩宽，向前合抱欲取的物件（如茶样罐），双手掌心相对，捧住其基部，移至需安放的位置，轻轻放下后双手收回，再去捧取第二件物品，直至动作完毕复位，多用于捧取茶样罐、箸匙筒、花瓶等立式物件。

② 端取法：双手伸出及收回动作同前法，端物件时双手手心向上，掌心下凹作“荷叶”状，平稳移动物件，多用于端取赏茶盘、茶巾盘、扁形茶荷、茶匙、茶点、茶杯等。

2）提壶手法。

① 大型壶：右手食指、中指勾住壶把，大拇指与食指相搭；左手食指、中指按住壶钮或壶盖；双手同时用力提壶。

② 中型壶：右手食指、中指勾住壶把，大拇指按住壶盖一侧提壶。

③ 小型壶：右手拇指、中指勾住壶把，无名指与小拇指并列抵住中指，食指前伸呈弓形压住壶盖的盖钮或其基部，提壶。

④ 飞天壶：右手大拇指按住盖钮，其余四指勾握壶把提壶。

⑤ 握把壶：右手大拇指按住盖钮或盖一侧，其余四指握壶把提壶。

⑥ 提梁壶：右手除中指外四指握住偏右侧的提梁，中指抵住壶盖提壶（若提梁较高，则无法抵住壶盖，此时五指握提梁右侧提壶）。

⑦ 无把壶：右手虎口分开，平稳握住茶壶口两侧外壁（食指亦可抵住壶钮），提壶。

3）握杯手法。

① 无柄杯：右手虎口分开，握住茶杯基部，女士需用左手指尖轻托杯底。

② 有柄杯：右手食指、中指勾住杯柄，大拇指与食指相搭，女士用左手指尖轻托杯底。

③ 闻香杯：右手虎口分开，手指虚拢成握空心拳状，将闻香杯直握于拳心；也可双手掌心相对，虚拢做合十状，将闻香杯捧在两手间。

④ 品茗杯：右手虎口分开，大拇指、中指握杯两侧，无名指抵住杯底，食指及小指则自然弯曲，称“三龙护鼎法”；女士可以将食指与小指微外翘呈兰花指状，左手指尖必须托住杯底。

⑤ 盖碗：右手虎口分开，大拇指与中指扣在杯身中间两侧，食指屈伸按在盖钮下凹处，无名指及小指自然搭扶碗壁，女士应双手将盖碗连杯托端起，置于左手掌心后如前握杯，无名指及小指可微外翘做兰花指状。

4）翻杯手法。

无柄杯：右手虎口向下，手背向左（即反手）握面前茶杯的左侧基部，左手位于右手手腕下方，用大拇指和虎口部位轻托在茶杯的右侧基部；双手同时翻杯成手相对，捧住茶杯，轻轻放下。对于很小的茶杯如乌龙茶泡法中的饮茶杯，可用单手动作左右手同时翻杯，即手心向下，用大拇指与食指、中指三指扣住茶杯外壁，向内转动手腕成手心向上，轻轻将翻好的茶杯置于茶盘上。

有柄杯：右手虎口向下，手背向左（即反手），食指插入杯柄环中，用大拇指与食指、中指三指捏住杯柄，左手手背朝上，用大拇指、食指与中指轻扶茶杯右侧基部；双手同时向内转动手腕，茶杯翻好轻置于杯托或茶盘上。

5）温具手法。

① 温壶法：

开盖。左手大拇指、食指与中指按在壶盖的壶钮上，揭开壶盖，提腕依半圆形轨迹将其放入茶壶左侧的盖置（或茶盘）中。

注汤。右手提开水壶，按逆时针方向回转手腕一圈低斟，使水流沿圆形的茶壶口冲入；然后提腕令开水壶中的水高冲入壶；待注水量为茶壶总容量的 1/2 时复压腕低斟，回转手腕一圈并用力上翻，令开水壶及时断水，轻轻放回原处。

加盖。左手完成，将开盖顺序颠倒即可。

荡壶。双手取茶巾横覆在左手手指部位，右手三指握茶壶把放在左手茶巾上，双手协调按逆时针方向转动手腕如滚球动作，令茶壶壶身各部分充分接触开水，将冷气涤荡无存。（注：如果觉得并非烫不可握，也可不用茶巾。）

倒水。根据茶壶的样式以正确手法提壶将水倒入水盂。

② 温盅及滤网法：用开壶盖法揭开盅盖（无盖者省略），将滤网置放在盅内注开水，其余动作同温壶法。

③ 温杯法：

大茶杯。右手提开水壶，逆时针转动手腕，令水流沿茶杯内壁冲入，约总容量的 1/3 后右手提腕断水；逐个注水完毕后开水壶复位。右手握茶杯基部，左手托杯底，右手手腕逆时针转动，双手协调令茶杯各部分与开水充分接触；涤荡后将开水倒入水盂，放下茶杯。

小茶杯。翻杯时即将茶杯相连排成一字或圆圈，右手提壶，用往返斟水法或循环斟水法向各杯内注入开水至满，壶复位；右手大拇指、食指与中指端起一只茶杯侧放至邻近一只杯中，用无名指勾动杯底如“招手”状拨动茶杯，令其旋转，使茶杯内外均用开水烫到，复位后取另一茶杯再温；直到最后一只茶杯，杯中温水轻荡后将水倒去（通常在排水型双层茶盘上进行温杯，则将弃水直接倒入茶盘即可）。

④ 温盖碗法：

斟水。盖碗的碗盖反放着，近身侧略低且与碗内壁留有一个小缝隙。提开水壶逆时针向盖内注开水，待开水顺缝隙流入碗内约 1/3 容量后，右手提腕令开水壶断水，开水壶复位。

翻盖。右手如握笔状取渣匙插入缝隙内；左手手背向外护在盖碗外侧，掌沿轻靠碗沿；右手用渣匙由内向外拨动碗盖，左手大拇指、食指与中指随即将翻起的碗盖正盖在碗上。

烫碗。右手虎口分开，大拇指与中指搭在内外两侧碗身中间部位，食指屈伸抵住碗盖盖钮下凹处；左手托住碗底，端起盖碗右手手腕呈逆时针运动，双手协调令盖碗内各部位充分接触热水后，放回茶盘。

倒水。右手提盖钮将碗盖靠右侧斜盖，即在盖碗左侧留一小缝隙；依前法端起盖碗平移于水盂上方，向左侧翻手腕，水即从盖碗左侧小缝隙中流进水盂。

6）置茶手法。

① 开闭盖：

套盖式茶样罐。双手捧住茶样罐，两手大拇指用力向上推外层铁盖，边推边转动茶样罐，使各部位受力均匀，这样比较容易打开。当其松动后，右手虎口分开，用大拇指、食指和中指抵住外盖外壁，转动手腕取下后按抛物线迹移放到盘右侧后方角落；取茶完毕仍以抛物线轨迹取盖扣回茶样罐，用两手食指向下用力压紧盖好后放下。

压盖式茶样罐。双手捧住茶样罐，右手大拇指、食指与中指捏住盖钮，向上提盖沿抛物线轨迹将其放到茶盘中右侧后方角落；取茶完毕依前法盖回放下。

② 取茶样：

茶匙法。左手竖握（或端）住已开盖的茶样罐，右手放下罐盖后弧形提臂转腕向箸匙筒边，用大拇指、食指与中指三指捏住茶匙柄取出；将茶匙插入茶样罐，手腕向内旋转舀取茶样；左手应配合向外旋转手腕令茶叶疏松易取；茶匙舀出的茶叶直接投入冲泡器；取茶完毕右手将茶匙复位；再将茶样罐盖好复位。此法可用于多种茶冲泡。

茶荷法。右手握（托）住茶荷柄从箸匙筒内取出（茶荷口朝向自己），左手横握已开盖的茶样罐，凑到茶荷边，手腕用力令其来回滚动，茶叶缓缓散入茶荷；将茶叶由茶荷直接投入冲泡具，或将茶荷放到左手（掌心朝上，虎口向外），令茶荷口朝向自己并对准冲泡器具的壶口，右手取茶匙将茶叶拨入冲泡具。足量，后右手将茶匙复位，两手合作将茶样罐盖好放下。这一手法常用于乌龙茶泡法。

7）冲泡手法。

冲泡时的动作要领：头正身直，目不斜视；双肩齐平，抬臂沉肘。一般用右手冲泡，左手则半握拳自然搁放在桌上。

① 单手回转冲泡法：右手提开水壶，手腕逆时针回转，令水流沿茶壶口（茶杯口）内

壁冲入茶壶（杯）内。

② 双手回转冲泡法：如果开水壶比较沉，可用此法冲泡。双手取茶巾置于左手手指部位，右手提壶，左手垫茶巾部位托在壶底；右手手腕逆时针回转，令水流沿茶壶口（茶杯口）内壁冲入茶壶（杯）内。

回转高冲低斟法：乌龙茶冲泡时常用此法。先用单手回转法，右手提开水壶注水，令水流先从茶壶壶肩开始，逆时针绕圈至壶口、壶心，提高水壶令水流在茶壶中心处持续注入，直至七分满时压腕低斟（仍同单手回转手法）；水满后提腕，令开水壶壶流上翘断水。淋壶时也用此法，水流从茶壶壶肩到盖，再到盖钮，逆时针打圈浇淋。

8）茶巾折叠法。

长方形（八层式）：用于杯（盖碗）泡法时，以此法折叠茶巾呈长方形放入茶巾盘内。以横折法为例，将正方形的茶巾平铺桌面，将茶巾上下对应横折至中心线处，接着将左右两端竖折至中心线，最后将茶巾竖着对折即可。将折好的茶巾放在茶盘内，折口朝内。

正方形（九层式）：用于壶泡法时，不用茶巾盘。以横折法为例，将正方形的茶巾平铺桌面，将下端向上平折至茶巾 2/3 处，接着将茶巾对折；然后将茶巾右端向左竖折到 2/3 处，最后对折即成正方形。将折好的茶巾放入茶盘中，折口朝内。

（5）演示结束，为客人斟茶服务。

（四）茶客离店的收尾工作

（1）送茶客。用语一般为“欢迎下次光临！”

（2）客人走后要进行检查。一是检查是否有客人遗忘的物品；二是检查是否有茶馆遗失的物品。

（3）迅速打扫卫生，使物品就位。

（4）迎接新的茶客。

第三节　茶艺馆服务标准

在中小型的茶艺馆中，大堂部是为整个茶馆服务的核心。它的运转节奏和效率决定着其他部门的节奏和效率。大堂部主要负责茶馆的销售和对客服务，大堂部服务质量的好坏决定着茶馆的销售和信誉。

一、大堂部的组织构成

（一）大堂部的机构设置

由于茶馆的规模大小不同，大堂部组织机构的区别很大，主要表现在以下几个方面：

（1）大型茶馆大堂部管理层次多，而小型茶馆层次少。大型茶馆大堂部组织机构中有部门经理级、主管级、领班级、员工级 4 个层次，而小型茶馆可能只有经理、领班、员工

3个层次。

小型茶馆	接待处						商品部						
中型茶馆	接待		电话		收银		茶商品			用具商品			
大型茶馆	预订	接待	问讯	电话	行李	收银	名茶柜	陈年柜	茶品	书店	茶具商品	商务中心	大堂副理

（2）大型茶馆大堂部组织机构内容多、范围广，而小型茶馆内容少。大多数大型茶馆的大堂部设有商务中心，有用具商品店、书店等，而小型茶馆则没有。

（3）大型茶馆大堂部职能划分精细，由不同的岗位负责，而小型茶馆则可能三合为一（将接待、电话、收银合并为接待处），以减少管理费用的成本。

（二）大堂部的岗位设置

1．预订员

（1）部门

预订处。

（2）管理层级关系

① 直接上级：预订处主管。

② 协作人员：接待员等。

（3）主要业务

负责茶馆客人的预订等具体工作。

（4）素质要求

① 熟悉预订业务知识，能与客户保持联系。

② 具有使用计算机完成客人的预订并储存资料的能力。

③ 能熟练地编制客户预订表，独立回复茶馆的信函。

④ 了解茶市价格，知道茶馆的设施设备和商品知识。

⑤ 善于交际，待人热情礼貌，讲诚信，反应敏捷。

（5）岗位职责

① 负责与当地客房建立业务关系网，尽力推销本店茶品。

② 接受和承办茶客各种形式的预订业务，及时将预订资料递交接待处。

③ 及时向预订部主管提供重要客人（VIP）到店信息。

④ 准确无误地填写好客人预订表格和资料。

（6）工作表格和资料

① 预订单。

② 预订卡。

③ 受理委托书。

④ 来宾情况更改通知单。

⑤ 来宾通知单。

⑥ 会议订座单。

⑦ 预订确认书。

⑧ 预订婉拒单。

⑨ 明日到达茶客名单。

⑩ 客情预测表。

⑪ VIP 呈报表。

⑫ 特殊要求通知单。

（7）设置配置

计算机预订控制设置。

（8）主要工作项目和标准。

① 茶客预订程序和工作标准。

程　　序	工作标准及要求	
通信联系（4 种方式）	电话预订：接电话迅速、亲切、仔细聆听，记下要求，复述核实，准确答复 函电文字预订：迅速及时，慎重准确 来店预订：争取客人先付定金，特别是团队 联网预订：通过网络预订茶馆	
明确客源	散客预订 团体预订	
受理预订或婉拒预订	对照当天客人情况，受理客人预订或婉拒预订 若受理预订，可按规定程序进行 若婉拒预订，可建议客人去连锁店，也可以将客人要求记录在“候位名单”上，一旦有位立即通知客人	
确认预订	发预订确认书或电话通知 声明茶馆取消预订的规定	
记录储存	计算机储存	填写茶客预订单 按规定输入计算机
	手工储存	填写预订单、预订金、客史卡、原始预订凭证，并装订在一起 按客人来店日期排列，或按客人名字的字母顺序排列。
控制检查	预订管制。提前一天或数天通知接待处，茶室于几点已被预订	
制定预订表	将预订的茶座按时间顺序排列	
控制预订取消	请申请人写出书面申请（取消预订） 抽出预订单，加盖取消图章	
控制预订更改	按客人提出的新要求填写预订确定单，并发给客人 改写预订单，并按时通知接待处（变动要求）	
抵店准备	提前一周或数月将茶客客情（VIP 客人，大型团队）信息通知各部门，可采取发各类预报表的方法 客人抵店前，将客人具体接待安排以书面形式通知相关部门 请接待处按客人的具体要求做好接待工作 到接待处核对预订情况 到接待处取“签到”名单，整理成两份	

② 电话预订程序和工作标准。

程　序	工作标准及要求
接电话	电话铃响 3 声之内接听 若铃声响 3 次以上，则应向客人致歉，说声“对不起”
敬语问候	您好、早上好、下午好、晚上好
报部门名称	我是×××茶馆预订处，我是预订员×××
询问客情	请问先生（小姐，女士）贵姓 请问×先生（×小姐，×女士）的工作单位
聆听客人要求	了解客人需要预订茶馆茶室的类型 查询计算机或预订卡，看是否可满足客人要求
复述核实	将客人要求复述一遍，以便核实
推销产品	介绍茶馆的茶品种和价格
付款方式	问清是现金付款还是信用卡、支票付款 在预订单上注明付款方式
特殊要求	问清客人是否有其他的特殊要求 详细记录并复述核实
抵达时间	确认客人抵达方式及时间 确认是否需要店外接送服务 确认接送客人的地点和方式
完成预订	向客人致谢

③ VIP 客人的预订工作程序和标准。

程　序	工作标准及要求
接收预订信息	了解客人的身份、职位，若符合 VIP 客人的接待条件，应及时上报预订处主管 上级审核批准后，填写 VIP 预订单并送到有关部门
填写 VIP 预订申请单	填写客人姓名、职位、公司名称，抵达和离店时期，茶室类型，及可接受的茶价 如客人有特殊要求，应详细注明
VIP 客人礼品的选择	在 VIP 预订单上将已选择的礼品注上标记“√”
上报领导审批	送预订处经理审批签字 送交茶馆老总审批签字

④ 预订客人资料的整理程序和工作标准。

程　序	工作标准及要求
准备工作	汇集前一天办理的茶客登记表 进入计算机客人历史档案查询系统
建立客人资料	输入客人姓名、性别、年龄、公司名称、住址、邮编、生日等资料 将特殊要求输入备注栏中
确　认	进入计算机相关系统，检查以上输入的资料与客人提供的资料是否相符

2．接待员

（1）部门

接待处

（2）管理层级关系

① 直接上级：接待处领班及主管。

② 协作人员：预订处预订员、礼宾处迎宾、店外接送员、接待处收银员等。

（3）主要业务

负责茶馆茶客的接待工作，查验客人的付款和动向。

（4）素质要求

① 掌握茶店的茶室类型、位置和价格。

② 熟悉当天的茶馆销售项目。

③ 语言能力强，应变能力强，具有较高的销售艺术。

④ 准确填写登记表。

（5）岗位职责

① 负责办理茶馆来客的登记手续，为茶客分配茶室和位置。

② 做好与其他人员的联系工作。

③ 掌握当日的茶室和茶座的预订情况，制定表格。

④ 掌握客人动态，随时为客人提供服务。

⑤ 搞好接待业务的日换班联络工作。

（6）工作表格和资料

① 茶客登记表。

② 营业统计表。

③ 换茶室通知单。

④ 团体通知单。

⑤ VIP 通知单。

（7）设备配置

计算机。

（8）主要工作项目和标准

① 分配茶室工作程序和标准。

程序	工作标准及要求
准备工作	核对登记卡 根据预订单，调整客人情况 电话询问 VIP 客人和团队客人是否按时到达 与相关部门联系，核实 VIP 客人的茶室准备情况 通知接车或迎接服务

（续）

程　序	工作标准及要求
迁入与登记	主动迎客，微笑致意，敬语招呼 弄清客人是否预先订位 填写茶客登记表 审核客人填写信息是否清楚完整 审核客人身份
分配茶室	根据茶客要求，为茶客提供茶室或座位 向茶客讲清茶馆有关规定 填写房卡，引领服务 提醒客人寄存贵重物品
确认付款方式	请客人到收银处确认付款方式
送客	向客人致谢，欢迎下次光临
处理客人资料	制作客人资料卡 将客人资料按抵达日期和字母顺序排列存档

② 为团队客人分配茶室的工作程序和标准。

程　序	工作标准及要求
准备工作	找出团队预订资料，查询到达时间并核实 按团队分配茶室，尽量集中安排 填写团队登记表 准备好团队到来的迎接工作
通知有关部门	请茶馆相关人员做好接待工作
迎接客人	向领队或陪同表示欢迎
登记	请领队或陪同在团体登记表上签名
存档	将团队资料按要求存档

③ 为 VIP 客人分配茶室的工作程序和标准。

程　序	工作标准及要求
准备工作	填写 VIP 申请单，上报总经理审批签字 为 VIP 选择茶室的最好位置 将茶室钥匙送服务主管，并告之 VIP 到达时间 请部门经理在客人到达前两小时检查房间 准确掌握客人姓名和身份
迎接客人	用准确的客人姓名和身份称呼客人，表示欢迎 由部门经理亲自迎接，向客人介绍茶馆情况，并将其送到茶室，安排到位，将准备的礼品送给 VIP
存档	复核 VIP 客人资料的正确性，输入计算机并告知其他部门注意 为 VIP 客人建立历史资料，按要求存档

3．问询员

（1）部门

问询处。

（2）管理层级关系

① 直接上级：问询处主管和领班。

② 协作人员：预订处预订员、接待处接待员等。

（3）主要业务

接受客人的询问，向客人介绍情况。

（4）素质要求

① 能流利地使用一门以上的外语和普通话进行服务工作。

② 熟悉茶馆的设备设施及特色；掌握茶室的位置、价格和格调，茶馆的营业时间和电话号码。了解客人到达时间，懂得公共关系学的基础知识。

③ 熟悉茶馆各项规章制度，涉外政策与法规；了解客源的国情、地理及风土人情，了解客人的情况及保密规定。

④ 懂得接待的礼仪礼节，对客人提出的各种问题能给予圆满的回答和处理，具有较强的口头表达能力。

⑤ 熟悉所在客房的电话号码和团体的工作单位。

（5）岗位职责

① 掌握情况。收集茶客名单及动态，以备联系。

② 提供信息。为茶客提供全方位的服务，提供准确的信息，尽量满足客人的合理要求。

③ 委托代办。为客人代办留言、保存等。

④ 安排会晤。根据访客的要求与住客联系，经茶客允许安排会晤。

（6）工作表格和资料

① 各航班、车次的时刻表。

② 各景点游览图。

③ 本地、本省、全国地图。

④ 本地、本省、全国的电话号码及邮编。

⑤ 其他利于服务工作的一切资料。

⑥ 访客留言单。

⑦ 茶客留言单。

⑧ 主要委托书。

⑨ 贵重物品寄存单。

⑩ 客用安全保险箱使用登记簿。

（7）设备配置

① 问询架。

② 茶客资料架。

③ 程控储存电话机。

（8）主要工作项目程序和标准

① 问询工作程序和标准

程　序	工作标准及要求
主动迎客	微笑迎客，敬语问候，询问客人需何帮助
聆听问题	仔细聆听客人的问询，认真思考问题的实质
复述问题	用简练的语言将客人的问题复述一遍
回答问题	能直接回答的问题可立即回答客人 需要查资料才能回答的问题可按 3 步操作：请客人稍候，查资料，回答问题
记录存档	将客人的问题和处理结果记录，按类型存档，以便整理、使用

② 口信、留言服务工作程序和标准

程　序	工作标准及要求
主动迎客	微笑迎客，敬语问候，询问客人需何种服务，是茶客还是访客
填写表格	请客人在留言单上填写附言并认真检查核对
存放表格	将填好的留言单放在相应留言架上
转告客人	及时将留言单转交客人

③ 贵重物品保管服务工作程序和标准

程　序	工作标准及要求
主动迎客	微笑迎客，敬语问候，询问客人需何帮助 认真聆听，弄清客人寄存的要求，再复述一遍
填写表格	请客人填写贵重物品寄存单 向客人详细介绍其注意事项
选择保险箱	根据客人要求选择相应规格的保险箱 将箱号记录在寄存单箱号栏内

4. 收银员

（1）部门

接待处。

（2）管理层级关系

① 直接上级：接待处主管。

② 协作人员：接待处接待员等。

（3）主要业务

建立客人账户，并负责客账和为客人结账。

（4）素质要求

① 掌握验钞机、点钞机和计算机的操作方法，迅速准确地为客人结算。

② 掌握各类产品的价格标准及折扣。

③ 具有识别各类外币、旅行支票及信用卡真伪的能力。

④ 自觉执行现金管理制度，不挪用公款。

（5）岗位职责

① 保证客人结账准确无误，收取以现金、转账支票及信用卡等方式支付的费用。

② 核实账单及信用卡，负责结转团体或公司单位客人账单。

③ 负责与接待处核对。

④ 负责客人贵重物品的寄取与保管。

（6）工作表格和资料

① 客人分户账单。

② 团体客人结账单。

③ 总账单。

④ 现金收入日报表。

（7）设备配置

计算机、验钞机、点钞机等。

（8）主要工作项目程序与标准

程　序	工作标准及要求
接收客人住店资料	由接待处转来客人住宿登记表，表内填有姓名、房号、房价，可做收银依据
开设账户	核对账卡或登记表和计算机中的姓名、价格是否相同 属于优惠价的要有主管签字，便于以后查档
准备记账	建立账户后，认真记录客人的一切消费，记账必须准确并请客人签单 所收费用应记每日报表，其他部门的消费由部门收银员输入计算机，再由前厅收银处汇总账单
迅速走账，保存账单	注意催促各部门账单、账卡必须按规定时间准时送到前厅收银处 登记表和各类账单凭证，应妥善保存
团队结账	将总账单和《委托书》交财务认可 结清个别客人的账单和旅行社应支付的账目
使用信用卡结账	检查信用卡是否在本店能用 核对客人签字 核对信用卡有效期，核对身份证 核对银行提供的黑名单 请客人在账单上签名

5．商品部服务员

（1）部门。

商品部。

（2）管理层级关系

① 直接上级：商品部主管或领班。

② 协作人员：各种商品的服务员、收银员等。

（3）主要业务

负责来店客人商品买卖业务。

（4）素质要求

① 掌握茶馆的所有商品知识。

② 熟练掌握茶叶的产地和价格。

③ 掌握销售技巧和礼貌用语，能用一门外语与外宾交流。

④ 了解其他商品知识，善于收集整理资料。

⑤ 礼貌回答客人询问。

（5）岗位职责

① 掌握商品情况，特别是对茶书、茶具、茶叶知识的了解，接待客人时有问必答。

② 互通信息。通过相关部门了解客人信息，进行针对性服务。

③ 检查环境。负责各柜台的卫生。

④ 安全检查。注意商品的安全性，因为茶为人之饮品。

（6）工作表格和资料

① 客人购物分析表。

② 货单表（进、出）。

③ 价格表。

（7）主要工作项目程序和标准

程　　序	工作标准及要求
主动迎客	微笑迎客，敬语问候，询问客人需何帮助 认真聆听，并复述一遍
介绍产品	用敬语介绍 注意推销技巧 注意客人反应 产品要准确说明产地和价格
购买与否	如果客人购买，应为客打包，并礼貌谢客 如果客人不购买，也应该表示感谢，欢迎再次光临
热情送客	微笑致意，敬语欢送 招呼客人出大门，并以点头礼送客

二、茶室和大厅的组织构成

（一）茶室和大厅的机构设置

茶室和大厅的机构设置与大堂部机构设置相类似。

小型茶馆	大　厅				茶　室					
中型茶馆	礼宾处		服务处		迎宾		茶室服务			
大型茶馆	迎宾	门卫	服务员	茶艺师	迎宾	引领	服务员	卫生员	茶艺师	演员

（二）茶室和大厅的岗位设置

1．迎宾员

（1）部门

大厅部。

（2）管理层级关系

① 直接上级：大厅主管或领班。

② 协作人员：大厅服务员、茶室服务员等。

（3）主要业务

负责为茶客提供迎送、引领服务工作。

（4）素质要求

① 迎接服务能力。能够迅速、正确、礼貌地引客人入位，并能较快地熟识客人，了解其饮茶习惯、宗教信仰、生活忌讳和特殊爱好，以便有针对性地做好迎接服务工作。

② 语言文字能力。能够准确填写迎接工作任务单以及预订情况表。口齿清楚，语言规范。

③ 其他相关能力。具有较强的处事应变能力和较强的内部协调能力。

（5）岗位职责

① 根据客人的情况，填写任务单，为茶馆主管和领班布置工作任务提供依据。

② 接听电话，接受茶客预订。

③ 了解茶馆领班对当日茶台的茶室安排、预订情况及对客安排情况，以便更好地提供服务。

④ 将客人平均分配到不同区域，以平衡服务人员的工作量。

⑤ 主动迎接客人并引导茶位。

⑥ 通知服务区域的服务员，并及时为客人提供服务。

⑦ 协助客人寄存衣帽。

⑧ 做好本服务区域内的卫生清洁工作。

⑨ 参加营业前准备工作和营业后结束工作。

（6）工作内容

① 按时到岗，整理好自身的仪容仪表。

② 参加班前会，了解当日工作安排和具体的工作分工。

③ 清洁本服务区域内环境卫生，准备好营业期间所需服务用具。

④ 为特殊客人预订、准备物品并落实。

⑤ 营业前 5 分钟站立于指定工作位置，恭候客人到来。

⑥ 营业期间，在茶馆门口欢迎客人的到来，并引导茶位。

⑦ 客人就座后，迎宾员将茶单礼貌递送到客人手上。

⑧ 将客人移交值台服务员，并向客人介绍值台员。

⑨ 营业高峰时，如果没有空位，应向客人解释并道歉，可以请客人候位。

⑩ 随时与大堂和茶室服务人员联系沟通，及时互通信息。

⑪ 按茶馆规定标准接听电话，并及时落实电话内容。

⑫ 接受客人的预订，并随时做好记录和通知有关部门做好迎接准备。

⑬ 客人饮茶结束，欢送客人，并表示欢迎客人再次光临。

⑭ 当班结束后，与下一班次做好交接工作。

⑮ 营业结束时，做好茶馆的收尾工作。

（7）主要工作项目和标准

① 营业前准备工作程序和标准

程　序	工作标准及要求
仪容仪表	制服挺括，洗熨平整，无破损和污渍，纽扣齐全，一般以中式服装为好 鞋袜按工作要求穿戴，保持一定的光洁 手部清洁无污迹，不留长指甲，不涂指甲油，不佩戴装饰用的饰物 头发要求梳理整齐 化淡妆，保持朴素、优雅的外观面貌
班前会	按时参加班前会 认真倾听领导当日工作任务的分派 将工作中发现的情况和问题及时向上级反映 接受上级对自己仪容仪表的检查 了解本日的产品和客人情况
清洁整理	将自己工作区域的卫生清扫干净，做到无污渍，无杂物 将迎宾台上的各类物品清洁、擦拭、归类，按要求摆放整齐 检查所有物品是否齐全，是否符合茶馆要求

② 迎宾及引导工作程序和标准

程　序	工作标准及要求
迎接客人	保持正确的站姿和仪容仪表 站立于餐厅间右侧，可以让客人直接看到的位置
问候客人	当客人到来时，微笑，并使用专业用语礼貌地问候客人 当客人确定座位时，应问清客人人数、姓氏及是否吸烟
协助客人存放衣物	协助客人在衣帽间存放衣物，并提醒客人需自己保管的贵重物品 将取衣牌交给客人保管
引领客人入位	问清客人是否选择无烟区 迎宾员右手持茶单，左手为客人指示方向（注意指示时，必须四指并拢，掌心向上） 引领员在引领时，应走在客人的左前方，并保持1～1.5米的距离，步伐速度适中 到达茶位后，征询客人是否满意
拉椅让座	站立于椅后，为客人拉椅 当客人坐下时将椅轻轻前送 服务过程中，遵循先女后男，先宾后主的服务原则
迎宾员与值台员的交接	迎宾员应向客人介绍值台员，并把客人的信息告知值台员，以便更好地为客人提供服务

2. 服务人员

（1）部门

茶厅或包间。

（2）管理层级关系

① 直接上级：大厅或包间主管或领班。

② 协作人员：迎宾员、收银员、茶艺师等。

（3）主要业务

为茶客提供周到、细致的服务工作和清洁工作。

（4）素质要求

① 具有独立完成服务操作的能力。

② 善于领会客人的心理，及时为客人服务。

③ 反应敏捷，口齿清晰，会话流利，迅速记录客人点茶而无差错。

④ 具有较强的处事应变能力和推销意识及能力。

⑤ 要掌握茶叶和冲泡知识。

（5）岗位职责

① 布置茶厅和茶台，补齐服务用品，做好服务前的准备工作。

② 负责擦干、擦净茶具，搞好茶厅或茶室的清洁卫生工作。

③ 按照服务规程和茶馆的标准，做好接待服务工作。

④ 熟悉茶馆的茶产品，做好推销工作。

⑤ 接受客人的点单，做好收银、结账工作。

⑥ 及时撤下多余茶具，保持工作区域清洁。

⑦ 随时观察客人的动向，以便迅速为客人提供服务。

⑧ 负责客人结束工作和翻台工作。

⑨ 营业结束时，做好茶厅的各项收尾工作。

（6）工作器具

托盘、圆珠笔、茶巾、抹布、点茶单。

（7）工作内容

① 按时到岗，整理好自身的仪容仪表。

② 参加班前会，了解当日工作安排和具体分工。

③ 清洁本服务区域内环境卫生，准备好营业期间所需服务用具。

④ 做好开业前准备工作，布置好茶厅，按要求摆放茶台。

⑤ 备好所有用具。

⑥ 热情问候客人，拉椅让座，开茶。

⑦ 将茶单礼貌递送给客人，并为客人准备白开水。

⑧ 接受点单，主动提供信息和帮助。

⑨ 填写茶单，将茶单交前台并取茶叶，转交给茶艺师或直接为客人服务。

⑩ 随时为客人添加茶水。饮茶结束后，礼貌地同客人道别，并欢迎客人下次光临。

⑪ 检查物品，一是客人遗留物品，二是茶馆的遗失物品。

⑫ 清洁台面，重新摆位，迎接下一批客人。

（8）主要工作和标准

程　　序	工作标准和要求
仪容仪表	与迎宾员要求相同
准备工作	到岗后，依据班前会的布置和要求进行工作 检查所有物品的状况，如果有问题通知有关部门处理 根据客人要求准备 熟悉当天物品供应情况 开茶前 15 分钟值台，并站到指定位置
迎接客人	向客人问候，落实身份后，引领到位 为客人拉椅让位，请落座 为客人示意，让位 征询客人饮何种茶 主动为吸烟的客人点烟
就茶服务	征询客人意见，是否表演茶艺，准备开茶 严格按茶馆标准开茶 随时为客人提供服务 注意茶礼 注意斟茶顺序
结束服务工作	客人饮茶完毕后，服务员为客人递送小毛巾 随时注意台面卫生，保持清洁 准备接待下桌客人
结账送客	当客人要求结账时，值台员应到收银处取回账单，并检查是否准确 将茶单夹在账单内，从主人的右侧将账单递送给主人，请客人结账 客人结账时，应表示感谢 客人离去时，迎宾员应将客人送出茶馆，并表示感谢，欢迎下次光临

3. 茶艺师

（1）部门

前厅部。

（2）管理层级关系

① 直接上级：前厅主管。

② 协作人员：迎宾员、服务员等。

（3）主要业务

负责为客人演示茶艺和提供点茶服务。

（4）素质要求

① 表演能力。茶艺师面对客人能够准确、礼貌、熟练地把茶艺表演到位。

② 语言表达能力。能够准确表达茶性、茶品及茶的语意，口齿清楚，语言规范。

③ 举止表达能力。要求温文尔雅，举止到位，有韵律。

④ 音乐欣赏能力。要求了解民乐知识，能够欣赏古筝等民族乐器。

⑤ 其他相关能力。具有较强的处理应变能力和较强的内部协调能力。

⑥ 茶知识能力。掌握茶叶知识、茶具知识、泡茶用水知识、泡茶知识、茶史知识，具有一定的文学修养、艺术修养、音乐修养、美学修养和历史修养等。

（5）岗位职责

① 根据信息和客人情况，填写工作任务单。准备好自己的工作。

② 接受主管或领班分配的任务。

③ 主动接受表演工作，为客人服务。

④ 通知服务员做好协助工作。

⑤ 做好本工作区卫生清洁工作。

⑥ 参加茶馆的班前会议和茶馆结束工作。

（6）工作器具

各类茶艺表演的茶具，如茶组合、茶巾、随手泡、茶垫等。

（7）工作内容

① 按时到岗，整理好自身的仪容仪表。

② 参加班前会，了解当日工作安排和具体工作分工。

③ 清洁本服务区域内环境卫生，准备好营业期间所需用具。

④ 准备好表演服装。落实客人的具体要求。

⑤ 营业前 5 分钟到位，恭候客人到来。

⑥ 开演前行茶礼。

⑦ 演出要有节奏性，一气呵成。

⑧ 演出完毕，要为茶客敬茶水或礼物。

（8）主要工作项目和标准

程　序	工作标准及要求
仪容仪表	服装挺括，洗熨平整，无破损和污渍，纽扣齐全 不同茶艺要求不同的服装，保持服装的清洁 发型按表演要求梳理 化妆按表演要求来做
班前会	按时参加班前会 认真倾听领导分派任务 按工作任务准备演出用具和服装 接受上级检查

（续）

程　　序	工作标准及要求
迎客服务	保持正确站姿和仪容仪表 站立于演出位置，待客落座
表演	行待客礼，表示欢迎客人的到来 随音乐走到表演台前，慢慢坐下 开始表演，动作准确，熟练，无小动作 表演结束，敬茶礼，请客品茗 转交服务员服务
结束工作	表演结束，待客品茗完毕，收回茶具，清整，归类 待主管安排工作

思考与练习

1. 什么叫茶艺馆?
2. 简述茶艺馆的分类。
3. 简述茶艺馆各岗位的服务程序。
4. 简述茶艺馆各岗位的工作标准。

第七章

茶艺馆的经营管理

第一节　茶艺馆的经营管理特点及内容

现代茶艺馆在服务领域中比较独特，它以茶艺和品茗为载体，来满足顾客物质和精神方面的各种需求，具有品茶论艺、休闲娱乐、文化交流、艺术欣赏、商务洽谈和社会交往等多种功能，是综合性很强的服务场所。由于它适应了当前的消费趋势和潮流，所以发展迅速。一个茶艺馆要想更好地发挥自己的功能，获得竞争优势，就必须结合茶艺行业的特点，加强经营管理，提高服务水平，以优质高效的服务赢得顾客。

一、茶艺馆经营管理的特点

茶艺馆的经营是利用场地、设备和一定消费性的物质材料，通过人的服务活动来满足顾客的需要，从而提高经济效益和社会效益。茶艺馆的经营管理是一项专业性较强的工作，除了具有一般性服务行业的共同之处，它还有自身的特点和内容。

1. 文化特色的民族性

茶艺馆表现的是茶艺和茶文化，其服务的内容也代表了中华民族文化精神的内容。可以说，茶艺馆是民族文化的浓缩。随着社会的发展，茶艺馆也成为人们社交的重要场所。茶艺馆悬挂的字画，古朴典雅的家具，悠扬的民族音乐，具有民俗特色的挂饰、装饰，风格各异的民族服装、工艺品，再加上各种各样的名茶、引人入胜的茶艺表演，让人在享受茶文化风韵的同时，更加感受到民族文化的丰富内涵。茶艺员通过语言、形体动作、情感交流等向顾客展示茶文化，诠释中国优秀的民族文化精神。

2. 艺术的综合性

很多茶艺馆在装饰、陈列上，会突出某一时代的特征，将该时代的各种艺术元素综合地渗透和融合，充分地展示其艺术魅力。这里不仅有茶艺，还有琴、棋、书、画、诗、词、歌、赋，以及服装、工艺品、食品等，共同营造出一个和谐的艺术氛围。在这样的环境中，就要求从业人员努力学习茶艺和茶文化知识，不断提高艺术修养，通过自己的不断努力来展示民族文化艺术的无穷魅力。

3. 顾客的多样性

从服务对象看，茶艺馆的顾客多种多样。有的人文化素质较高，追求高雅、宁静的环境和艺术享受；有的人是单纯为了社交或商务需要；有的人附庸风雅，追求时髦。去茶馆的人，既有各界名人、海外侨胞、港台同胞，也有国际友人。由于各自的文化素质、兴趣爱好、风俗习惯不同，他们对茶艺服务的要求也就存在一定的差别。这就要求茶艺馆不断提高服务人员的服务技能和服务水平，以更好地满足各种层次顾客的需要。

4. 产品的独特性

茶艺馆的核心产品是服务。服务产品具有无形性、随机性，服务的提供与客人的消费同时进行，顾客的参与性等特点，使其与有形产品的消费有了明显的不同。这不仅要求服务人员知识全面、技能娴熟，而且还要独具慧眼，善于观察和分析顾客，了解顾客的真实需求，及时调节现场气氛，表现出服务的灵活性、随机性和亲和性，使顾客与茶艺馆的氛围能融为一体，积极主动地参与到茶艺过程中，更好地理解和接受茶艺馆的服务。

5. 效益的社会性

追求良好的经济效益，是茶艺馆生存和发展的必要条件。但是，由于茶艺行业的特殊性，在经营管理过程中，更要强调其社会效益。茶艺能净化心灵，美化人生，善化社会，能促进人与人之间的和谐沟通，推动社会文明的进步。茶艺馆在经营过程中，要注意茶文化的宣传和普及。同时，良好的社会效益也能促进茶艺馆经济效益的提高。

6. 经营管理的复杂性

从以上分析可以看出，大多数茶艺馆尽管规模不大，但对其经营管理却提出了较高的要求。茶艺馆的经营管理涉及方方面面，内容繁杂，要想在激烈的市场竞争中发挥茶艺馆的功能，获得良好的经济效益和社会效益，就必须不断提高经营管理水平。

二、茶艺馆经营管理的主要内容

茶艺馆经营管理的内容，概括起来主要包括人员的岗位职责的确定、日常事务管理、营销管理、现场管理、人事管理、服务管理和品牌管理等，后面我们将有重点地进行学习。

第二节　常规管理和服务管理

一、常规管理

茶艺馆每天都要遇到大量的事务问题，制定相应的管理制度和规范是不可或缺的。这不仅有利于管理人员跳出繁琐的杂务，提高管理的效率，同时也为有关人员提供了相应的行为标准。从茶艺馆的角度讲，常规管理的内容主要包括物品管理、商品管理、采购管理、仓库管理、单据管理、发票管理、吧台管理、财务管理、会议管理、电话管理和对外联络等。

1．物品管理

这里的物品主要指除对外销售的商品之外的有关物品，如字画、工艺品、乐器、家具、电视机、音响、茶具、装饰品、报刊杂志、空调、消防器具等。这些物品非常分散，分布在茶艺馆的各个区域，有的是易损物品，这些物品会影响到茶艺馆的正常经营活动。对物品的管理和使用要制定出相应的规章制度，内容包括负责人、使用的具体规定、损坏的处理规定、养护的规定与措施等。

2．商品管理

商品是茶艺馆对顾客销售的有关物品，如茶叶、茶具、书籍等。商品一般都集中陈列或展示，便于客人选购。商品管理制度的内容主要包括商品陈列的要求、商品定价的要求、调价的规定、损坏的处理、日常的维护、销售奖励等。

3．采购管理

采购的质量和水平不仅影响到茶艺馆的经营水平，而且也会影响到茶艺馆的服务质量和信誉。因此，对采购工作也必须规范管理，严格要求。采购管理的内容主要包括：①采购人员的基本条件；②采购工作的程序；③缺货处理；④采购后对不合适物品的处理；⑤采购人员的责任与奖惩；⑥采购人员的账务、单据管理；⑦采购人员了解市场行情、开辟新货源渠道的要求；⑧采购人员与供应商关系的处理；⑨采购人员的职业道德要求。

4．仓库管理

仓库管理制度的内容主要包括：①验收入库的具体规定，入库程序；②仓库单据的保管，台账的制作；③各种物品最低库存量的规定；④申购程序；⑤领料的程序与手续；⑥各种货物（如茶叶、茶具）存放的具体规定；⑦盘存的要求；⑧防潮、防蛀、防鼠、防变质的具体制度；⑨货物账实不符的处理；⑩仓库的卫生管理；⑪仓库的安全管理；⑫仓库保管员的职业道德要求。

5．吧台管理

吧台是联系内外、交流信息、接待顾客、处理纠纷、接受意见和建议的重要场所，吧台管理的水平也直接关系到茶艺馆的服务水平和整体形象。吧台管理制度的内容主要包括：①顾客消费单据的管理规定；②发票填制的要求；③吧台物品管理规定；④电话使用的规定；⑤顾客订台的处理；⑥顾客的意见、建议、留言的处理；⑦吧台卫生管理；⑧电话留言的处理；⑨吧台物品盘存，物品账实不符的处理；⑩顾客消费打折的处理。

6．会议管理

茶艺馆经常召开各种各样的员工会议，如例会、班前会、班后会等。为了提高会议质量，也要形成相应的会议管理制度，如例会的时间、请假及缺席的处理、纪律要求、会议决定的检查落实等，都应作出相应的规定。

7. 财务管理

财务管理主要涉及会计报表、税务、内部的会计制度、财务制度、工作流程、现金管理、资金运作等，可依据国家的会计准则、税务部门的具体要求，结合企业的实际情况，制定相应的管理制度。

二、服务管理

服务现场是参与服务的各要素和谐而有机的组合。服务现场主要包括 4 个要素：①服务者；②服务活动；③场所；④设施、材料、用具。服务者为顾客提供服务，是现场管理的中心；服务活动是顾客消费的主要内容，服务活动的质量直接影响到顾客对服务的认识和评价；场所提供了服务环境；设施、材料、用具是服务所必需的物质条件。这 4 个要素有机结合，使服务现场完整统一。

服务离不开现场，服务质量取决于服务现场。服务现场是服务工作矛盾的焦点，是顾客评价的核心，是展示茶馆形象的窗口。因此，现场管理就成为茶馆管理的核心，而这个核心的“核心”就是人。现场管理也就是围绕为顾客创造良好的消费环境而对服务人员的服务活动和服务过程的管理。现场管理主要围绕 3 个方面进行，即人的管理、物的管理和环境管理。

1. 服务人员的管理

（1）仪容仪表的管理要求

1）服装。按季节规定统一着装，做到干净、整齐、笔挺，不得穿规定以外的服装上岗；勤换洗内衣，保持内衣的干净、整洁；服装上不得挂饰规定以外的饰物；衣袋内不得多装物品；不得戴手链、大耳环等饰品；非工作需要，不得在茶艺馆外穿工装。

2）个人卫生。上岗前，不准吃葱、蒜等带有异味的食物；饭后要刷牙，保持口腔清洁；勤理发、洗头，勤剪指甲，指甲内不得有污垢，不染指甲；保持自然发型，不得染发，不能留怪异发型；淡妆上岗，不得使用带有较明显刺激性的化妆品；手部不能涂抹化妆品；患有皮肤类疾病者，要选择用药，勤洗澡，严禁体臭上岗；不准在服务区域剔牙、抠鼻、挖耳；不准随地吐痰；经常洗澡，保持身体清洁。

（2）言谈举止的管理要求

1）站立。站立迎送客人，要毕恭毕敬，收腹挺胸，颔首低眉，双目微俯，面带微笑，双腿不可叉开，身体不能扭斜，头部不可歪斜或高仰。

2）坐姿。在需要坐下的场合，背要挺直，不含胸，表情温馨，头部不可上仰或低俯，身体不得来回摆动，两腿不要抖动。

3）行走。步履轻盈，和颜悦色；头不低，收腹挺胸，要从容，不显得匆匆忙忙；空手行走不得倒剪双手或袖手，手臂自然摆动；入室陪同时，客人在先，其中女士在前。

4）看。面向客人，目光间歇地投向客人；不能望天花板，不能直瞧地面，不能无目的地东张西望；禁止凝视、斜视、冷白眼，禁止对客人上下打量、长时间审视。

5）听。认真倾听，平和地望着客人，视线间歇地与客人接触；对听到的内容，可用微笑、点头应对等；不能面无表情，心不在焉，不可似听非听，表示厌倦；不能摆手或敲台面来打断客人，更不得不礼貌地甩袖而去。

6）交谈。对客人要热情礼貌，有问必答；顾客多时，要分清主次，恰当地进行交谈；说话声音要柔和、悦耳，控制好语调、语速，不得大声说话或大笑；不得表现出不愿与客人交谈的情绪，或不应答客人；对客人提出的要求，要尽可能地想办法予以满足；对客人的不满或刁难，要冷静处理，巧妙应对，不得与客人发生冲突，必要时可请领班或经理出面解决。

7）服务。按茶艺服务的动作标准、程序、规定进行。

8）其他。无客人时，不能扎堆聊天，不能梳妆打扮，不能大声喧哗；可有组织地进行学习、讨论、练习等，并安排专人做好迎宾工作。

（3）礼仪礼节的要求

在接待客人和服务过程中，恰当使用文明服务用语。不能使用服务禁忌语言。在服务区域碰到客人要主动打招呼，向客人问好。对顾客要热情服务，耐心周到，百挑不厌、百问不烦。递送物品要用双手，轻拿轻放，不急不躁。不能与客人发生争执、争吵。不能带情绪上岗，不能带着不悦的情绪接待顾客。对客人要了解其禁忌，避免引起客人的不快或发生冲突。尊重客人的习惯，不得议论、模仿、嘲笑客人。保持愉快的情绪，微笑服务，态度和蔼、亲切。进入房间前要先敲门，经许可方能入内。同事之间和谐相处，团结互助，以礼相待。

（4）劳动纪律的要求

1）员工必须按时上班，准时进入工作岗位；如有急事要向经理请假，批准后方可离开。

2）不准在服务现场吃东西、干私活。

3）严禁酒后上岗。

4）工作期间必须讲普通话，不得使用方言。

5）严守工作岗位，不准随便离岗。

6）维护茶艺馆的形象，不得在服务现场聊天、打闹、嬉笑、大声交谈。

7）不能因点货、收拾台面、结账等原因不理睬顾客。

8）不得当面或背后议论客人，不得对客人评头论足。

9）不得使用破损、有缺口、有污渍的茶具。

10）不准与顾客争吵。

11）不准坐着接待顾客，对待顾客要礼貌、热情、主动。

12）不得随地吐痰、乱扔杂物，要保持工作区域的清洁。

13）不得表现出对客人的冷淡、不耐烦及轻视，对所有客人要一视同仁。

14）保持良好的站立姿势，不可靠墙或服务台，不可袖手或倒背双手。

15）与客人交谈时要掌握技巧，注意分寸，不得打听客人的隐私。

16）全面了解茶艺馆的情况，不得对客人的问题一问三不知。

17）收放物品时要小心，轻拿轻放，不能声音过大。

18）不能不理会其他服务员招待的客人的服务要求。

19）不得当着客人的面打扫卫生。

20）严禁向客人索取小费。客人付小费时要婉言谢绝。

（5）考勤制度的要求

1）为保证正常的工作秩序，员工必须按时上班，不迟到，不早退，不旷工，不擅离职守，有事要请假，并按要求办理请假手续。

2）经理或领班要如实记录所有人员的出勤情况，以其作为对员工考核、奖惩的重要依据之一。考勤记录不得涂改，记录错误确需更改时，当事人要签名并说明更改原因。

3）请假要由员工本人填写请假条，写明请假的事由和起止时间，经理批准后方可离开。职工病假超过 1 天者，需出具市级以上医院的证明。一般情况下，不得通过电话请假，不得他人代假。

4）各种假期的管理，如事假、病假、婚假、丧假、休假等，视具体情况作出相应的规定，内容包括请假手续的办理，工资、奖金的处理等。

5）对违反考勤制度者，如迟到、早退、旷工、捏造理由请假、考勤弄虚作假等，要制定相应的处罚措施，以保证考勤制度得以切实执行。

2．物品和设施的管理

茶艺馆的各种服务设施、用具、物品的维护和保管十分重要，必须建立相应的管理制度。

（1）设施和物品要由专人负责，专人专管，做到岗位清晰，职责明确。

（2）明确设施、用具的检查项目、检查方式，定期定时进行检查，发现问题及时处理。

（3）建立设施维修保养资料卡和用具账目及损坏情况登记卡，以便积累数据，掌握规律。

（4）对商品陈列作出明确规定，使陈列安全、有序，显示出美感，并方便顾客选购。

（5）对物品的人为损坏，要有相应的处理办法。

3．环境管理

茶艺馆服务环境的要求是整洁、美观、舒适、方便、有序、安全和安静。优良的服务环境，一方面可以满足顾客的需求，获得顾客的好感和信任，树立企业的良好形象；另一方面会使服务人员精神焕发，干劲十足。

（1）安全管理

1）有目的、有组织地分析服务全过程，尽可能抓住容易发生事故的关键环节，制定预防措施及对策。

2）着眼于发生事故的苗头，以便采取相应措施。

3）制订应急计划和措施，避免措手不及，以减少事故发生时可能造成的损失。

4）抓好安全教育，使所有员工树立牢固的安全防范意识。搞好安全培训，使员工熟悉安全措施和消防设施的使用方法。

5）按照安全消防的要求，配置消防器材，并安排专人负责管理。

6）经常巡视检查，查除安全隐患。

7）明确每个员工的安全责任，动员全员参与，共同搞好安全工作。

8）经理和领班在安全管理中要发挥主动作用，经常检查关键环节，抓好对员工的安全教育和培训工作。

（2）卫生管理

1）地面要求“光、亮、净”，不得有未清理的垃圾。顾客丢弃的废物要随时清理。

2）地面无痰迹、烟头、烟灰、污水、纸片和脚印等。

3）大厅、房间、卫生间墙面、墙角和窗台等处无积尘、浮土、蜘蛛网等。

4）门窗、楼梯扶手无灰尘、污垢，玻璃要清澈透亮，无污点、污痕。

5）柜台、货架、音响、电视等凡能看得见、摸得着的地方，不得有污物、灰尘、污渍。台面无杂物、灰尘、茶渍等。

6）卫生间地面干净，无污水、脏物。纸篓的垃圾及时清理，所存垃圾不得超过纸篓高度的1/2。管道上下水通畅，洗手池外壁、内壁、台面、水龙头无污迹、灰尘，便池干净、洁白，无明显污渍。室内经常通风，无异味。各种物品摆放整齐、有序，墙面无乱涂乱画。

7）客用茶具无水痕、污渍、手纹、茶渍（紫砂壶、茶船除外）。

8）室内无蚊蝇、老鼠及腐烂变质的商品、食品，无异味。

9）宣传栏、装饰物无灰尘、污垢。

10）客用茶具、餐具按规定进行消毒。

11）生熟食品分开保存。

12）吧台物品摆放整齐，卫生要求与其他室内的要求相同。

13）每天上午开门接待顾客前，经理或领班要组织服务人员全面打扫卫生，对所有区域按标准进行清理，并逐项检查，不合格的地方要重新清理。

14）营业期间，所有人员要随时注意卫生情况，发现问题要及时处理。

15）晚上送宾后，对地面、台面、墙面要彻底打扫一遍。

16）所有员工不得乱扔杂物，不得随地吐痰。

17）及时清理台面上的果皮、茶叶、水迹等，勤换烟缸，保持台面的干净、整洁。

18）对出现问题的员工，领班和经理要随时提醒其注意个人行为。问题严重的，要进行相应的处罚。

19）对员工进行卫生知识和卫生法律制度的培训，帮助员工养成良好的卫生习惯，树立卫生意识，注意约束自己的行为，努力创造卫生、清洁、舒适的工作和服务环境。

20）经理、领班要经常检查卫生制度的落实情况，对存在的问题要提出改进意见和要求。

（3）营造安静的服务环境

1）所有服务人员要注意自己的言谈举止，保持环境的安静。

2）背景音乐要柔和，声音适度，不能太高。

3）对发出声音、声响较大的顾客，要以适当的方式提醒其注意，共同营造安静的环境。

三、提高员工服务能力的方法

（1）坚定地将“顾客满意”置于所有的目标之上。

（2）所有员工都应具有这样的品质——对“顾客满意”的绝对执著。

（3）每天评估顾客的满意度，将结果公布，如果达成目标就奖励有功人员。

（4）雇用并留住肯接受而且热衷于让客户满意的员工。每一名新进员工，在雇用前都要接受经理的面谈，目的在于确定这个人是否有喜欢他人的性格、服务他人的理念。

（5）让员工知道期待什么和什么会被期待。每一名聘用的员工都会收到一份通知，上面包括：

1）员工将接受品质、努力、工作热忱、诚实和成果等方面的评定和监督。

2）员工可在绝对追求卓越的环境下提升服务品质，品质就是“顾客满意”。

（6）从上班第一天起就培训员工。每一名新进人员在上班的第一个月，都要先接受服务训练。此训练的目的在于使他们了解该茶艺馆的生存是系于客户的满意。

（7）创造使员工舒适并能努力使客户满意的环境。这就像美好的食物、方便的停车、干净的洗手间、削尖的铅笔一样，是每天都要面对的事情。当员工觉得舒适的时候，他们会将这种感觉带到工作中，然后令客户满意。

（8）以待客之道对待员工。应该在观念上消灭“员工”这几个字，事实上，“员工”是一个没有作用的字眼，我们管的不是这些人，而是他们的努力。员工被当做顾客对待，这就会树立一个明确的规矩：我们都是彼此的客户。

（9）把自己看做是顾客。喜欢他人的人自然就会从顾客的角度考虑问题，容易把自己看做是顾客。如果你用对了人，只要跟他们说“把自己看做是顾客”，其他的事就可交给他们去做。

这几点方法明确地阐述了管理学家在过去几十年来所发现的激励员工的方法。

第三节　员工守则

下面以某一公司的员工守则为例进行介绍。

一、公司的人事政策

（1）努力建立并维护公司与员工之间的和谐关系。

（2）尊重每位员工，维护其尊严。

（3）选择优秀员工担任要职。

（4）为每位员工安排完善的培训，以提高工作效率。

（5）给予每位员工合理的薪金。

（6）为优秀员工提供晋升的机会，帮助他们发挥聪明与才智。

二、公司的服务理念

必须做到和蔼、微笑、亲切、礼貌、理解、合作、诚实、互助。

三、员工的工作

（1）一旦你被公司录用，你必须服从公司安排，认真做好本职工作。如果你不适合此工作，公司可能将你调动或辞退。

（2）本公司提供良好的晋升机会。你的晋升机会取决于你的工作表现、工作效率、工作能力、团队精神和主动性。

（3）受雇于本公司的另一条件是，公司可根据经营情况或员工表现随时调整工作及薪金。

四、员工的工作态度

友善：以微笑来欢迎客人，与同事和睦相处。

礼貌：任何时候对待客人或同事均要做到彬彬有礼。

服从：必须服从领导的指示和安排，努力把工作做好。

守则：必须遵守各项法律法规、规章制度，严于律己。

责任：恪尽职守，尽忠尽职，做好并完成本职工作。

整洁：不但要保持个人卫生和着妆的整洁，同时要保持工作区域及工作台、茶具等的卫生和洁净。

五、员工的权利

（1）员工有权根据公司工资制度、福利制度领取薪金，并享受有关福利待遇。

（2）员工有根据国家规定及公司《考勤制度》享受节假日的权利，有自由支配业余时间的权利。

（3）员工有对公司（个人）提出意见和建议的权利。

（4）员工有接受培训的权利。

六、员工的义务

（1）员工有遵守国家法律、法规及公司各项规章制度的义务。

（2）有如实填写个人简历，提供有效证件的义务。

（3）有服从工作安排，努力做好工作的义务。

（4）有搞好协作、提高工作效率的义务。

七、考勤

为了确保各项工作的顺利进行，员工必须服从必要的调动与安排。良好的出勤率是一项极为重要的工作要求，也是晋级的重要考核标准。具体细节以公司《考勤制度》为准。

八、仪表、仪容

（1）所有员工上岗时，必须保持标准工作姿态，干净整洁，衣着得体、美观大方，指甲不得超过指尖。

（2）男员工应每天修面，头发梳理整齐，发长不超过耳朵和领子。

（3）女员工应适当修饰头发，梳理符合岗位要求的标准发型，不得过度涂抹化妆品及香水或佩戴首饰。

八、服务与态度

（1）微笑服务。微笑并不需要你付出多少，却可赢得很多，微笑不仅令客人满意，也能提高工作效率。

（2）态度友好。对待客人，要使用规范的服务语言，礼貌待人。用你希望别人对待你的态度去对待别人。使用污言秽语冒犯他人，会令人厌恶，使客人对公司产生不良印象，是严重的违纪行为，一经发现，立即解雇。

十、行为举止

在工作中，必须保持秩序井然，仪表端庄，举止得体。严禁干与工作无关的事，否则将被解雇。

在工作中绝对禁止咀嚼口香糖。以任何形式向客人、供应商索取佣金、小费或其他好处，皆属严重错误行为，一经发现，将被立即解雇。

员工须全心全意为公司服务，未经公司书面同意，不得从事任何有偿业务或兼职。

员工之间难免产生矛盾，如不妥善处理，可引致不必要的摩擦和误会。若对工作或其他方面感到不满，请及时提出。

为了同事和公司的利益，也为了自己，如有任何不满，请告诉可以解决此问题的人，首先是直接领导，只有经过沟通，才能互相了解。

十一、业务培训

为了提高员工的业务水平，公司将根据工作需要，对员工进行多方面的业务培训。

公司鼓励员工选学与本职工作有关的课程，外出培训必须以书面形式报请公司，经领导批准后方可，其费用由本人预先垫付。从毕业之日起为本公司工作2年后，凭原始发票报销（由于本人原因被公司辞退，公司将扣除报销部分）。

由公司指派外出培训的员工，费用由公司支付。从毕业之日起为本公司工作未满2年者，将扣除该员工在学习期间的工资、奖金及各项补贴等。

十二、员工宿舍

公司提供的员工宿舍为集体宿舍，为了员工的身心健康和个人财产安全，公司要求：保持室内空气清新，物品码放整齐，注意个人卫生。宿舍内禁止存放易燃易爆、有毒物品及个人贵重物品。合理使用电器，节约用水用电。避免各种意外事件发生。

员工宿舍禁止留宿非本公司人员，为了不影响工作，宿舍外来人员必须在晚十点之前离开宿舍。

十三、更衣室、更衣柜

更衣室是酒店或饭店提供给员工更换服装的地方，严禁打闹、睡觉、乱丢废弃物。

更衣柜是酒店或饭店提供给员工保存衣服等物品的地方，由公司统一分配，不得私自调换，更衣柜内严禁存放贵重物品、食品和易燃、易爆、有毒物品和违禁品。

保持更衣柜的整洁卫生，公司有权指派专人不定期地检查。

十四、保守秘密

未经公司同意，员工不得泄漏、传达、刊印有关公司的文章、书籍、文件、照片或信件，也不得接受访问或广播、发表与公司相关的事务。保守秘密是员工的职责和义务，如有违反，立即辞退。

十五、安全

安全问题人人有责。公司随时接受员工的安全建议，为防止意外事故发生，员工需提高警惕，通力合作，严格按操作规程办事。

如发生交通事故，应立即拨打122报警，由主管部门依法解决。严禁私了，私了后果一律由本人负担。

报警电话：**110**　火警电话：**119**

交通事故：**122**　急救中心：**120**

十六、工资、奖励

员工工资由公司根据考勤，依据合同，按月发放，如发现数目有出入，应立即到公司查询。

员工奖励由公司根据经营状况制定并执行。

十七、违纪违规处罚

1. 准则

部门经理对下级执行违纪处罚时，应严格遵守以下准则：

（1）确保你的下级了解公司的各项规章制度。

（2）维护良好的工作环境，消除在处理问题时对员工产生的不良影响。

（3）绝对禁止因个人感情发泄私愤，非难下级。

（4）给予下级任何一种处分，须向下级解释清楚，允许下级本人对处分决定发表意见。

2. 目的

为了规范工作秩序，创造良好的工作环境，提高员工职业素质，教育全体员工，凡违反公司规定、损坏公司声誉、造成公司经济损失、破坏员工之间关系、影响公司大家庭氛围的行为，公司有权以事实为依据，根据以下条款合理处罚：

（1）下述行为将受到“警告”处理：

- 无故迟到、早退
- 未按实际时间签到、签退
- 代替他人签到、签退
- 无故怠工或擅离职守
- 不修边幅，化妆不到位，衣着不整洁
- 当班时拨打私人电话，携带手机
- 当班时在非指定区域吃食品、喝饮料、嚼口香糖等
- 当班时看书、看报、洗澡或会见亲友及为同班员工隐瞒去向
- 不卫生行为
- 不遵守员工守则
- 不遵守考勤制度
- 不遵守岗位责任制

（2）下述行为将受到“严重警告”处理：

- 连续3个月内受到3次“警告”处理
- 当班时散漫、打瞌睡或做与工作无关的事
- 不执行公司指派的工作
- 对客人和同事无理、粗言秽语、出言不逊或恐吓、威胁、欺负同事和客人
- 擅自更改排班表
- 说谎或谎报信息
- 擅自向客人索取小费或物品

（3）下述行为将受到“解聘”处理：

- 连续30天受到两次“严重警告”处理，或连续12个月内累计受到3次“严

重警告”处理

- 当班时辱骂或殴打他人
- 酗酒闹事、服用毒品
- 拒绝执行公司管理人员的决定和指定的工作
- 违反操作规程而导致伤亡事故和经济损失
- 导致公司蒙受经济损失的行为
- 泄漏公司的机密信息
- 伪造、涂改各种原始记录、账单、单据
- 骗取、贪污、盗窃、破坏公司或他人财物
- 无故旷工
- 参加非法集会或组织的活动
- 聚众闹事，煽动和参与斗殴，集体怠工、罢工
- 未经公司书面批准，同时受雇于其他单位或个人
- 触犯国家法律、法规和规定

第四节 员工岗位职责

一、卫生

（1）展柜玻璃、不锈钢茶叶桶，早晚班各擦一次，保证展柜角落无灰尘。

（2）展柜、陈列柜的茶具应摆放整齐、合理并保持清洁，定时打扫。

（3）茶车、柜台经常擦拭，保持清洁、整齐，桶内垃圾不过夜。

（4）茶具用后应及时清洗干净，保证无茶垢，并定期对茶具进行消毒。

二、形象

（1）上班员工需提前搞好个人卫生，女员工淡妆上岗，男员工修面上岗，服装整洁并保持良好的精神状态（女员工饭后及时补妆）。

（2）保持微笑，使用规范的服务语言和标准的服务形态，给客人留下美好的印象。

（3）站时须直立，不得过分倚靠，不得双手抱胸，应双手垂直或前握、后握，坐时不能架二郎腿，避免侧身，面朝进门平视，随时注意客人进出。

（4）上岗前，禁止食用异味食品（如大蒜等），上岗时，禁止咀嚼食品及口香糖。

三、服务

（1）主动与客人接触，了解客人的心理需求及情绪状态，全心全意为客人服务。

（2）对客人服务无微不至，把客人至上的服务精神融入其中，使客人高兴而来、满意而归。

（3）当客人提出问题时，应用自己所学和掌握的知识进行耐心的解答。

（4）客人提出要求时，须尽力帮助解决（对于无理要求，微笑着婉言回绝），事后记录在案，并及时汇报。

（5）当客人提出建议时，须细心聆听，事后记录在案，并及时汇报，以便及时改进公司的服务。

（6）当客人提出意见时，须细心聆听，向客人致歉，并马上在职权范围之内采取补救措施（如超出本身权限，应立即向公司领导汇报，求取解决办法）。事后以书面形式及时汇报，以便杜绝类似事件的再次发生。

（7）如果客人提出品茶需求时，需主动为客人撤下餐具，注意桌面卫生，及时更换烟缸。如需续水或客人提出更换茶叶，应及时、周到。

（8）严禁与客人顶撞或对客人表示不满，如有此事发生，即被解雇。

（9）严禁向客人索要小费，如有此事发生，即被解雇。

四、岗位

（1）早班人员上班时，必须查看工作日记，并对茶具进行清点，如发现损坏、丢失或与工作日记有出入时，记录在案，待与晚班交接时询问情况。晚班人员接班时须同早班人员一起对茶具及工作状况进行清点和交代，并详细记录，签字认同。

（2）早班人员下班时间已到，而晚班员工未到岗时，早班人员可轮换吃饭，但必须留一人值班，等晚班人员到岗时，方可全部离岗。

（3）未经领导同意，不得无故换班。如遇特殊情况，需请示经理，批准后方可换班。但考勤、流水还是按原班人员记录。

（4）工作期间禁止拨接电话、看书、看报、吃东西和聊天等，严禁脱岗。

实例

凯宾斯基饭店茶艺人员工作流程及重点工作要求

根据凯宾斯基饭店（以下简称“凯宾”）的工作特点，特制定在该饭店工作的所有人员应严格遵守的工作流程及重点工作要求。

一、早班

1. 早上__:__准时到达工作岗位（饭后）。
2. 到岗之前必须检查自己的仪容仪表是否符合要求。
3. 签到；做营业前的准备。
4. 工作：查看交接班留言；检查茶具是否破损、丢失；清点现金是否正确，现场必须处于营业状态。

5. 当班人员根据实际客流情况，适时轮流用餐，用餐时间不得超过30分钟。

6. 中午所有当班人员必须全部在岗。下午开始与晚班人员进行交接工作（注意：交接班时严禁四人聚在一起，应分工明确，两人在前，两人在后）。

7. 签退下班（晚班人员未能按时到岗，交接工作依次顺延，并按实际下岗时间签退，及时上报主管经理）。如晚班人员未能尽数到达，早班人员应以客人为重，经过协商后，留下一人，主动加班，次日当面告之主管经理，加班人员还应在签到表和签退表上签署实际下岗时间，以便公司根据管理制度，结合主管经理的意见，给予倒休或工资奖励。

二、中班

如遇特殊情况，公司将安排中班班次，中班上班时间为：上午：__:__准时到达工作岗位（饭后），到岗之前必须检查自己的仪容仪表是否符合要求；签到；向当班人员了解经营状况，迅速投入工作。当班人员根据实际客流情况，适时轮流用餐，用餐时间不得超过30分钟，晚__:__在与当班人员交接清楚后，签退下班。对于超时加班的人员，公司将根据管理制度给予倒休或工资奖励。为了人员的自身安全，凡中班加班的女员工，必须同中餐男员工一同回住宿地点。

三、中餐中班

在人员充足的情况下，将根据本饭店的特点，适时安排中餐中班，上班时间为上午__:__准时到达工作岗位（饭后），到岗之前必须检查自己的仪容仪表是否符合要求；签到后去中餐报到上岗，如中餐不忙，返回大堂投入大堂工作，并随时听从中餐人员调遣，当班人员根据实际客流情况，适时轮流用餐，用餐时间不得超过30分钟，晚__:__准时中餐报到上岗，如中餐不忙，返回大堂投入大堂工作，并随时听从中餐人员调遣。晚__:__在与当班人员交接清楚后，签退下班。对于超时加班，公司将根据管理制度给予倒休或工资奖励。为了人员的自身安全，凡中班加班女员工，必须同中餐男员工一同回住宿地点。

四、晚班

1. 下午__:__晚班人员准时到达工作岗位，到岗之前必须检查自己的仪容仪表是否符合要求；签到；查看交接班留言；询问早班有无遗留问题；检查茶具是否破损、丢失；清点现金是否正确；做好交接准备工作（注意：交接班时严禁四人聚在一起，应分工明确，两人在前，两人在后）；早班人员下班，晚班人员正式接替早班全部工作。

2. 晚__:__开始，当班人员根据实际客流情况，适时轮流用餐，用餐时间不得超过30分钟，晚__:__所有当班人员必须全部在岗。

3. 晚班人员分工做好下班前的整理工作，包括茶具的清洗、擦拭、码放；填写交接记录；如遇有客人，应以客人为重，主动加班至客人离开（对于超时加班，公司将根据管理制度，根据主管经理的意见，给予倒休或工资奖励）；签退；锁好展柜、茶车；切断所有与经营有关的电源，以便使早班人员迅速进入营业状态。

4. 在确认所有收尾工作无误后方可下班。

五、其他工作要求

1. 当班时，严禁将不良情绪带入工作中，如有发生，即严格处理。

2. 当班时，严禁顶撞客人或对客人不满，如有此事发生，即严格处理。

3. 当班时，禁止使用客梯、客卫、客人通道，不可擅动饭店物品。

4. 当客人、饭店领导到来时，要笑迎宾客，彬彬有礼，严禁坐在茶凳上与客人打招呼或旁若无人。

5. 当班时，不得无故怠工，擅离职守，如有事离岗，必须向大堂主管或领班及本班次搭档打招呼，要保证一人正常在岗，不得有空岗的情况出现。

6. 当班时，必须保持展柜、茶车、茶具、用品的干净与整洁。

7. 当班时，休息及去洗手间时间不得过长。

8. 当班时，饭后、休息后、去洗手间后，女员工必须补妆。

9. 当班时，严禁聚众聊天、说笑。

10. 当班时，严禁看报纸、书、学习、洗澡、会见亲友。

11. 工作前及工作中，禁止食用有异味食品，禁止喝饮料、嚼口香糖。

12. 当班时，禁止在非指定区域吃食品；不得食用饭店营业食品及饮料。

13. 当班时，应注意安全，规范使用随手泡、饮水机，严禁电器带病作业，以避免发生事故。

14. 在为客人服务的全过程中，应积极巡视、主动续水，尽量不要等客人招呼，避免客人对服务产生不满。为客人送开水时，应注意周围环境，提高警惕，及时、合理地避让客人，以免发生烫伤事故。

15. 在饭店餐厅营业时间内，大堂人员应随时根据中餐人员反馈的中餐厅客源情况，及时到餐厅为客人服务。

16. 必须同本公司人员团结协作，与饭店所有人员搞好团结，严禁公司人员介入饭店人员之间的各种纷争。

17. 晚班人员应定期（暂定：一周期 2 次）、分批适量对茶具进行消毒浸泡，并提前通知早班人员，以便早班人员提前做好第二天早上清洗茶具的思想准备，以免影响早班按时进入营业状态。晚班人员下班后，应迅速处理个人事务，集体返回住地，不得因个人私事在饭店逗留，耽误他人正常下班休息，给第二天的工作带来负面影响。如遇饭店员工组织活动，必须本着自愿参加的原则，向主管经理请假，得到批准后方可前往，但不能影响第二天的正常工作。如本人有私事，必须向主管经理请假，得到批准后方可前往，但不能影响第二天的正常工作。

以上所有条款，凡凯宾斯基当班人员必须遵守，如有违反，公司将按照《人员违纪处罚制度》，根据实际情况对当事人进行严厉处罚。

另，公司将就在本程序及准则实施过程中的相关细节与问题，及时进行调整与完善。

第五节　人事培训管理

人事培训管理是茶艺经营管理的一项重要工作，有效地开发和利用人力资源，不仅可以降低经营成本，而且还可以有效地调动和提高员工工作的积极性和主动性，激发其工作热情，增强其责任心，从而促进茶艺馆经营目标的实现。人事培训管理包括员工的招聘、培训、工资、福利、考核、奖惩、激励、个人发展和心理调适等。

一、招聘

一般情况下，在茶艺馆装修施工开始以后，就要考虑员工招聘与培训的问题了。招聘可以在开业前40～45天开始，培训可以在开业前20～30天开始。

招聘工作的质量直接影响到以后的经营管理工作。招聘质量高，选择的人员合适，不仅有利于提高服务质量，而且还能保证员工队伍的稳定性。选人不当，一方面不利于管理，影响服务水平，另一方面，还会造成较高的人员流动率，增加招聘与培训成本。所以对招聘工作必须给予足够的重视。

1．招聘的准备工作

为了保证招聘工作的顺利进行，并给应聘者留下较好的印象，在招聘工作开始前必须做好以下准备工作：

（1）设计、印制“应聘人员登记表”。

（2）确定初试、复试的内容及方式。测试的内容包括茶艺知识、社会知识、能力和品质等。方式主要有口试、笔试、现场表演及具体操作等。

（3）确定员工的待遇，包括工资、奖金、福利、假期及住宿等。

（4）招聘负责人及测试人员的确定。

（5）测试标准与考核办法的确定。

（6）确定初试、复试时间及结果的公布方式。

（7）落实面试、考试和表演的场地以及所需物品。

2．员工的来源

（1）大专院校及职业学校。

（2）职业介绍所或人才交流中心。

（3）朋友介绍、推荐。

（4）广告招聘。广告可以采用媒体广告或招贴广告等形式。广告要讲明招聘岗位、人数、性别、年龄、学历、应准备的个人资料、报名时间、报名地点、联系电话及联系人等内容。

3．招聘的过程

（1）报名。报名要有固定的地点，由专人负责。报名都要填写“应聘人员登记表”，并告知初试时间。

（2）初试。在应聘人员较多时，可以进行初试，淘汰一部分人，以提高复试的质量。有单位把报名过程就作为初试的过程。初试可以采取口试的方式，通过与应聘者的交流了解其基本情况。测试者对每位应聘者客观地做出判断。初试结束后，测试者把各个应聘者的判断综合在一起，确定参加复试人员的名单。

（3）复试。复试可以采用口试、笔试、具体操作等不同形式。每个测试都会从不同的角度（如语言表达能力、思维反应能力、性格及技能等方面）给应聘者打分。复试结束后，综合各种测试的总体结果，确定录取人员名单。

（4）录取人员名单的公布。名单确定以后，要以适当的形式公布出来，或直接通知相关人员，同时要确定培训的时间、地点及注意事项。

二、培训

现代茶艺馆对培训工作都给予了高度的重视，并希望通过高质量的培训来提高经营管理水平。培训包括 3 个方面的内容：知识、能力（技能）和态度。

1．培训方式

培训可以采用外部培训和内部培训两种方式，或者两种方式相结合。外部培训要选择正规的、负责任的专业培训单位，如有影响力的茶艺馆、茶艺培训学校或茶艺培训班等。内部培训主要由本茶艺馆具有较高茶艺水平、茶文化知识及经营管理水平的专业人员负责。

2．培训内容

对茶艺员的培训，主要包括以下内容：

（1）茶艺知识，包括茶艺表演的基本步骤、动作要领、讲解内容、面部表情和肢体语言等。

（2）茶文化的基本知识，包括茶叶的分类，茶叶与茶艺的历史发展，主要名茶的产地、品质特点、冲泡方法、故事和传说。

（3）茶具的基本知识。

（4）喝茶的好处。

（5）有影响力的茶人、茶诗词等。

（6）服务技能，包括茶艺表演、提供服务所需要的各种技能。

（7）服务程序，包括从迎宾、服务、结账、送宾，到顾客投诉的处理等一系列过程的具体步骤和要求。

（8）服务案例，把茶艺服务过程中经常遇到的问题编成案例，提出切实可行的解决方案供茶艺员学习。

（9）规章制度，包括劳动纪律、仪容仪表的要求、卫生制度、考勤制度、奖惩制度等内容。

（10）人际关系技能，包括处理与同事的关系、上下级关系、与顾客的关系的具体原则、方法和技巧等。

3．时间安排

对茶艺员的培训是实用性很强的培训，所以在时间安排上可以把理论学习与实际操作结合在一起，交叉进行。前期边学习理论边培训茶艺，增加培训的趣味性。后期重点突出服务技能、服务程序、规章制度的培训。最后，可以进行实践性的模拟训练，以增加茶艺员的临场经验。

第六节 现代茶艺馆的创新之路

经过茶艺界10多年来的不懈努力，我国的茶艺馆发展迅猛，大小茶艺馆遍布城乡，成为人们时尚消费的一种重要选择。随着社会的进步和发展，社会需求将不断发生变化，从而使茶艺馆的发展不断呈现出新的特点和趋势。目前的茶艺馆只有顺应社会发展的要求，不断创新，才能获得生存与发展的良好空间。

一、茶艺馆的经营状况分析

我国的茶艺馆虽然历时较短，但广大经营者克服种种困难，大胆探索，勇于实践，努力开拓和适应消费需求，使茶艺馆的整体发展呈现出一种良好的势头。从整体上看，茶艺馆的经营表现出以下特点：

1．广泛的社会影响力

全国各地的茶艺馆在经营中注重对茶文化知识的宣传和普及，使广大消费者对茶艺、茶文化的认识不断深入。茶艺馆也以其清新高雅的文化氛围、形式多样的茶艺表演及亲切热情、优质高效的服务，引起消费者浓厚的兴趣，使茶艺及茶文化的社会影响不断扩大，品茶论艺成为人们休闲、社交等活动的重要内容。

2．经营管理水平有了较大提高

茶艺馆的经营者为了适应广大消费者的需求，认真学习茶艺及茶文化知识，不断规范内部管理，提高人员素质，积极开展各种营销活动，使茶艺馆的经营管理水平有了较大的提高，树立了茶艺馆的良好形象，进一步扩大了茶文化的影响。茶艺馆之间也经常开展各种交流活动，探讨茶艺馆经营管理的规律、方法和措施，也有效促进了经营管理水平的提高。

3．服务内容不断丰富

各地的茶艺馆结合不同的风俗习惯和消费特点，以茶文化为主线，以茶艺为载体，不断探索新的服务形式和手段，使服务项目和内容日益扩展，不仅推出了很多具有民族特色和地方特色的茶艺表演形式，而且也极大地丰富了茶文化的内涵，使茶艺馆成为光大中国茶文化、弘扬民族优秀文化的重要阵地。

4. 从业人员素质有了一定的提高

我国的茶艺人才从无到有，水平从低到高，为茶艺馆的发展注入了生机和活力。近几年来，我国茶艺界注重对茶艺人才的培养，不仅举办了各种形式的培训，开发了茶艺培训教材，开展了各种形式的茶艺培训活动，为社会培养了一大批急需的茶艺人才，充实了茶艺队伍，而且还确立了茶艺师的国家职业标准，使茶艺人员的培训、考核、技术等级评定更为规范化和标准化。

5. 努力实现特色经营

为了建立竞争优势，树立品牌形象，各茶艺馆都在努力形成自己的经营特色，并投入大量的人力、物力、财力来强化自己的特色和优势。在经营中，茶艺馆密切关注市场变化，及时调整经营策略，努力扩大自己的影响，积极参与市场竞争，形成了一批有实力、有特色、深受消费者欢迎的茶艺馆。

在茶艺馆行业获得快速发展的同时，我们还应该清醒地认识到，茶艺馆之间的经营水平存在较大的差异，并且在总体上经营管理水平不高，面临着许多问题，主要表现在：

① 茶艺馆的规模较小，各地都缺乏有较大影响力的茶艺馆。

② 茶艺馆一哄而上，相互之间竞争激烈，经济效益普遍下降。

③ 从业人员队伍的整体素质有待提高。不少茶艺馆的经营者和服务人员十分缺乏茶文化知识、经营管理知识等，这不仅不利于茶艺馆的发展，而且在一定程度上会损害茶艺行业的形象。

④ 经营者缺乏长远考虑，品牌意识不强。不少经营者只着眼于眼前的经营和竞争，对茶艺馆的发展缺乏长远考虑和规划，普遍缺乏树立品牌和营造品牌的意识，从而使茶艺馆的竞争处在一种较低的层次上。

二、现代茶艺馆的创新之路

1. 茶艺馆创新的必要性

现代社会正处于飞速发展与剧烈的变革过程中，传统的经济形态开始向知识经济、网络经济、服务经济和全球经济的方向转化，由此带动了人们的消费观念、消费习惯和消费方式的相应调整。对于把现代文化与传统文化密切融合的茶艺馆来说，根据形势的变化进行相应的调整与变革是其发展的必然选择。

（1）市场竞争的需要。目前，茶艺馆的竞争已趋白热化。随着时间的推移，茶艺馆的竞争会更加激烈，各茶艺馆会采取各种手段来吸引消费者，扩大自己的市场范围。在这种情况下，只有通过不断创新，提高经营管理水平和服务水平，取得相对的竞争优势，才能在竞争中处于有利的地位，获得理想的经济效益和社会效益。止步不前，不思进取，只能被市场无情地淘汰。

（2）消费需求变化的必然要求。在现代市场中，消费需求始终处于变动的状态，消费者不断地寻求新的消费热点和潮流，以满足自己物质和精神上的需求。这也迫使茶艺馆把创新放在重要位置。一方面，要了解市场，关注消费者的心理变化，积极寻找市场机会。另一方面，要根据消费需求的变化，及时调整企业行为，推动企业创新，及时满足消费者的新需求。

（3）从业人员素质提高的要求。随着最近几年各种形式的茶艺培训的发展，越来越多的具有较高素质的人员进入茶艺馆，从事茶艺服务。茶艺从业人员素质的提高，也要求茶艺馆变革传统的管理方法，在管理观念、管理手段和管理方式等方面进行创新，以有效地吸引人才，培养人才，留住人才，提高茶艺馆的竞争能力。否则，人才的流失，人员的频繁流动，不仅提高了茶艺馆的培训及管理成本，而且还会降低服务水平，影响茶艺馆的形象和信誉。

（4）营造茶艺馆品牌的要求。品牌竞争在未来的茶艺市场上将成为一种趋势，良好的品牌形象是茶艺馆赢得优势的重要武器。树立良好的品牌形象，要求企业加强创新，形成和强化自己的特色，不断提高经营管理水平，扩大茶艺馆的社会影响，以自己的经营实力和良好形象争得消费者的认同和支持。

2. 茶艺馆创新的措施

（1）经营的特色化和品牌化。随着茶艺消费水平的不断提高，茶艺馆之间的竞争将越来越激烈。面对有限的市场，各茶艺馆将突出自己的定位，在体现茶文化一般特性的基础上，逐渐形成自己的特色，如鲜明的风格、独特的服务、浓郁的文化韵味、优雅的环境等，以特有的个性吸引目标顾客。在此基础上，不断提炼和形成品牌特征，通过系统的规划和整体推广，扩大品牌影响力，争创名牌茶艺馆。在未来的竞争中，知名茶艺馆将会获得更多的优势，处于有利的地位。

（2）发展的规模化和连锁化。目前的茶艺馆普遍规模较小，竞争能力较弱，缺乏抗风险能力。由于本身经营特点的要求，茶艺馆发展的一个重要方向就是通过连锁经营来实现规模化，以规模经营来增强市场竞争能力。北京的五福茶艺馆在连锁经营方面已经进行了有益的尝试，并取得了较好的业绩。有一定实力、经营管理比较规范且品牌形象比较好的茶艺馆将是连锁经营的重要力量。连锁经营的发展，将推动茶艺资源的重新组合，推动茶艺馆发展格局的重新调整，小规模的茶艺馆在经营定位、经营管理、营销策略、服务手段等方面就需要行政机关进行调整，以应对来自各方面的竞争压力。

（3）服务功能的多样化。在未来的发展中，一部分有实力的茶艺馆为了满足消费者的多种需要，其服务内容将呈现出综合性和多样化的趋势。一方面，将不断扩展茶艺服务的形式和手段，使中华茶艺的内容更加丰富多彩，来满足消费者对茶艺的多方面、多层次的需求，并推动茶文化的发展。另一方面，以茶艺服务为中心，围绕茶艺服务增加茶艺馆的其他服务功能，如茶餐、文体活动、艺术欣赏、有组织的自娱自乐活动、更便利的商务活动、茶文化宣传和交流活动等。

（4）文化内涵的丰富化。茶艺馆对文化资源进行挖掘、整合，进一步丰富其文化功能将是一个发展趋势。随着整个社会文化素质的提高，文化消费的要求将表现出新的特点，并成为一种消费潮流。茶艺馆作为一种文化的集合体，将在未来的文化消费中扮演重要的角色。要想适应这种趋势，一是要根据目标顾客的特点，有针对性地调整或提高文化品位和文化档次；二是增加文化消费的内容，让顾客可以有更多的选择；三是要努力推动传统文化与现代文化在茶艺馆中的融合，赋予传统文化以新的形式和魅力，让顾客更易理解和接受。

（5）经营管理的规范化和科学化。茶艺馆发展的新特点对经营管理提出了更高的要求。要想适应未来的竞争，并获得快速发展，茶艺馆必须加强基础管理，实现管理的规范化，把各种行为建立在秩序的范围内，提高管理的效率。同时，要适应茶艺服务的要求，不断提高经营管理的科学化水平，更好地满足顾客的需求，推动茶艺馆的发展。

（6）经营视角的国际化。当前，中国经济与世界经济的联系越来越紧密，中国的对外交往越来越频繁，在一定程度上，企业也必须站在更高的角度来看待自身的发展。随着中国茶文化的发展及国际间茶文化交流的不断深入，中国茶文化的国际影响力不断扩大，茶艺馆在未来的经营中要适应茶文化的国际化要求，开拓新的经营方式，在推动中国茶艺走向世界的过程中发挥重要的作用。

茶艺馆的创新主要表现在：管理创新，即探索茶艺馆管理的规律和方法，不断提高管理水平；服务创新，即根据消费需求的变化，寻求新的服务内容和服务方式；经营创新，即根据高层的变化，调整经营策略和经营思路，提高企业营销的针对性和实际效果；知识创新，即不断探索茶文化知识，提高茶艺从业人员的素质，推动茶文化的发展和繁荣。

思考与练习

1. 茶艺馆的经营特点是什么？
2. 茶艺服务的基本要求是什么？
3. 茶艺馆日常管理的内容是什么？
4. 如何提高员工的服务能力？
5. 茶艺人员的培训内容是什么？
6. 现代茶艺馆的经营状况如何？
7. 现代茶艺馆的创新措施有哪些？

第八章

茶艺表演

第一节　信阳毛尖茶艺

信阳毛尖是河南省著名的土特产之一，素来以“细、圆、光、直、多白毫、香高、味浓、汤色绿”的独特风格而饮誉中外。信阳毛尖具有生津解渴、清心明目、提神醒脑、去腻消食等多种功效。

信阳毛尖茶艺

一、茶具组合

竹制茶盘一个，水晶玻璃杯两个，随水泡一个，六君子（包括茶夹、茶漏、茶针、茶匙、茶筒、茶则）一套，茶巾一条。

二、基本程序

1. 画眉入境　　2. 展示茶具
3. 二潭出浴　　4. 仙女起舞

5. 春满南湾
6. 玉壶含烟
7. 高山流水
8. 初展仙姿
9. 仙女飘香
10. 画眉啼鸣
11. 六神游山
12. 喜闻幽香
13. 三品醍醐
14. 回味再三
15. 敬奉香茗
16. 谢茶收具

三、解说词

年年岁岁花相似，岁岁年年人不同。

尊敬的女士们，先生们，大家好。

“身段苗条佩玉绢，末涂脂粉香自来。茶山远处心迫切，信阳别时更依恋。”信阳毛尖是河南人的骄傲，茶区的悠久历史，是使茶文化得以发展的基础。两千年来，在人民群众中流传着许多关于信阳毛尖的传说，使得信阳毛尖更加美丽和神秘。

1. 画眉入境。

2. 展示茶具：水晶玻璃杯，随手泡、六君子（茶艺六用）。

3. 二潭出浴：二潭是信阳出纯正毛尖之地，指的是黑龙潭和白龙潭。天地赐给我们灵物，泡茶要求器具清洁，这道程序就起到了温杯洁具的功效。

4. 仙女起舞：是为了使杯体均匀受热。

春来观花一山茶，
夏往避暑一山阴，
秋览枫叶一山果，
冬赏雪景一山青。

5. 春满南湾。

6. 玉壶含烟：信阳毛尖一般采摘于 4 月中下旬，特级毛尖多采用 1 芽 1 叶制成，芽叶相当细嫩。这就要求冲泡水温要在 80℃左右，在烫洗了茶杯之后，我们不用盖上壶盖，而是敞着壶，让壶中的开水随着水汽的蒸发而自然降温。请看这壶口蒸汽氤氲，所以这道程序称之为“玉壶含烟”。

7. 高山流水：冲绿茶的技巧是，沿着杯壁使水慢慢地流下，细细地向上悬浮，这就称之为“高山流水”。

8. 初展仙姿：信阳毛尖素以形美、色萃、味鲜、香高著称。赏茶是欣赏它的第一绝——形美，条索细紧圆直，色泽翠绿，白毫显露。

9. 仙女飘香：把最好的茶献给各位，一芽一叶的称为“旗枪”，一芽两叶的称为“雀舌”，展开的芽在杯中上下沉浮，形如少女翩翩起舞，栩栩如生，宛如茶姐画眉的灵魂在起舞，这主要是看杯中的茶物，十分有趣。

10. 画眉啼鸣：观看信阳毛尖的汤色，整个茶杯好像盛满了春天的气息。

11. 六神游山。

12. 喜闻幽香：未尝甘露味，先闻圣妙香，先闻香，再品茶，这是茶人的习惯。

13. 三品醍醐：在佛教典籍中用醍醐来形容最玄妙的“法味”。头一口如尝玄玉之膏，云华之液，感到色淡，香幽，汤味鲜雅。二啜感到茶汤更绿，茶香更浓，滋味更醇，并开始感到了舌本回甘，满口留香。品到第三口时，我们品到的已不再是茶，而是在品味西山盎然的生机，在品人生的百味。

14. 回味再三：不羡黄金罍，不羡白玉杯，不羡朝入省，不羡暮灯台。千羡万羡西江水，曾下竟岭城下来。

15. 敬奉香茗。

16. 谢茶收具。

第二节 花茶茶艺

很多开始喝茶的人都会选择喝花茶，它不需要过多的技巧，而且味道很清香，人们能够很容易接受。

花茶茶艺

一、茶具组合

三才杯（即小盖碗）若干只，白瓷茶壶一把，木制托盘一个，随手泡一套，青花茶荷一个，茶道具一套，茶巾一条。

二、基本程序

1. 神入茶境
2. 展示茶具
3. 四龙游戏
4. 三才淋浴
5. 观音普渡
6. 游龙戏水

7. 初展仙姿
8. 仙女散花
9. 祥龙行雨
10. 观音再渡
11. 甘露润心
12. 一盏香茗知己
13. 天人之作
14. 三龙护鼎
15. 白味瓢春
16. 再探仙颜
17. 品点江山
18. 即兴颂章
19. 尽杯谢茶

三、解说词

（起身，问好，行茶礼。）

“一杯春露暂留客，两腋清风几欲仙。”“开门七件事，柴米油盐酱醋茶。”茶与中国人的生活息息相关。随着社会的发展，人民生活水平的提高，对饮茶也提出了新的要求。饮茶是一件十分有趣的事情。品茶更需要用心去品味。茶的真香，唯有细斟慢啜，方知其味。

花茶之美，贵在爽口。未见其茶，先闻其香。不管什么时候，总有花瓣漂浮于杯中，时不时地给你提个醒，稍不留神滑进你的口中，知心知意的。清爽淡雅之余，让你想起旧情往事，从口中吐出来，那是碎了的花瓣，尽管口味单一，但是直接……因此，人们把花茶也叫做知己茶。

1. 神入茶境。

2. 展示茶具：主泡器三才杯，上为天，中为人，下为地，天人合一。随手泡，六君子。

3. 四龙游戏：主要是打开三才杯的茶盖，中国的茶道讲究人和，表明了天地人和，幸福美满的景象。

4. 三才淋浴：起到温杯洁具的作用。

5. 观音普渡：温杯主要起到使茶的香气提高的作用。

6. 游龙戏水：又称之为摇杯，是为了使杯体均匀受热。

7. 初展仙姿：今天我们为大家冲泡的是茉莉花加玫瑰和千日红花辨，使茶的香气尽收百味。

8. 仙女散花。

9. 祥龙行雨：冲花茶先少许水，温润茶芽，然后悬壶高冲。

10. 观音再渡。

11. 甘露润心。

12. 一盏香茗知己。

13. 天人之作：刮去茶沫，在品尝时更具雅致。

14. 三龙护鼎。

15. 白味瓢春：闻茶的香气，在品饮之间佐以茶食，能更好地体会茶的韵味。

16. 再探仙颜。

17. 品点江山：一品得其趣，二品得其味，三品得其神。

18. 即兴颂章：一碗喉吻润；二碗破孤闷；三碗搜枯肠，唯有文字五千卷；四碗发轻汗，平生不平事，尽向毛孔散；五碗肌骨清；六碗通仙灵；七碗吃不得也，唯觉两腋习习清风生。

19. 尽杯谢茶。

第三节　乌龙茶茶艺

乌龙茶是中国茶的代表，是一种半发酵的茶，透明的琥珀色茶汁是其特色。其实，乌龙茶是总称，还可以细分出许多不同类别的茶，如水仙、黄金桂、本山、毛蟹、武夷岩茶、冻顶乌龙、水仙、肉桂、奇兰、凤凰单枞、凤凰水仙、岭头单枞、包种等，以及适合配海鲜类食物的铁观音等。

乌龙茶茶艺

一、茶具

紫砂壶一把，茶海一只，品茗杯两个，闻香杯两个，六君子一套，随手泡一个，茶巾一条，杯垫一个，茶盒一个，茶盘一个。

二、基本程序

1. 神入茶境
2. 展示茶具
3. 温壶
4. 摇壶
5. 展示茶叶
6. 观音入宫
7. 凤凰三点头
8. 春风拂面
9. 孟臣淋浴
10. 瓯里酝香
11. 点水留香
12. 观音点将
13. 若琛出浴
14. 高山流水

15. 春风拂晓　　16. 远公温壶
17. 观音普渡　　18. 泰山压顶
19. 扣杯保香　　20. 细闻幽香
21. 三龙护鼎　　22. 鉴赏汤色
23. 品茗甘露　　24. 回味再三

三、解说词

“七碗爱至味，一壶得真趣。空持白千偈，不如吃茶去。”各位来宾大家好，下面由×××茶艺表演队为各位带来乌龙茶茶艺表演。

（行茶礼。）

中国是文明古国，礼仪之邦，是茶的发源地。在中国上下五千年的文明史上，中国的茶文化源远流长，几乎每一页都渗透着茶的芳香。人们敬茶爱茶，以茶待客，从而形成了一种带有深刻文化内涵的艺术形式—— 茶艺。

有人说：“为名忙，为利忙，忙中偷闲且喝一杯茶去。”闲暇时泡一壶好茶来慢慢品尝，生活会变得更加惬意。

1. 神入茶境。

2. 展示茶具：紫砂壶又称孟臣壶，用来冲泡乌龙茶或红茶。茶海又称公道杯，起到平均茶汤的作用。品茗杯又称若琛瓯，用来鉴赏汤色及品茗。闻香杯用来闻杯的留香。随手泡用来盛放泡茶之水。六君子又称茶艺六用。

3. 温壶：由于乌龙茶属于半发酵茶，对水温要求很高，一般要达到100℃，温壶就是为了提高壶的温度。

4. 摇壶：是为了使壶体均匀受热。

5. 展示茶叶：今天我们为大家冲泡的是铁观音，它产于福建省安溪县，特点是圆洁似球状，有沉重似铁之喻，汤色金黄，又有“绿叶红镶边”的美名。

6. 观音入宫。

7. 凤凰三点头：用来对客人表示欢迎与尊重。

8. 春风拂面：拂去杯口茶渣，使茶汤更加醇厚。

9. 孟臣淋浴：相传古代有一位名叫孟臣的陶瓷师，他做的茶壶精美绝伦，后来人们为纪念他，就将此类精美的小壶称之为孟臣壶。

10. 瓯里酝香。

11. 点水留香。

12. 观音点将：为了使茶叶更好地舒展开来，第一泡茶我们不做饮用。

13. 若琛出浴：相传古代有一位名叫若琛的女子，她擅长做精美的小瓷杯，后来人们为了纪念她，就将类似的小瓷杯称之为若琛杯。

我们常说一泡水，二泡茶，三泡四泡是精华。现在我们来冲泡第二泡，这一泡无论是从茶的汤色还是味道上来说都是最佳的。

14. 高山流水：在茶艺上我们讲究高冲低泡的技巧，这一步就体现了高冲。

15. 春风拂晓。

16. 远公温壶：这一步又称封壶。

17. 观音普渡：在茶艺中我们讲究七分为满，留下三分为情意，即亲情、友情和爱情。

18. 泰山压顶：将品茗杯扣在闻香杯上，翻转过来，称之为泰山压顶。

19. 扣杯保香：避免茶叶香气的挥发，也称为龙凤呈祥，象征爱情、友情的长久吉祥。

20. 细闻幽香：闻香分为热闻、温闻和冷闻。

21. 三龙护鼎。

22. 鉴赏汤色。

23. 品茗甘露。一饮涤昏寐，情来朗爽满天地；二饮清我神，忽如飞雨洒清晨；三饮便得道，何须苦心破烦恼。

24. 回味再三。

第四节 红茶茶艺

红茶茶艺

一、茶具

随手泡一套，茶盘一个，紫砂壶两把，玻璃茶海两只，小玻璃茶杯若干，茶道具一套。

二、基本程序

1. 宝光初现　　2. 清泉初沸

3. 温热壶盏　　4. 王子入宫
5. 悬壶高冲　　6. 分杯敬客
7. 喜闻幽香　　8. 观赏汤色
9. 品味鲜爽　　10. 再赏余韵
11. 三品得趣　　12. 收杯谢客

三、解说词

1. 宝光初现：祁门功夫红茶条索紧秀，锋苗好，色泽并非人们常说的红色，而是乌黑色泽。国际通用红茶的名称为 black tea，即因红茶干茶的乌黑色泽而来。请来宾欣赏其色被称为“宝光”的祁门功夫红茶。

2. 清泉初沸：热水壶中用来冲泡的泉水经加热，微沸，壶中上浮的水泡，仿佛“蟹眼”已生。

3. 温热壶盏：用初沸之水，注入瓷壶及杯中，为壶、杯升温。

4. 王子入宫：用茶匙将茶荷或赏茶盘中的红茶轻轻拨入壶中。祁门功夫红茶也被誉为“王子茶”。

5. 悬壶高冲：这是冲泡红茶的关键。冲泡红茶的水温要在 100℃，刚才是初沸的水，此时已是“蟹眼已过鱼眼生”，正好用于冲泡。而高冲可以让茶叶在水的激荡下，充分浸润，以利于色、香、味的充分发挥。

6. 分杯敬客：用循环斟茶法，将壶中之茶均匀地分入每一杯中，使杯中之茶的色、味一致。

7. 喜闻幽香：一杯茶到手，先要闻香。祁门功夫红茶是世界公认的三大高香茶之一，其香浓郁高长，又有“茶中英豪”“群芳最”之誉，香气甜润中蕴藏着一股兰花之香。

8. 观赏汤色：红茶的红色，表现在冲泡好的茶汤中。祁门功夫红茶的汤色红艳，杯沿有一道明显的“金圈”。茶汤的明亮度和颜色，表明红茶的发酵程度和茶汤的鲜爽度。再观叶底，嫩软红亮。

9. 品味鲜爽：闻香观色后即可缓啜品饮。祁门功夫红茶以鲜爽、浓醇为主，滋味醇厚，回味绵长，与红碎茶浓强的刺激性口感有所不同。

10. 再赏余韵：一泡之后，可再冲泡第二泡茶。

11. 三品得趣：红茶通常可冲泡 3 次，3 次的口感各不相同，细饮慢品，细细体味茶之真味，方得茶之真趣。

12. 收杯谢客：红茶性情温和，收敛性差，易于交融，因此通常用之调饮。祁门功夫红茶同样适于调饮。然而清饮更能领略祁门功夫红茶特殊的“祁门香”香气，领略其独特的内质、隽永的回味、明艳的汤色。

感谢来宾的光临，愿所有的爱茶人都像这红茶一样，相互交融，相得益彰。

第五节 普洱茶茶艺

普洱茶艺

一、茶具

茶盘一个，煮普洱茶专用玻璃壶具一套，随手泡一套，玻璃茶海一只，茶漏一个，茶道具一套，玻璃品茗杯若干，茶巾一条，茶荷一个。

二、基本程序

1. 喜闻陈香（赏茶）
2. 活火煮泉（烧水）
3. 洗净沧桑（洗茶）
4. 吊出陈韵（煮茶）
5. 平分天下（斟茶）
6. 烟云沸腾（目品）
7. 时光倒流（鼻品）
8. 品味历史（口品）
9. 神游古今（回味）
10. 见好就收（谢茶）

三、解说词

1. 喜闻陈香（赏茶）：普洱茶在冲泡前应先闻干茶香，以陈香明显者优，有霉味异味者为下品。赏茶后将茶荷里的普洱茶倒进煮茶用的同心壶中。

2. 活火煮泉（烧水）：冲泡普洱茶要用100℃的开水，在烧水时应急火快攻。一般使用的是电随手泡烧煮的纯净水。

3. 洗净沧桑（洗茶）：陈年普洱茶是生茶在干仓经过多年陈化而成，在冲泡时，头一泡茶一般不喝，然后将开水冲入同心壶中，洗一遍茶，称之为“洗净沧桑”。

4. 吊出陈韵（煮茶）：向同心壶中冲入开水，同心壶下点燃小蜡烛（或酒精灯），开水入壶后茶汤颜色慢慢加深，头一泡到枣红色即止，在这里我们以加温的方法来烹出普洱茶独特的气韵。

5. 平分天下（斟茶）：茶道面前，人人平等。斟茶时每杯要浓淡一致，多少均等。若没有把握用煮茶的壶直接均等地斟入各杯，可将茶汤先倒入茶海，然后再用茶海斟茶。

6. 烟云沸腾（目品）：观赏杯中普洱茶汤表面飘浮着的一层云雾，普洱茶茶汤艳丽亮红，表面一层淡淡的薄雾乳白朦胧，令人浮想联翩。

7. 时光倒流（鼻品）：普洱茶的香气随着冲泡的次数在不断变化，细闻茶香的变化，茶香或许会把你带到逝去的岁月，让你感悟到人世间沧海桑田的变幻。

8. 品味历史（口品）：让普洱茶的陈香、陈韵和茶气、茶味在你口中慢慢弥散，或许能品出历史的厚重，感悟到逝者如斯。

9. 神游古今（回味）：品茶后细细回味，仿佛听到历史老人在慢慢地诉说。

10. 见好就收（谢茶）：优质陈年普洱只要冲泡、烹煮得法，可泡十几泡以上，并且每一道的茶香、滋味、水性均各有特点，让人品饮时久久回味。

第六节　白茶茶艺

中国的白茶有很多种类，想必大家在前面已经有所了解了，下面简单介绍一下它的代表福鼎白茶。

一、茶具

茶盘一个，专用玻璃壶具一套，电随手泡一套，玻璃茶海一只，茶漏一个，茶道具一套，玻璃品茗杯若干，茶巾一条，茶荷一个。

二、基本程序

1. 焚香净气　　2. 白毫初展
3. 流云洁具　　4. 静心播芳
5. 雨润白毫　　6. 乳泉甘露
7. 捧杯献珍　　8. 春风品香

三、解说词

福鼎位于福建省东北沿海，盛产茶叶，是全国十大产茶县市之一，国家重点风景名胜区太姥山位于境内。名山出好茶，福鼎是国家茶树良种华茶 1 号和华茶 2 号的白茶原产地。福鼎大白茶是中国十大名茶之一——白毫银针的始祖。

白茶被称为古老茶类，号称茶叶的“活化石”，明朝李时珍《本草纲目》曰：茶生于崖林之间，味苦，性寒凉，具有解毒、利尿、少寝、解暑、润肤等功效。古代和现代医学科学证明，白茶是保健功效最全面的一个茶类，具有抗辐射、抗氧化、抗肿瘤、降血压、降血脂、降血糖的功能。

1. 焚香净气：点燃一柱高香，以示对客人的崇敬。

2. 白毫初展：白毫银针是茶叶珍品，融茶之美味、花香于一体。白毫银针采摘于华茶1号、华茶2号明前肥壮之单芽，经萎凋、低温烘（晒）干、捡剔、复火等工序制作而成。请鉴赏她全身满披白毫、纤纤芬芳的外形。

3. 流云洁具：冲泡白茶以玻璃杯或瓷壶为佳。我们选用的是玻璃杯，这样可以观赏银针在热水中上下翻腾、相溶交错的情景。用沸腾的水“温杯”不仅为了清洁，也为了使茶叶中的内含物更快地释放。

4. 静心播芳：置茶要有心思。要看杯的大小，也要考虑饮者的喜好。北方人和外国人饮白茶，讲究香高浓醇，大杯可置茶7～8克，南方喜欢清醉，置茶量可适当减少，即使冲泡量多，也不会对肠胃产生刺激。

5. 雨润白毫：白毫银针，披满白毫，所以被称为“雨润白毫”。先注沸水适量，温润茶芽，轻轻摇晃，叫做“匀香”。

6. 乳泉甘露：好茶要有好水。茶圣陆羽说，泡茶最好的水是山间乳泉，江中清流，然后才是井水。也许是乳泉含有微量有益矿物质的缘故。温润茶芽之后，悬壶高冲，使白毫银针茶在杯中翩翩起舞，犹如仙女下凡，欣赏白毫银针在水中亭亭玉立的美姿，稍后还会留给我们赏心悦目的杏黄色茶水。

7. 捧杯献珍：茶来自大自然云雾山中，带给人间美好的真诚。一杯白茶在手，万千烦恼皆休，愿您与茶结缘，做高品位的现代人。现在为您奉上的是白茶珍品“白毫银针”。

8. 春风品香：啜饮之后，也许您会有一种妙不可言的香醇喜悦之感，它的甘甜、清冽，不同于其他茶类。让我们共同来感受自然，分享健康。今天的白茶茶艺表演到此结束，谢谢各位嘉宾的观赏，让我们以茶会友，期待下一次美妙的重逢。

第七节 黄茶茶艺

黄茶有很多种，其中要以君山银针为代表，君山银针是黄芽茶之极品，其成品茶外形茁壮挺直，重实匀齐，银毫披露，芽身金黄光亮，内质毫香鲜嫩，汤色杏黄明净，滋味甘醇鲜爽。

一、茶具

水晶玻璃杯两个，六君子一套，茶巾一条，茶盘一个，随手泡一个，茶叶若干。

二、基本程序

1. 静心——焚香静气
2. 洗杯——白鹤戏水
3. 取茶——仙茗出宫
4. 赏茶——初展仙姿
5. 洗茶——瑶池沐浴
6. 投茶——漫天花雨
7. 冲水——水涨春江
8. 奉茶——麻姑祝寿
9. 观色——再探仙容
10. 闻香——喜闻幽香
11. 品茶——细品琼浆
12. 谢茶——回味余韵

三、解说词

君山银针产于湖南岳阳洞庭湖中的君山，君山茶历史悠久，唐代就已生产、出名。君山银针形细如针，故名君山银针。“金镶玉色尘心去，川迥洞庭好月来”。君山银针雅称“金镶玉”。这道茶艺共有 12 道程序。

1. 焚香静气：焚香静气就是由我来点燃手里的这一炷香，一敬天地、二敬灵茶、三敬嘉宾。希望通过点燃这炷香能使我们的心灵静、空、灵，也希望这悠悠袅袅的香烟，能把我们的心带到忘我的境界。

2. 白鹤戏水：我国神话传说中的白鹤、灵龟是神仙的伴侣，白鹤戏水即清洗茶杯（洗杯时手法要轻柔、多变）。

3. 仙茗出宫：用茶匙从锡罐中取茶，每位客人约取 3 克，放进其中一只玻璃杯，这只玻璃杯在展示茶叶后留给表演者自己品茗用。

4. 初展仙姿：请各位嘉宾欣赏干茶并闻干茶的香气，观赏茶形。

5. 瑶池沐浴：这是指洗茶。近代茶艺中开始流行一种趋势，在泡茶之前要先洗茶，以使茶汤更洁净。洗茶时把热水冲入杯中，盖上杯盖摇荡三下之后马上就把水倒进茶盘，以免浸泡过久，营养成分大量流失，导致开泡后失香失味。

6. 漫天花雨：用茶匙把冲洗过的湿韵的茶，均匀地拨到各个玻璃杯中，茶芽纷纷扬扬飘然而下，落入杯中，恰似漫天花雨。

7. 水涨春江：用玻璃杯泡茶，冲水时要冲到接近八分满，然后盖上杯盖，密闭蓄香。君山银针必须用 90℃的开水冲泡，才能泡得开。

8. 麻姑祝寿：麻姑是我国神话传说中的仙女，东汉时得道于江西南城县麻姑山，她得道后常用仙泉煮茶待客，喝了这种茶，凡人可以延年益寿，神仙可以增加道行，连王母娘娘也极爱喝麻姑煮的茶，所以每年王母娘娘生日，麻姑必要去献茶祝寿。这道程序即祝大家健康长寿。

9. 再探仙容：我们看过了干茶的形状，现在请揭开杯盖，再看一看热水中舒展开的君山银针的外形和汤色。观其色让人看了赏心悦目，如目睹仙子芳容。

10. 喜闻幽香：“未尝甘露味，先闻圣妙香。”先闻香，再品茶，这是茶人的习惯。君山银针的香气清优淡雅，香气显著，只要你用自己的心灵去感悟，就一定能感到“汤嫩水清花不散，兰香悠悠味偏长”。

11. 细品琼浆：品饮君山银针茶，“一杯淡，二杯鲜，三杯清心，四杯韵犹存”。请大家慢慢地细细品味。

12. 回味余韵：刚才大家品了四道茶之后，我们的茶艺表演也就要结束了。喝了君山银针，大家一定有淡淡的余香在心，是我们感到余韵无穷。品茶如同品味人生，希望大家在回味茶的余韵时能更喜爱茶，更热爱生活。

第八节 宗教茶艺

在我国宗教茶中典型的有太极茶等，今天我们就简单介绍一下这种茶。

太极茶茶艺

（一）茶具

太极炉一个，太极壶一个，太极杯两个，茶托一个，茶巾一条，坐垫一个。

（二）基本程序

1. 分灯　　2. 献器
3. 涤器　　4. 投茶
5. 投水　　6. 炼茶
7. 献茶

（三）解说词

据史料所载，茶的最初价值为药用，之后，经过千百年的演变，茶才渐渐以品饮为主，流行至今。那么，中国的茶道表演其源头在哪里？据当今所发现的史料记载，最早的是出现于我国南北朝时期道家的太极茶。史料说："茶，始于道教，北朝关令尹喜，首献老子茗……后用于斋醮供祭之事。"

我国古代道教以得道成仙为修行的目标和最高境界。因此，以神仙炼养之事为精华的道教神仙炼养谱系中，其茶道文化也不例外。按道教《制太极茶秘方》精心煎制的太极茶，融道教斋法的手诀、分灯、禹步等炼养、科仪为一体，仙方、仙术、仙舞、仙乐，一如古代诗人张元凯所描写的那样："宫女如花满道场，时闻杂佩响琳琅，玉龙蟠钏擎仙表，金凤钩鞋踏斗罡。"其势十分的美妙、辉煌。

现在我们就把这茶道的源头艺术，原器、原法、原汁、原味地奉献给大家！

1．分灯

分灯是太极茶的一个表演程序，意在以阴阳之理，唤得日月星辰同来助养。

2．献器

茶台上已经供放的有根据古代资料复制的太极炉和太极壶，以及石壶、石盏、石盂、配方瓶等茶器。

3．涤器

道家常以石为穴。喜用石床、石凳、石灶、石碗。因此，用来盛茶之器也以石为主。

4．投茶

主要配方由人参、绞股蓝、野菊花等多种配方合炼而成。配方与配方之间的比例，配方与水的比例，以及炼茶的时间都十分讲究。

5．投水

唐代茶圣陆羽曾将煮茶之水分为三等："山水上，江水中，井水下。"煮太极茶的水一般都由道家选自道观周边的山涧泉水。

6．炼茶

炼茶时所表达的是道教的手诀。每一种手姿都是一种语言。它传递的是茶与道、道与仙的关系。

7．献茶

让我们把这充溢着仙方、仙术、仙舞、仙乐的奇妙太极茶献给各位嘉宾品尝，并祝各位嘉宾养生有道，身体健康，福寿同存！

第九节　民族茶艺

我们国家总共有56个民族，它们的文化各有迥异，那么对待饮茶的习惯也有所不同。

下面就介绍几个具有代表性的民族茶艺。

一、白族三道茶

白族三道茶茶艺

（一）茶具

白族三道茶特有的茶具一套。

（二）基本程序

1. 苦茶
2. 甜茶
3. 回味茶

（三）解说词

在我国的西南边陲，生活着一个十分好客的民族—— 白族，他们主要居住在云南大理白族自治州。白族人家，不论是在逢年过节、生辰寿诞、男婚女嫁等喜庆日子里，还是在亲朋好友登门造访之际，主人都会以“一苦二甜三回味”的三道茶款待宾客。

三道茶，白语叫“绍道兆”，是白族待客的一种风尚。大凡宾客上门，主人一边与客人促膝谈心，一边吩咐家人忙着架火烧水，待水开后，由家中或族中最有威望的长辈亲自伺茶。

下面我们请××茶艺表演队为我们表演白族三道茶。

1. 苦茶

首先由表演队主泡人，架火烧水，待水开后，先将一只较为粗糙的小沙罐，置于文火之上烘烤。待罐烤热后，随即捏取一撮茶叶放入罐内，并不停地转动罐子，使茶叶受热均匀。待茶罐中茶叶“啪啪”作响，色泽由绿变黄，且发出焦香的气味时，向罐中注入已经烧沸的开水。停 1～2 分钟，主泡人将罐中翻腾的茶水注入到一种叫“牛眼盅”的小茶杯中。斟茶时只斟到半杯左右（谓之“酒满敬人，茶满欺人”)。茶准备好后，由两位副泡茶人敬茶，一位托盘，一位拿杯用双手举茶敬献给客人，客人双手接茶后，应一饮而尽。由于此茶是经过烘烤、煮沸而成的浓汁，看上去色如琥珀，因此称为“苦茶”。白族称这第一道茶为“清苦之茶”。它寓意做人的道理：“要立业，就要先吃苦。”

2. 甜茶

敬完第一道茶后，主泡人可用留在沙罐内的第一道茶重新加水煮沸。与此同时，将盛器牛眼盅换成小碗或普通杯子，里面放上红糖和核桃肉，冲茶至八分满时，敬于客人。此茶甜中带香，别有一番风味。如果说第一道茶是苦的，那么，苦尽甘来，第二道茶就叫甜茶了，白族人称它为糖茶或甜茶。它寓意“人生在世，做什么事，只有先吃得了苦，才会有甜香来”。

3. 回味茶

第三道茶更有意思，主泡人先将一满匙蜂蜜及 3～5 粒花椒放至杯（碗）中，再冲上沸腾的开水，容量多以半杯（碗）为宜。客人接过茶杯时，一边晃动茶杯，使茶汤和佐料均匀混合，一边吹吹热气，趁热饮下。此茶喝起来回味无穷，可谓甜、苦、麻、辣，各味俱全。因此称之为“回味茶”。它寓意人们要时刻牢记先苦后甜的人生哲理。

白族三道茶是民俗茶艺中的奇葩，文化内涵厚重，寓意深远，在品饮了白族三道茶后，预示着大家先苦后甜，未来生活幸福美满，吉祥如意。

二、擂茶

擂茶是我国闽、澳、台的客家人最普通也是最隆重的一种待客礼仪。同时还是居住在湘、川、黔、鄂四省交界的武陵山区土家族人最为珍爱的保健饮料。

擂茶茶艺

（一）茶具

擂钵一个（内壁有辐射波纹，直径约45厘米的厚壁陶盆），油茶树或山苍子树制成的2尺（1尺=0.33米）长的擂棍一根，竹篾编制的捞瓢一把，以上称为“擂茶三宝”。另配小桶、铜壶、青茶碗、开水壶等。

（二）基本程序

1. 涤器——洗钵迎宾
2. 备料——群星拱月
3. 打底——投入配料
4. 初擂——小试锋芒
5. 加料——锦上添花
6. 细擂——各显身手
7. 冲水——水乳交融
8. 过筛——去粗取精
9. 敬茶——敬奉琼浆
10. 品饮——如品醍醐

（三）解说词

“莫道醉人惟美酒，擂茶一碗更深情。美酒只能喝醉人，擂茶却能醉透心。”客家擂茶在古朴醇厚中见真情，在品饮之乐中使人健体强身，延年益寿，所以被称为茶中之奇葩、中华一绝。擂茶迎宾是客家人待客的传统礼仪。俗话说“百闻不如一见”，今天就请各位来尝一尝我们客家的擂茶，当一回我们客家人的贵客。

1. 洗钵迎宾：客家人的热情好客是举世闻名的，每当贵宾临门，我们在招呼客人落座后，立即清洗“擂茶三宝”，准备擂茶迎宾。这是擂钵，是用硬陶烧制的，内有齿纹，能使钵内的各种原料更容易被擂碾成粉。这是擂棍，擂棍必须用山茶树或山苍子树的木棒来做，用这样的木质擂出的茶才会有一种独特的清香。这是用竹篾编的捞瓢，是用来过滤茶渣的。

2. 群星拱月：客家人有一个非常好的传统，一家的客人也就是大家的客人，邻里的朋友就是自己的朋友。所以，一家来了客人，邻居们见到都会拿出自己家里最好吃的糕点和小吃，主动前来招待。在这里你一定会感到如群星拱月一样，被一群热情好客的客家人所包围。

3. 投入配料：我们也称之为“打底”。这是茶叶，它能提神悦志，去滞消食，清火明目；这是甘草，它能润肺解毒；这是陈皮，这能理气调中，止咳化痰；这是凤尾草，它能清热解毒，防治细菌性痢疾和黄疸型肝炎。“打底”就是把这些配料放在擂钵中擂成粉状，冲泡后，人体更容易吸收。

4. 小试锋芒：一般是由主人表现自己的技艺，所以称为“小试锋芒”。擂茶本身就是很好的艺术表演，技艺精湛的人在擂茶时无论是动作，还是擂钵发出的声音都极有韵律，让人看了赞不绝口。

5. 锦上添花：将芝麻倒进擂钵与擂好的配料混合。芝麻含有少量的优质蛋白质、不饱和脂肪酸、维生素 E 等养分物质，可美容养颜，加入芝麻后，擂茶的保健功效将更明显，所以称之为“如虎添翼”。

6. 各显身手：这一道顺序往往是宾主轮番入手擂功夫茶，每个团体都可以展示本人的擂功夫茶技巧，所以称之为“各显身手”。

7. 水乳交融：在细擂进程中要不时地加点水，使混合物能擂成糊状，当擂到足够细时，要冲进热开水。开水的水温不能太高，也不可太低。水温太高易使混合物中的蛋白质过快凝结，冲出的擂功夫茶平淡而不成乳状。水温太低则冲不熟擂功夫茶，喝的时候不但不香，而且有生草味。普通水温控制在 90～95℃，冲出的擂功夫茶才会“不分彼此”。

8. 去粗取精：滤掉功夫茶渣，使擂功夫茶更好喝。

9. 敬奉琼浆：经过“竹捞瓢”的过滤之后，应把擂功夫茶装进壶中，斟到功夫茶碗，并依照长幼顺序顺次敬奉给主人。客家人视“擂功夫茶”为琼浆玉液，故称“敬奉琼浆”。

10. 如品醍醐：擂功夫茶一般不加任何调味品，以坚持原辅料的本味，所以第一次喝擂功夫茶的人，品第一口时常感到一股青涩味，细品后才渐渐感到擂功夫茶甘鲜爽口，幽香怡人，这种甜蜜之后的甘美，正如醍醐的滋味，不加雕饰，不事夸耀，永远带着那份平淡与自然。

三、维吾尔族咸奶茶

在新疆，无论是在北疆辽阔的草原，还是在南疆的绿洲，无论是哈萨克的毡房，还是维吾尔族的农舍，处处都可以感受到新疆各民族同胞对饮茶的嗜好。在这里流传着一句俗话：“宁可一日无米，不可一日无茶。”他们把相互赠茶看成高尚的情操、真诚的祝愿和纯洁的友谊。把“客来敬茶”视为最基本的礼仪。在新疆，我们可以喝到清茶、香茶、奶油茶、油茶、核桃茶、奶茶，以及一种称为维吾尔茶的传统保健茶。在本节中，我们仅介绍维吾尔族咸奶茶。

维吾尔族咸奶茶

（一）配料

茯砖茶、鲜牛奶（或羊奶）、盐。

（二）基本程序

煮维吾尔族咸奶茶的程序较简单，一般仅敲茶、熬茶、加奶和盐三道程序。但品饮的礼仪却十分周全。

（三）解说词

新疆维吾尔自治区，地处我国最西北的边陲，是一个以维吾尔族为主的多民族聚居地区，维吾尔族人口约占全区的 2/3。由于天山山脉横亘于新疆中部，南疆与北疆的维吾尔族同胞在饮茶习俗上也有较大差别。这里介绍的是北疆维吾尔族人一日三餐不可缺少的咸奶茶。

煮咸奶茶一般要先将茯砖茶敲成小块，然后抓一把放到装有八分水的茶壶中，放在火上去煮，煮沸 4～5 分钟后，即可加入鲜奶或几个奶疙瘩和适量盐，再沸腾 5 分钟左右，一壶热乎乎、香喷喷的咸奶茶就算是煮好了。

按照维吾尔族的风俗，有客人来可以不招待吃饭，但不能不敬茶，敬茶是表示主人对客人到来的喜悦心情和真诚欢迎。维吾尔族迎接客人，先请长者入内，并让其坐在首席，然后其他的客人依次就座。宾主互相问候后，主人会右手持阿不都（洗手壶），左手持其不拉其（接水盆）进来，从长者开始，依次给客人倒水让客人洗手，一般要冲洗三下，洗完后绝不能甩手，而应等主人递上洁白的毛巾，用毛巾擦干手。甩手上的水是对主人极不礼貌的行为。洗过手之后，即可开始喝茶并吃主人摆上的馕、果酱、糖果和各种瓜果、点心。在维吾尔族人家，喝奶茶一般用大海碗，这样可以多放奶皮和鲜奶。在喝奶茶时宾主边喝边聊天，茶也浓浓，情也浓浓。客人若喝够了，吃饱了，可用右手分开五指，轻轻在茶碗上盖一下，并表示感谢，主人即心领神会，不再为你添奶茶。

第十节　宫廷茶茶艺

一、宫廷三清茶

（一）茶具

宫廷茶艺

细瓷壶一把，九龙三才杯（盖碗）一套（皇帝专用），景德镇粉彩描金三才杯（盖碗）六套（群臣用），镀金小匙一把，小银匙六把，锡茶罐一个（内装贡茶龙井），小银罐（或精细小瓷碗）三个，脱胎漆托盘二个（其中一个向皇帝献茶用），炭火炉（筠炉）一个，陶水壶一把。

（二）基本程序

1. 备器　　2. 调壶
3. 敬茶　　4. 赐茶
5. 品茶

（三）解说词

三清茶以贡茶为主料，佐以清高幽香的梅花、清醇莹润的松子、清雅芳香的佛手。三样清品，合称“三清”。

“三清茶”，史料记载是当年南宋赵构皇帝在临安恩赐于大臣的。乾隆皇帝也很喜爱“三清茶”，他曾写有《三清茶》一诗，并留下与群臣共品“三清茶”的联句。现代人们经反复研究，推出了这套宫廷三清茶茶艺。古代皇帝在茶中加梅花、松子、佛手这三样清品招待大臣，自有其宗教和政治意义。梅花寓一种精神，象征五福；松柏四季常青，凌寒不凋，寓意长寿；佛手谐意福寿。这三者都是古代文化中的吉祥物，同时又可入药，有滋补壮体的作用。因此，用“三清茶”敬奉宾客，既赋予其积极的新意义，又寄托了人们对健康、富裕和美好生活的向往。

1．备器

2．调茶

调茶由专职宫女进行，三清茶是以乾隆皇帝最爱喝的狮峰龙井茶为主料，佐以梅花、松子仁和佛手。先由一位宫女将佛手切成丝投入细瓷壶中，冲入沸水至 1/3 壶时，停 3 分钟，再投入龙井茶，然后冲水至满壶。与此同时，另一位宫女用银匙将松子仁、梅花分到各个盖碗中。最后把泡好的佛手、龙井茶冲入各杯中。

3．敬茶

宫女调好茶后，由主管太监把皇帝专用的九龙杯放入托盘，双手托过头顶，以跪姿敬奉“皇帝”（主客）。

4．赐茶

“皇帝”接过新奉的香茗后，自己首先掀盖小啜一口，然后宣谕宫女赐茶。

5．品茶

品饮“三清茶”的主要目的不仅是祈求“五福齐享”“福寿双全”，更重要的是从龙井茶的清醇、梅花的清韵、松子和佛手的清香中去细细品悟一个“清”字。在日常生活中时时注意“精行俭德”，培养自己高洁的人格，努力做一个勤政爱民、清廉自律的“清官”，或做一个清醒清白之士。

二、宫廷太子茶

宫廷太子茶

（一）茶具

匹配的茶具一套。

（二）基本程序

1．焚香净室
2．超尘脱俗
3．摆盏净杯
4．明珠入宫
5．玉泉催花
6．云腴献主
7．评点江山

（三）解说词

早在中国唐宋时期，宫廷之中就盛行茶事。到清代皇族饮茶也更为讲究，还专门设了御膳茶房。茶房之中，所用人员之多，授职之高，让现代人无法理解。皇帝如此，皇子们自然也不例外。这是太子茶诞生的基础，但真正的太子茶还得从 19 世纪末期谈起。1890

年，俄国太子游历汉口，十分赞赏中国的宁红茶，并赠给“茶盖中华，价甲天下”的奖匾。俄国商人以每箱100两白银的价格购买宁红茶，并用于宫廷饮品。于是我国的宁红茶精品的名称就变成了太子茶，为太子献茶的程序变成了一种茶道。

1．焚香净室

品茶之前要清除浊气，使空气变得清新。这样品茶，当然高雅无比。另一层意思是，茶是神家所赐。有传说“神家尝百草，日遇七十二毒，得茶而解之”，因而品茶要特别恭敬。3个香炉排成“品字形”，意思是“福、禄、寿”三星高照。

2．超尘脱俗

通俗地说，就是洗尘清心，以求进入另一种精神境界。中国古代气功有“万念皆空，意守丹田”之说，这是练习气功、最基本的要求。茶道与气功有着不可割舍的渊源。洗尘静心就是为了使品茶进入意念中的那种精神境界。

3．摆盏净杯

品茶之前要清除浊气，使空气变得清闲。

4．明珠入宫

“明珠”是指太子茶，“入宫”是将茶叶放入杯中。这“明珠”可来之不易，它是农历谷雨前晴天的早晨，太阳尚未出的时候，由尚未出嫁的村姑采摘而来的带露茶叶。只能采摘一芽一叶，称之为“一枪一旗”。“枪”指芽，“旗”指叶。宋代诗人欧阳修对这种茶写下诗句：“十斤茶养一两芽。”这种茶经过精心制作之后，用红颜色的丝线缠成中国毛笔笔头的形状，黄庭坚将它称之为“明珠”，欧阳修将它称之为“红纱”。泡茶时，解去丝线，取出“明珠”，叫做“仙女卸妆”。放茶叶至杯中叫做“孔雀点头”。宫女只能用拇指和食指捏着茶叶，其余3个指头张开成孔雀形。

5．玉泉催花

“玉泉”是指开水。这种水，要求“活泉”，就是奔流的泉水，煮水有三沸：一沸“蟹眼”，二沸“鱼眼”，三沸“龙眼”。忌用三沸“催花”就是泡上开水。开水要从杯的旁边均匀地慢慢地围绕“明珠”而下。然后，对准“明珠”将水冲下去，这就是所谓的“游龙戏珠”。最后加盖。

6．云腴献主

到了这一步，茶就可以献给主人了。宫女们轻轻地揭开茶杯盖子。此时，“明珠”居然变成了一朵盛开的花。细观茶水，呈金红色，称之为“金汤”。只要用嘴轻轻地一吹，茶水立即掀起一层微波，金鳞片片，璀璨夺目。

7．评点江山

这是指品味。“评点”是品。“江山”分别是指水和茶质。饮用此茶，会感到满口流香，神清目明，好像身体被仙露滋润，有飘然欲仙之感。这就是“太子茶”！

三、文士茶茶艺

文士茶茶艺

文士茶是对古时文人雅士的饮茶习惯加以整理而得来，它属汉族的盖碗泡法，所用茶具为盖碗，茶叶为高档绿茶。茶艺小姐所穿服饰为江南妇女的传统服装——罗裙。这种服装古朴大方，给人以汉族年轻妇女的成熟美。

文士茶的艺术特色是意境高雅，凡而不俗。它给人以高山流水、巧遇知音的艺术享受。在表演上追求的是汤清、气清、心清，境雅、器雅、人雅的儒士境界。

（一）茶具

三才杯（白瓷盖碗）若干只，木制托盘一个，开水壶、酒精炉一套（或随手泡一套），青瓷茶荷一个，茶道组一套，茶巾一条，茶叶罐一个（内装高级绿茶）。

（二）基本程序

1. 备器
2. 焚香
3. 涤器
4. 赏茶
5. 投茶（置茶）
6. 洗茶
7. 冲泡
8. 献茗
9. 收具

（三）解说词

1. 备器

2. 焚香：焚香喻义一位少妇手拈三炷细香默默祷告，这是在供奉茶神陆羽。

3. 涤器：品茶的过程是茶人净化自己心灵的过程，烹茶涤器，不仅是洗净茶具上的尘埃，更重要的是在净化提升茶人的灵魂。

4. 赏茶：由主泡人打开茶叶罐，用茶匙拔茶入茶荷，由2位助泡人托盘端于客人面前，用双手奉上，稍欠身，供客人鉴赏茶叶，并由解说人解说茶叶的名称、特征、产地。

5. 投茶（置茶）：主泡人用茶匙将茶叶拨入三才杯中，每杯3～5克茶叶。投茶时，可遵照五行学说，按金、木、水、火、土五个方位一一投入，不违背茶的圣洁特性，以祈求茶带给人们更多的幸福。

6. 洗茶：这道程序是指洗茶、润茶。向杯中倾入温度适当的开水，用水量为茶杯容量的1/4或1/5，迅速放下水壶，提杯按逆时针方向转动数圈，并尽快将水倒出，以免泡久了造成茶中的养分流失。

7. 冲泡：提壶冲水入杯，通常用“凤凰三点头”法冲泡，即主泡人（茶艺小姐）将茶壶连续三下高提低放，此动作完毕，一盏茶即注满七成，这种特殊的手法叫“凤凰三点头”，表示对来客的极大敬意。

8. 献茗：两位助泡人将茶杯放至茶托盘中，向来宾敬献香茗，面带微笑，双手欠身奉茶，并说“请品茶”。

9. 收具：敬茶后，根据情况可由助泡人再给来宾加水1～2次，主泡人将其他茶具收起，然后三位表演者退台谢幕。

思考与练习

1. 茶艺表演的特点是什么？
2. 茶艺表演的基本要求是什么？
3. 茶艺表演的主要内容是什么？
4. 列出茶艺表演的基本程序。
5. 列出茶艺表演的解说词。
6. 试编排茶艺表演的节目。

附录《茶艺师岗位技能要求》
（摘自 SB/T 10733—2012）

附录A 工作要求

本标准对初级茶艺师、中级茶艺师、高级茶艺师、技师和高级技师的技能要求依次递进，高级别包括低级别的要求。

1. 初级茶艺师

职业功能	工作内容	技能要求	相关知识
一、接待	（一）礼仪	1. 能做到仪容仪表整洁大方 2. 能够正确使用礼貌服务用语	1. 仪容、仪表、仪态常识 2. 语言应用基本常识
	（二）接待	1. 能够做好营业环境准备 2. 能够做好营业用具准备 3. 能够做好茶艺人员准备 4. 能够主动、热情地接待客人	1. 环境美化常识 2. 营业用具准备注意事项 3. 茶艺人员准备的基本要求 4. 接待程序基本常识
二、准备与演示	（一）茶艺准备	1. 能够识别主要茶叶品类，并根据泡茶要求准备茶叶品种 2. 能够完成泡茶用具的准备工作 3. 能够完成泡茶用水的准备工作 4. 能够完成冲泡用茶相关用品的准备工作	1. 茶叶的分类、品种、名称知识 2. 茶具的种类和特征 3. 泡茶用水的知识 4. 茶叶、茶具和水质鉴定知识
	（二）茶艺演示	1. 能够在茶叶冲泡时选择合适的水质、水量、水温以及冲泡器具 2. 能够正确演示并解说绿茶、红茶、乌龙茶、白茶、黑茶和花茶的茶艺过程 3. 能够介绍茶汤的品饮方法	1. 茶叶器具应用知识 2. 茶艺演示要求及注意事项
三、服务与销售	（一）茶事服务	1. 能够根据顾客状况和季节不同推荐相应的茶饮 2. 能够适时介绍茶的典故、艺文，激发顾客品茗的兴趣	1. 人际交流基本技巧 2. 有关茶的典故和艺文
	（二）销售	1. 能够揣摩顾客心理，适时推介茶叶和茶具 2. 能够正确使用茶单 3. 能够熟练完成茶叶、茶具的包装 4. 能够完成茶艺馆的结账工作 5. 能够指导客人储藏和保管茶叶 6. 能够指导顾客进行茶具的养护	1. 茶叶、茶具包装知识 2. 结账基本程序 3. 茶具养护知识

2. 中级茶艺师

职业功能	工作内容	技能要求	相关知识
一、接待	(一)礼仪	1. 能够保持良好的仪容仪表 2. 能够有效地与顾客沟通	1. 服务礼仪中的语言表达艺术 2. 服务礼仪中的接待艺术
	(二)接待	能够根据顾客特点，进行针对性的接待服务	
二、准备与演示	(一)茶艺准备	1. 能够识别主要茶叶品级 2. 能够识别常用茶具的质量 3. 能够正确配置茶艺茶具，布置表演台	1. 茶叶质量分级知识 2. 茶具质量知识 3. 茶艺茶具配置基本知识
	(二)茶艺演示	1. 能够按照不同茶艺要求，选择和配置相应的音乐、服饰、插花、熏香、茶挂 2. 能够担任三种以上茶艺表演的主泡	1. 茶艺表演场所布置知识 2. 茶艺表演基本知识
三、服务与销售	(一)茶事服务	1. 能够介绍清饮法和调饮法的不同特点 2. 能够向顾客介绍中国各地名茶、名泉 3. 能够解答顾客提出的有关茶艺的问题	1. 艺术品茗知识 2. 茶的清饮法和调饮法知识
	(二)销售	能够根据茶叶、茶具销售情况，提出货品调配建议	货品调配知识

3. 高级茶艺师

职业功能	工作内容	技能要求	相关知识
一、接待	(一)礼仪	能保持形象自然、得体、高雅，并能正确运用国际礼仪	1. 人体美学基本知识及交际原则 2. 外宾接待注意事项 3. 茶艺专业外语基本知识
	(二)接待	能够用外语说出主要茶叶、茶具品种的名称，并能用外语对外宾进行简单的问候	
二、准备与演示	(一)茶艺准备	1. 能够介绍主要名优茶产地及品质特征 2. 能够介绍主要瓷器茶具的款式及特点 3. 能够介绍紫砂壶主要制作名家及其特色 4. 能够正确选用少数民族茶饮的器具、服饰 5. 能够准备调饮茶的器具	1. 茶叶品质知识 2. 茶叶产地知识
	(二)茶艺演示	1. 能够掌握各地风味茶饮和少数民族茶饮的操作(三种以上) 2. 能够独立组织茶艺表演，并介绍其文化内涵 3. 能够配制调饮茶(三种以上)	1. 茶艺表演美学特征知识 2. 地方风味茶饮和少数民族茶饮基本知识
三、服务与销售	(一)茶事服务	1. 能够掌握茶艺消费需求特点，适时营造和谐的经营气氛 2. 能够掌握茶艺消费者的消费心理，正确引导顾客消费 3. 能够介绍茶文化旅游事项	1. 顾客消费心理学基本知识 2. 茶文化旅游基本知识
	(二)销售	1. 能够根据季节变化、节假日等特点，制订茶艺馆消费品调配计划 2. 能够按照茶艺馆的要求，参与或初步设计茶事展销活动	茶事展示活动常识

4. 技师

职业功能	工作内容	技能要求	相关知识
一、茶艺馆布局设计	（一）茶艺馆设计要求	1. 能够提出茶艺馆选址的基本要求 2. 能够提出茶艺馆的设计建议 3. 能够提出茶艺馆装饰的不同特色	1. 茶艺馆选址基本知识 2. 茶艺馆设计基本知识
	（二）茶艺馆布置	1. 能够根据茶艺馆的风格，布置陈列柜和服务台 2. 能够主持茶艺馆的主题设计，布置不同风格的品茗室	1. 茶艺馆布置风格基本知识 2. 茶艺馆氛围营造基本知识
二、茶艺表演与茶会组织	（一）茶艺表演	1. 能够担任仿古茶艺表演的主泡 2. 能够掌握一种外国茶艺的表演 3. 能够熟练运用一门外语介绍茶艺 4. 能够策划组织茶艺表演活动	1. 茶艺表演美学特征基本知识 2. 茶艺表演器具配套基本知识 3. 茶艺表演动作内涵基本知识 4. 茶艺专用外语知识
	（二）茶会组织	能够设计、组织各类中、小型茶会	茶会基本知识
三、管理与培训	（一）服务管理	1. 能够编制茶艺服务程序 2. 能够制定茶艺服务项目 3. 能够组织实施茶艺服务 4. 能够对茶艺师的服务工作进行检查 5. 能够对茶艺馆的茶叶、茶具进行质量检查 6. 能够正确处理顾客投诉	茶艺服务管理知识
	（二）茶艺培训	能够制订并实施茶艺人员的培训计划	培训计划和教案的编制方法

5. 高级技师

职业功能	工作内容	技能要求	相关知识
一、茶饮服务	（一）茶饮服务	1. 能够根据顾客要求和经营需要设计茶饮 2. 能够品评茶叶的等级	1. 茶饮创新的基本原则 2. 茶叶品评基本知识
	（二）茶叶保健服务	1. 能够掌握茶叶保健的主要技法 2. 能够根据顾客的健康状况和疾病配置保健茶	茶叶保健基本知识
二、茶艺创新	（一）茶艺编创	1. 能够根据需要编创不同茶艺表演，并达到茶艺美学要求 2. 能够根据茶艺主题，配置新的茶具组合 3. 能够根据茶艺特色，选配新的茶艺音乐 4. 能够根据茶艺需要，安排新的服务布置 5. 能够用文字阐释新编创的茶艺表演的文化内涵 6. 能够组织和训练茶艺表演队	1. 茶艺表演编创基本原理 2. 茶艺队组织训练基本知识
	（二）茶会创新	能够设计并组织大型茶会	大型茶会创意设计基本知识
三、管理与培训	（一）技术管理	1. 能够制订茶艺馆经营管理计划 2. 能够制订茶艺馆营销计划，并组织实施 3. 能够进行成本核算，对茶饮合理定价	1. 茶艺馆经营管理知识 2. 茶艺馆营销基本法则 3. 茶艺馆成本核算知识

（续）

职业功能	工作内容	技能要求	相关知识
三、管理与培训	（二）人员培训	1. 能够独立主持茶艺培训工作，并编写培训讲义 2. 能够对初、中、高级茶艺师进行培训 3. 能够对茶艺技师进行指导	1. 培训讲义的编写要求 2. 技能培训教学法基本知识 3. 茶艺馆人员培训知识

附录B 比重表

1. 理论知识

项目			初级茶艺师（%）	中级茶艺师（%）	高级茶艺师（%）	技师（%）	高级技师（%）
基本要求		职业道德	5	5	5	3	3
		基础知识	45	35	25	22	12
相关知识	接待	礼仪	5	5	5	—	—
		接待	10	10	10	—	—
	准备演示	茶艺准备	5	5	10	—	—
		茶艺演示	20	25	30	—	—
	服务销售	茶事服务	5	10	10	—	—
		销售	5	5	5	—	—
	茶艺馆布局设计	茶艺馆设计要求	—	—	—	10	—
		茶艺馆布置	—	—	—	10	—
	茶饮服务	茶饮服务	—	—	—	—	10
		茶叶保健服务	—	—	—	—	10
	茶艺表演与茶会组织	茶艺表演	—	—	—	25	—
		茶会组织	—	—	—	10	—
	茶艺创新	茶艺编创	—	—	—	—	30
		茶会创新	—	—	—	—	10
	管理培训	服务管理（技术管理）	—	—	—	10	15
		茶艺培训（人员培训）	—	—	—	10	10
合计			100	100	100	100	100

2. 技能操作

项目			初级茶艺师（%）	中级茶艺师（%）	高级茶艺师（%）	技师（%）	高级技师（%）
技能要求	接待	礼仪	5	5	5	—	—
		接待	10	10	15	—	—
	准备与演示	茶艺准备	20	20	20	—	—
		茶艺演示	50	50	45	—	—
	服务与销售	茶事服务	10	10	10	—	—
		销售	5	5	5	—	—
	茶艺馆布局设计	茶艺馆设计要求	—	—	—	10	—

（续）

项目			初级茶艺师（%）	中级茶艺师（%）	高级茶艺师（%）	技师（%）	高级技师（%）
技能要求	茶艺馆布局设计	茶艺馆布置	—	—	—	10	—
	茶饮服务	茶饮服务	—	—	—	—	10
		茶叶保健服务	—	—	—	—	10
	茶艺表演与茶会组织	茶艺表演	—	—	—	30	—
		茶会组织	—	—	—	25	—
	茶艺创新	茶艺编创	—	—	—	—	30
		茶会创新	—	—	—	—	25
	管理与培训	服务管理（技术管理）	—	—	—	15	15
		茶艺培训（人员培训）	—	—	—	10	10
合计			100	100	100	100	100

参 考 文 献

[1] 王镇恒，王广智. 中国名茶志[M]. 北京：中国农业出版社，2000.

[2] 阮浩耕，沈冬梅，于良子. 中国古代茶业全书[M]. 杭州：浙江摄影出版社，1999.

[3] 徐海荣. 中国茶事大典[M]. 北京：华夏出版社，2000.

[4] 李永梅. 中华茶道[M]. 北京：东方出版社，2007.

[5] 刘铭忠，郑宏峰. 中华茶道[M]. 北京：线装书局，2008.

[6] 鸿宇. 说茶之日本茶道[M]. 北京：燕山出版社，2005.